U0343985

国 家 科 技 重 大 专 项

大型油气田及煤层气开发成果丛书

（2008—2020）

卷 49

辽河及新疆稠油超稠油高效开发关键技术研究与实践

杨立强　卢时林　户昶昊　孙守国　等编著

石油工业出版社

内容提要

　　本书全面总结了"十二五"以来尤其是"十三五"期间，辽河中深层稠油、新疆浅层稠油的攻关研究与实践成果，包括中深层稠油复合蒸汽驱技术、超稠油改善 SAGD 开发效果技术、稠油火驱提高采收率技术、重力泄水辅助蒸汽驱技术、稠油转换开发方式配套工艺技术等内容。

　　本书可供从事现场稠油开发的技术人员、管理人员和科研人员参考使用。

图书在版编目（CIP）数据

辽河及新疆稠油超稠油高效开发关键技术研究与实践 /
杨立强等编著 . —北京：石油工业出版社，2023.1
（国家科技重大专项·大型油气田及煤层气开发成果丛书：2008—2020）
ISBN 978-7-5183-4848-0

Ⅰ . ①辽… Ⅱ . ①杨… Ⅲ . ①稠油开采 – 研究 – 辽宁
②稠油开采 – 研究 – 新疆 Ⅳ . ① TE345

中国版本图书馆 CIP 数据核字（2021）第 179735 号

责任编辑：常泽军　　潘玉全
责任校对：罗彩霞
装帧设计：李　欣　　周　彦

出版发行：石油工业出版社
　　　　　（北京安定门外安华里 2 区 1 号　　100011）
　　　　　网　　址：www.petropub.com
　　　　　编辑部：(010)64523825　　图书营销中心：(010)64523633
经　　销：全国新华书店
印　　刷：北京中石油彩色印刷有限责任公司

2023 年 1 月第 1 版　　2023 年 1 月第 1 次印刷
787×1092 毫米　　开本：1/16　　印张：19.75
字数：480 千字

定价：200.00 元

《国家科技重大专项·大型油气田及煤层气开发成果丛书（2008—2020）》

编委会

《辽河及新疆稠油超稠油高效开发关键技术研究与实践》

◇◇◇◇◇ 编写组 ◇◇◇◇◇

组　长：杨立强

副组长：卢时林　户昶昊　孙守国

成　员：（按姓氏拼音排序）

安九泉	陈少娟	程海清	范振忠	方梁锋	冯　天
冯乃超	高　峰	高忠敏	葛明曦	宫宇宁	龚姚进
韩树柏	蒋生健	郎宝山	李　君	李　瑞	李　鑫
李红爽	李洪毕	李秀敏	李玉君	李泽勤	刘　涛
刘长环	刘其成	刘庆旺	龙　华	马春宝	潘　攀
曲金明	尚　策	施小荣	宋　杨	苏　磊	孙　念
孙大树	孙绳昆	孙振宇	王　磊	王　颖	王中元
尉小明	魏　耀	吴　笛	吴　非	吴享远	吴晓明
许　丹	杨　开	于广刚	袁爱武	张　勇	张宝龙
张福兴	赵　睿	赵法军	赵洪岩	赵梓涵	钟宝荣

丛书·序

能源安全关系国计民生和国家安全。面对世界百年未有之大变局和全球科技革命的新形势，我国石油工业肩负着坚持初心、为国找油、科技创新、再创辉煌的历史使命。国家科技重大专项是立足国家战略需求，通过核心技术突破和资源集成，在一定时限内完成的重大战略产品、关键共性技术或重大工程，是国家科技发展的重中之重。大型油气田及煤层气开发专项，是贯彻落实习近平总书记关于大力提升油气勘探开发力度、能源的饭碗必须端在自己手里等重要指示批示精神的重大实践，是实施我国"深化东部、发展西部、加快海上、拓展海外"油气战略的重大举措，引领了我国油气勘探开发事业跨入向深层、深水和非常规油气进军的新时代，推动了我国油气科技发展从以"跟随"为主向"并跑、领跑"的重大转变。在"十二五"和"十三五"国家科技创新成就展上，习近平总书记两次视察专项展台，充分肯定了油气科技发展取得的重大成就。

大型油气田及煤层气开发专项作为《国家中长期科学和技术发展规划纲要（2006—2020 年）》确定的 10 个民口科技重大专项中唯一由企业牵头组织实施的项目，以国家重大需求为导向，积极探索和实践依托行业骨干企业组织实施的科技创新新型举国体制，集中优势力量，调动中国石油、中国石化、中国海油等百余家油气能源企业和 70 多所高等院校、20 多家科研院所及 30 多家民营企业协同攻关，参与研究的科技人员和推广试验人员超过 3 万人。围绕专项实施，形成了国家主导、企业主体、市场调节、产学研用一体化的协同创新机制，聚智协力突破关键核心技术，实现了重大关键技术与装备的快速跨越；弘扬伟大建党精神、传承石油精神和大庆精神铁人精神，以及石油会战等优良传统，充分体现了新型举国体制在科技创新领域的巨大优势。

经过十三年的持续攻关，全面完成了油气重大专项既定战略目标，攻克了一批制约油气勘探开发的瓶颈技术，解决了一批"卡脖子"问题。在陆上油气勘探、陆上油气开发、工程技术、海洋油气勘探开发、海外油气勘探开发、非常规油气勘探开发领域,形成了 6 大技术系列、26 项重大技术;自主研发 20 项重大工程技术装备;建成 35 项示范工程、26 个国家级重点实验室和研究中心。我国油气科技自主创新能力大幅提升,油气能源企业被卓越赋能,形成产量、储量增长高峰期发展新态势,为落实习近平总书记"四个革命、一个合作"能源安全新战略奠定了坚实的资源基础和技术保障。

《国家科技重大专项·大型油气田及煤层气开发成果丛书(2008—2020)》(62 卷)是专项攻关以来在科学理论和技术创新方面取得的重大进展和标志性成果的系统总结,凝结了数万科研工作者的智慧和心血。他们以"功成不必在我,功成必定有我"的担当,高质量完成了这些重大科技成果的凝练提升与编写工作,为推动科技创新成果转化为现实生产力贡献了力量,给广大石油干部员工奉献了一场科技成果的饕餮盛宴。这套丛书的正式出版,对于加快推进专项理论技术成果的全面推广,提升石油工业上游整体自主创新能力和科技水平,支撑油气勘探开发快速发展,在更大范围内提升国家能源保障能力将发挥重要作用,同时也一定会在中国石油工业科技出版史上留下一座书香四溢的里程碑。

在世界能源行业加快绿色低碳转型的关键时期,广大石油科技工作者要进一步认清面临形势,保持战略定力、志存高远、志创一流,毫不放松加强油气等传统能源科技攻关,大力提升油气勘探开发力度,增强保障国家能源安全能力,努力建设国家战略科技力量和世界能源创新高地;面对资源短缺、环境保护的双重约束,充分发挥自身优势,以技术创新为突破口,加快布局发展新能源新事业,大力推进油气与新能源协调融合发展,加大节能减排降碳力度,努力增加清洁能源供应,在绿色低碳科技革命和能源科技创新上出更多更好的成果,为把我国建设成为世界能源强国、科技强国,实现中华民族伟大复兴的中国梦续写新的华章。

中国石油董事长、党组书记
中国工程院院士　　戴厚良

石油天然气是当今人类社会发展最重要的能源。2020 年全球一次能源消费量为 $134.0×10^8t$ 油当量，其中石油和天然气占比分别为 30.6% 和 24.2%。展望未来，油气在相当长时间内仍是一次能源消费的主体，全球油气生产将呈长期稳定趋势，天然气产量将保持较高的增长率。

习近平总书记高度重视能源工作，明确指示"要加大油气勘探开发力度，保障我国能源安全"。石油工业的发展是由资源、技术、市场和社会政治经济环境四方面要素决定的，其中油气资源是基础，技术进步是最活跃、最关键的因素，石油工业发展高度依赖科学技术进步。近年来，全球石油工业上游在资源领域和理论技术研发均发生重大变化，非常规油气、海洋深水油气和深层—超深层油气勘探开发获得重大突破，推动石油地质理论与勘探开发技术装备取得革命性进步，引领石油工业上游业务进入新阶段。

中国共有 500 余个沉积盆地，已发现松辽盆地、渤海湾盆地、准噶尔盆地、塔里木盆地、鄂尔多斯盆地、四川盆地、柴达木盆地和南海盆地等大型含油气大盆地，油气资源十分丰富。中国含油气盆地类型多样、油气地质条件复杂，已发现的油气资源以陆相为主，构成独具特色的大油气分布区。历经半个多世纪的艰苦创业，到 20 世纪末，中国已建立完整独立的石油工业体系，基本满足了国家发展对能源的需求，保障了油气供给安全。2000 年以来，随着国内经济高速发展，油气需求快速增长，油气对外依存度逐年攀升。我国石油工业担负着保障国家油气供应安全，壮大国际竞争力的历史使命，然而我国石油工业面临着油气勘探开发对象日趋复杂、难度日益增大、勘探开发理论技术不相适应及先进装备依赖进口的巨大压力，因此急需发展自主科技创新能力，发展新一代油气勘探开发理论技术与先进装备，以大幅提升油气产量，保障国家油气能源安全。一直以来，国家高度重视油气科技进步，支持石油工业建设专业齐全、先进开放和国际化的上游科技研发体系，在中国石油、中国石化和中国海油建立了比较先进和完备的科技队伍和研发平台，在此基础上于 2008 年启动实施国家科技重大专项技术攻关。

国家科技重大专项"大型油气田及煤层气开发"（简称"国家油气重大专项"）是《国家中长期科学和技术发展规划纲要（2006—2020 年）》确定的 16 个重大专项之一，目标是大幅提升石油工业上游整体科技创新能力和科技水平，支撑油气勘探开发快速发展。国家油气重大专项实施周期为 2008—2020 年，按照"十一五""十二五""十三五" 3 个阶段实施，是民口科技重大专项中唯一由企业牵头组织实施的专项，由中国石油牵头组织实施。专项立足保障国家能源安全重大战略需求，围绕"6212"科技攻关目标，共部署实施 201 个项目和示范工程。在党中央、国务院的坚强领导下，专项攻关团队积极探索和实践依托行业骨干企业组织实施的科技攻关新型举国体制，加快推进专项实施，攻克一批制约油气勘探开发的瓶颈技术，形成了陆上油气勘探、陆上油气开发、工程技术、海洋油气勘探开发、海外油气勘探开发、非常规油气勘探开发 6 大领域技术系列及 26 项重大技术，自主研发 20 项重大工程技术装备，完成 35 项示范工程建设。近 10 年我国石油年产量稳定在 $2 \times 10^8 t$ 左右，天然气产量取得快速增长，2020 年天然气产量达 $1925 \times 10^8 m^3$，专项全面完成既定战略目标。

通过专项科技攻关，中国油气勘探开发技术整体已经达到国际先进水平，其中陆上油气勘探开发水平位居国际前列，海洋石油勘探开发与装备研发取得巨大进步，非常规油气开发获得重大突破，石油工程服务业的技术装备实现自主化，常规技术装备已全面国产化，并具备部分高端技术装备的研发和生产能力。总体来看，我国石油工业上游科技取得以下七个方面的重大进展：

（1）我国天然气勘探开发理论技术取得重大进展，发现和建成一批大气田，支撑天然气工业实现跨越式发展。围绕我国海相与深层天然气勘探开发技术难题，形成了海相碳酸盐岩、前陆冲断带和低渗—致密等领域天然气成藏理论和勘探开发重大技术，保障了我国天然气产量快速增长。自 2007 年至 2020 年，我国天然气年产量从 $677 \times 10^8 m^3$ 增长到 $1925 \times 10^8 m^3$，探明储量从 $6.1 \times 10^{12} m^3$ 增长到 $14.41 \times 10^{12} m^3$，天然气在一次能源消费结构中的比例从 2.75% 提升到 8.18% 以上，实现了三个翻番，我国已成为全球第四大天然气生产国。

（2）创新发展了石油地质理论与先进勘探技术，陆相油气勘探理论与技术继续保持国际领先水平。创新发展形成了包括岩性地层油气成藏理论与勘探配套技术等新一代石油地质理论与勘探技术，发现了鄂尔多斯湖盆中心岩性地层大油区，支撑了国内长期年新增探明 $10 \times 10^8 t$ 以上的石油地质储量。

（3）形成国际领先的高含水油田提高采收率技术，聚合物驱油技术已发展到三元复合驱，并研发先进的低渗透和稠油油田开采技术，支撑我国原油产量长期稳定。

（4）我国石油工业上游工程技术装备（物探、测井、钻井和压裂）基本实现自主化，具备一批高端装备技术研发制造能力。石油企业技术服务保障能力和国际竞争力大幅提升，促进了石油装备产业和工程技术服务产业发展。

（5）我国海洋深水工程技术装备取得重大突破，初步实现自主发展，支持了海洋深水油气勘探开发进展，近海油气勘探与开发能力整体达到国际先进水平，海上稠油开发处于国际领先水平。

（6）形成海外大型油气田勘探开发特色技术，助力"一带一路"国家油气资源开发和利用。形成全球油气资源评价能力，实现了国内成熟勘探开发技术到全球的集成与应用，我国海外权益油气产量大幅度提升。

（7）页岩气、致密气、煤层气与致密油、页岩油勘探开发技术取得重大突破，引领非常规油气开发新兴产业发展。形成页岩气水平井钻完井与储层改造作业技术系列，推动页岩气产业快速发展；页岩油勘探开发理论技术取得重大突破；煤层气开发新兴产业初见成效，形成煤层气与煤炭协调开发技术体系，全国煤炭安全生产形势实现根本性好转。

这些科技成果的取得，是国家实施建设创新型国家战略的成果，是百万石油员工和科技人员发扬艰苦奋斗、为国找油的大庆精神铁人精神的实践结果，是我国科技界以举国之力团结奋斗联合攻关的硕果。国家油气重大专项在实施中立足传统石油工业，探索实践新型举国体制，创建"产学研用"创新团队，创新人才队伍建设，创新科技研发平台基地建设，使我国石油工业科技创新能力得到大幅度提升。

为了系统总结和反映国家油气重大专项在科学理论和技术创新方面取得的重大进展和成果，加快推进专项理论技术成果的推广和提升，专项实施管理办公室与技术总体组规划组织编写了《国家科技重大专项·大型油气田及煤层气开发成果丛书（2008—2020）》。丛书共 62 卷，第 1 卷为专项理论技术成果总论，第 2～9 卷为陆上油气勘探理论技术成果，第 10～14 卷为陆上油气开发理论技术成果，第 15～22 卷为工程技术装备成果，第 23～26 卷为海洋油气理论技术装备成果，第 27～30 卷为海外油气理论技术成果，第 31～43 卷为非常规油气理论技术成果，第 44~62 卷为油气开发示范工程技术集成与实施成果（包括常规油气开发 7 卷，煤层气开发 5 卷，页岩气开发 4 卷，致密油、页岩油开发 3 卷）。

各卷均以专项攻关组织实施的项目与示范工程为单元，作者是项目与示范工程的项目长和技术骨干，内容是项目与示范工程在 2008—2020 年期间的重大科学理论研究、先进勘探开发技术和装备研发成果，代表了当今我国石油工业上游的最新成就和最高水平。丛书内容翔实，资料丰富，是科学研究与现场试验的真实记录，也是科研成果的总结和提升，具有重大的科学意义和资料价值，必将成为石油工业上游科技发展的珍贵记录和未来科技研发的基石和参考资料。衷心希望丛书的出版为中国石油工业的发展发挥重要作用。

国家科技重大专项"大型油气田及煤层气开发"是一项巨大的历史性科技工程，前后历时十三年，跨越三个五年规划，共有数万名科技人员参加，是我国石油工业史上一项壮举。专项的顺利实施和圆满完成是参与专项的全体科技人员奋力攻关、辛勤工作的结果，是我国石油工业界和石油科技教育界通力合作的典范。我有幸作为国家油气重大专项技术总师，全程参加了专项的科研和组织，倍感荣幸和自豪。同时，特别感谢国家科技部、财政部和发改委的规划、组织和支持，感谢中国石油、中国石化、中国海油及中联公司长期对石油科技和油气重大专项的直接领导和经费投入。此次专项成果丛书的编辑出版，还得到了石油工业出版社大力支持，在此一并表示感谢！

中国科学院院士　贾承造

《国家科技重大专项·大型油气田及煤层气开发成果丛书（2008—2020）》

◇◇◇◇ 分卷目录 ◇◇◇◇

序号	分卷名称
卷 29	超重油与油砂有效开发理论与技术
卷 30	伊拉克典型复杂碳酸盐岩油藏储层描述
卷 31	中国主要页岩气富集成藏特点与资源潜力
卷 32	四川盆地及周缘页岩气形成富集条件、选区评价技术与应用
卷 33	南方海相页岩气区带目标评价与勘探技术
卷 34	页岩气气藏工程及采气工艺技术进展
卷 35	超高压大功率成套压裂装备技术与应用
卷 36	非常规油气开发环境检测与保护关键技术
卷 37	煤层气勘探地质理论及关键技术
卷 38	煤层气高效增产及排采关键技术
卷 39	新疆准噶尔盆地南缘煤层气资源与勘查开发技术
卷 40	煤矿区煤层气抽采利用关键技术与装备
卷 41	中国陆相致密油勘探开发理论与技术
卷 42	鄂尔多斯盆缘过渡带复杂类型气藏精细描述与开发
卷 43	中国典型盆地陆相页岩油勘探开发选区与目标评价
卷 44	鄂尔多斯盆地大型低渗透岩性地层油气藏勘探开发技术与实践
卷 45	塔里木盆地克拉苏气田超深超高压气藏开发实践
卷 46	安岳特大型深层碳酸盐岩气田高效开发关键技术
卷 47	缝洞型油藏提高采收率工程技术创新与实践
卷 48	大庆长垣油田特高含水期提高采收率技术与示范应用
卷 49	辽河及新疆稠油超稠油高效开发关键技术研究与实践
卷 50	长庆油田低渗透砂岩油藏 CO_2 驱油技术与实践
卷 51	沁水盆地南部高煤阶煤层气开发关键技术
卷 52	涪陵海相页岩气高效开发关键技术
卷 53	渝东南常压页岩气勘探开发关键技术
卷 54	长宁—威远页岩气高效开发理论与技术
卷 55	昭通山地页岩气勘探开发关键技术与实践
卷 56	沁水盆地煤层气水平井开采技术及实践
卷 57	鄂尔多斯盆地东缘煤系非常规气勘探开发技术与实践
卷 58	煤矿区煤层气地面超前预抽理论与技术
卷 59	两淮矿区煤层气开发新技术
卷 60	鄂尔多斯盆地致密油与页岩油规模开发技术
卷 61	准噶尔盆地砂砾岩致密油藏开发理论技术与实践
卷 62	渤海湾盆地济阳坳陷致密油藏开发技术与实践

本卷·前言

提到稠油，业内人士一般都以辽河稠油代表中深层稠油，以新疆稠油代表浅层稠油。截至 2018 年，全国陆上稠油资源中，辽河中深层稠油和新疆浅层稠油的探明储量为 $17.02×10^8t$，占比为 61.6%；年产油量 $1056×10^4t$，占比为 66%。因此，辽河、新疆稠油的开发技术在一定程度上可被视为国内稠油界开发技术的代表。

历经"十一五"探索、"十二五"攻关，辽河中深层稠油蒸汽驱、SAGD 及火驱技术成功开展了工业化试验，新疆浅层稠油 SAGD、火驱试验也获得突破。技术虽在不断发展，但问题也在不断暴露，还存在着蒸汽驱后期热效率低、油气比低，SAGD 蒸汽腔扩展差异大、动用不均，火驱火线波及不均、技术不成熟，深层 Ⅱ 类超稠油蒸汽腔发育难、采收率低，以及规模推广工艺技术尚需完善配套等诸多问题，影响限制了稠油提高采收率技术的发展。"十三五"期间，在中国石油天然气集团有限公司牵头组织下，辽河油田公司联合新疆油田公司、中油辽河工程有限公司、中国石油大学（北京）、长江大学、东北石油大学 5 家单位，针对上述问题，开展了国家科技重大专项大型油气田及煤层气开发"辽河、新疆稠油/超稠油开发技术示范工程"（简称专项）的攻关。紧密围绕稠油提高采收率重大需求和技术瓶颈，开展了以油藏工程、钻采工艺、地面工程为主的应用与技术研究，重点攻关示范 5 项核心技术，建成 5 个示范区、1 个试验区，实现了复合汽驱、改善 SAGD 开发效果、火驱提高采收率、稠油开发配套工艺技术的集成配套，为实现规模化推广应用提供了技术支撑。本书就是对上述研究成果的总结，集中呈现了承担专项的广大科技工作者辛劳和智慧的结晶。

全书共五章，分别为中深层稠油复合蒸汽驱技术、超稠油改善 SAGD 开发效果技术、稠油火驱提高采收率技术、重力泄水辅助蒸汽驱技术、稠油转换开发方式配套工艺技术。其中，第一章由杨立强、于广刚、曲金明、孙大树、蒋生健、马春宝、吴笛、潘攀、刘长环、赵梓涵、刘庆旺、范振忠、刘涛、钟宝荣、孙绳昆、尚策等编写，介绍了非烃气辅助蒸汽驱技术、化学辅助蒸汽驱技术、蒸汽驱后期变速注汽（热）技术、稠油污水达标外排关键技术，以及中深层稠油复合蒸汽驱技术示范实例；第二章由卢时林、韩树柏、李玉君、尉小明、李秀敏、魏耀、赵睿、葛明曦、张勇、李泽勤、方梁锋等编写，介绍了非烃气辅助 SAGD 技术、直井辅助双水平井 SAGD 技术、超稠油改善 SAGD 开发效果配套工艺技术、超稠油污水旋流预处理技术，以及超稠油改善 SAGD 开发效果技术示范实例；第三章由郎宝山、吴非、龚姚进、高忠敏、许丹、宋杨、程海清、施小荣、冯乃超、赵法军、王颖、高峰、冯天等编写，介绍了稠油火驱开发机理、中深层多层油藏火驱油藏工程设计技术、多层稠油油藏火驱点火工艺技术、中深层多层油藏火驱跟踪评价及调控技术、浅层稠油火驱工业化技术，以及稠油火驱提高采收率技术示范实例；第四章由户昶昊、赵洪岩、张宝龙、刘其成、宫宇宁、王中元、孙念、张勇、苏磊、陈少娟、杨开、尚策等编写，介绍了重力泄水辅助蒸汽驱开采基础、重力泄水辅助蒸汽驱油藏工程设计，以及重力泄水辅助蒸汽驱技术试验实例；第五章由孙守国、安九泉、龙华、吴晓明、孙振宇、李红爽、李鑫、李君、袁爱武、王磊、张福兴、李瑞、李洪毕、吴享远等编写，介绍了稠油转换开发方式防砂工艺新技术、注入工艺技术、举升工艺技术和调堵工艺技术。全书由承担专项的辽河油田公司的科研人员执笔编写，由杨立强、卢时林、户昶昊、孙守国、安九泉、吴晓明统一审核修改并定稿。

在编写过程中，中国石油天然气集团有限公司科技管理部给予了具体指导，6 家承担单位提供了大量资料和基础文稿，辽河油田公司科技部国家专项办公室周密协调，在此一并表示衷心的感谢。

由于水平有限，书中难免存在疏漏和不足之处，恳请专家和读者批评指正。

目 录

第一章　中深层稠油复合蒸汽驱技术

辽河油田以开发稠油为主，高峰时期稠油产量占整个油区产量的70%。由于辽河油田稠油具有埋深大、黏度变化范围大等特点，初期主要采用蒸汽吞吐方式进行开采。随着蒸汽吞吐进入后期，开发效果和经济效益逐步降低。自20世纪90年代起，陆续开展了多项蒸汽吞吐后转蒸汽驱的室内研究和现场先导试验（王长久等，2013）；同时加快配套技术攻关，21世纪初实现蒸汽驱工业化开发，辽河油田成为国际上第一个中深层蒸汽驱开发的油田（庞占喜等，2007；于连东，2001）。"十二五"期间，辽河油田开展气体辅助蒸汽驱室内研究及现场试验，取得了初步效果；"十三五"期间复合蒸汽驱技术得到推广，丰富了中深层稠油提高采收率技术（王红庄，2019；绳德强，1996）。本章介绍了非烃气辅助蒸汽驱技术、化学辅助蒸汽驱技术、蒸汽驱后期变速注汽（热）技术和稠油污水达标外排关键技术，以及中深层稠油复合蒸汽驱技术示范实例。

第一节　非烃气辅助蒸汽驱技术

非烃气辅助蒸汽驱是在注入蒸汽的同时加入非烃类气体，以蒸汽加热降黏作用为主，以气体溶解降黏、膨胀增压等作用为补充的一种提高采收率的方式。由于非烃类气体种类多，气体、蒸汽、油水和岩石的多组分作用机理复杂，因此通过室内物理模拟实验、数值模拟研究及现场矿产试验，认识驱油机理，优化注入参数，评价开发效果，为类似区块的开发提供宝贵经验。

一、开采原理及生产特征

1. 开采原理

非烃气辅助蒸汽驱在开采过程中主要有以下原理：

（1）调整驱替方向，扩大波及体积。

数值模拟研究表明，非烃气注入油藏后，迅速填充油层上部空间部位，迫使蒸汽进入油层下部，使下部油层得到加热和驱替，扩大了蒸汽的纵向波及体积，同时由于非烃气的隔热物性，减少了蒸汽的热损失，扩大了蒸汽腔范围。图1-1-1显示了相同时间内蒸汽驱和非烃气辅助蒸汽驱温度场对比情况。

平面上，由于多介质的膨胀分压作用，主力层与非主力层的蒸汽腔范围进一步扩大（图1-1-2）。其中，主力层平面波及范围较常规蒸汽驱增加了42%，非主力层增加了5%。

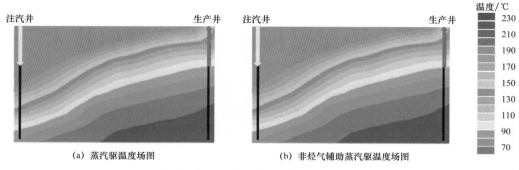

图 1-1-1　相同时间内蒸汽驱和非烃气辅助蒸汽驱温度场对比

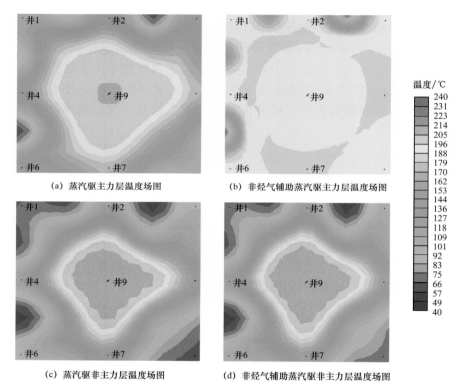

图 1-1-2　两种驱替方式平面温度场对比图

（2）补充地层能量，提高驱替压力。

非烃气辅助蒸汽驱由于气体体积大，进一步补充油藏压力，距离注汽井 10m 处，油藏压力可由常规蒸汽驱的 2.9MPa 提高至 4.0MPa，驱替作用更加明显（图 1-1-3）。

（3）气体部分溶解，原油降黏溶胀。

CO_2、N_2 对原油性质的影响具有相同的规律，即注入气体后地层原油饱和压力、体积系数、气油比增加，地层原油黏度降低。其中，CO_2 比 N_2 对原油性质的影响更大，如 CO_2 驱注气压力为 14MPa 时，体积系数为 1.2112，气油比为 63.5m³/t，原油黏度为 441.3mPa·s；而 N_2 驱注气压力为 14MPa 时，体积系数为 1.0538，气油比为 7.8m³/t，原油黏度为 821.6mPa·s。因此，在相同条件下，注入 CO_2 情况下的原油黏度下降、地层原油体积膨胀幅度远大于注入 N_2 情况，更有利于降低残余油饱和度。室内实验证实，非烃气辅助蒸汽驱过程中，注入气体或反应生成的 CO_2，可部分溶入原油，原油体积膨胀、黏度降低，流动性增强，更易被采出（图 1-1-4）。

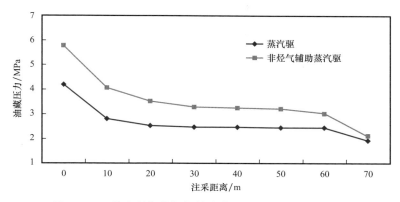

图 1-1-3 蒸汽驱与非烃气辅助蒸汽驱油藏压力对比曲线

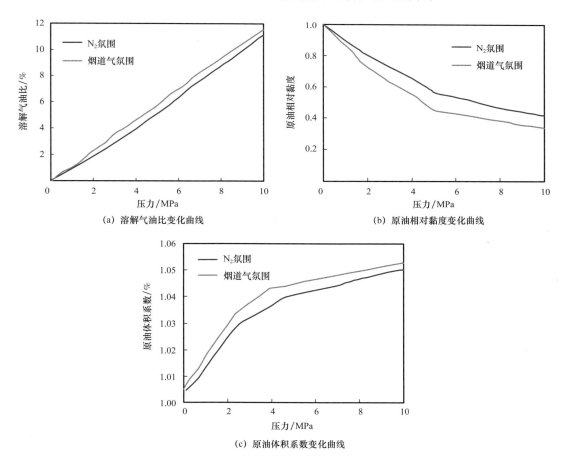

（a）溶解气油比变化曲线

（b）原油相对黏度变化曲线

（c）原油体积系数变化曲线

图 1-1-4 非烃气辅助蒸汽驱过程气体溶解后不同参数变化曲线

（4）低温氧化，提高油藏温度。

受重力分异作用以及流度差的影响，非烃气优先占据主力层高渗透率通道，减少主力层蒸汽无效热循环。由于空气辅助蒸汽驱可发生低温氧化反应，放出热量保持油藏温度，减少非烃气带来的对油藏的冷伤害。数值模拟研究表明，与 N_2 辅助蒸汽驱对比，主力层及上部油层蒸汽腔温度可由 180℃提高到 210℃（图 1-1-5）。

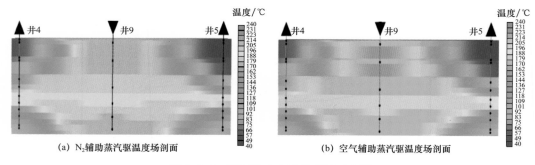

（a）N_2 辅助蒸汽驱温度场剖面　　　　　　（b）空气辅助蒸汽驱温度场剖面

图 1-1-5　不同注入介质温度场对比图

（5）减少蒸汽注入，提高井组油气比的作用更明显。

与继续蒸汽驱对比，多介质辅助蒸汽驱可减少蒸汽用量，延长蒸汽驱稳产时间，提高井组油气比。例如，理论计算表明，$1×10^4m^3$ 空气在油层条件（温度为 30℃）下的体积为 591.1m^3，与 28t 蒸汽（干度为 30%）在油层条件下体积相当，空气具有占据蒸汽腔体积的作用，可替代部分蒸汽。

同时利用数值模拟研究，将蒸汽注入速率由 90t/d 降低至 60t/d，注入空气温度为 30℃，注入速率为 15000m^3/d，井组蒸汽驱阶段油汽比可提高 0.13，采收率提高 2.7 个百分点（表 1-1-1）。

表 1-1-1　空气辅助蒸汽驱与普通蒸汽驱效果对比

方式	注蒸汽量 / t/d	注空气量 / 10^4m^3/d	产油量 / t/d	油汽比	累计注蒸汽量 / 10^4t	累计注空气量 / 10^6m^3	累计产油量 / 10^4t	采收率 / %
蒸汽驱	90		12.1	0.13	15.1		2.0	9.4
空气辅助蒸汽驱	60	1.5	15.8	0.26	9.7	17.1	2.5	12.1

综合以上分析可以得出，非烃气辅助蒸汽驱可以作为蒸汽驱后期稳定产量、提高油汽比的重要手段。

2. 生产特征

从非烃气辅助蒸汽驱和蒸汽驱产油量/含水率变化曲线（图 1-1-6）以及采出程度/油汽比曲线（图 1-1-7）可以看出，转非烃气（N_2）辅助蒸汽驱后，产油量增加；含水率上升幅度减缓，较蒸汽驱减小 5 个百分点；油汽比明显提高，比蒸汽驱提高 0.02；采出程度较蒸汽驱提高 5.90 个百分点。

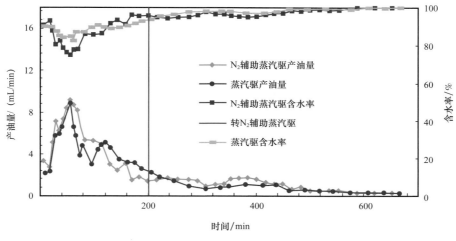

图 1-1-6　产油量 / 含水率变化曲线

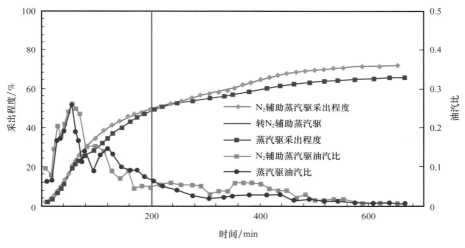

图 1-1-7　采出程度 / 油汽比变化曲线

二、非烃气辅助蒸汽驱参数设计

1. 非烃气类型

非烃气主要指 N_2、烟道气和空气 3 种类型（岳清山，2012；刘影，2019）。不同气体介质辅助蒸汽驱替，其驱替效率提高幅度存在一定差异，优选以上 3 种非烃气介质开展辅助蒸汽驱替试验，对比蒸汽驱替均可以有效提高驱油效率，其中烟道气辅助蒸汽驱驱油效果最好，最终驱油效率为 78.57%，较蒸汽驱提高 11.45 个百分点（表 1-1-2）。分析认为，在烟道气辅助蒸汽驱过程中，其中的 CO_2 组分可有效降低原油黏度，提高原油体积系数。原油黏度降低可以改善原油流动性，降低流度比。N_2 组分弹性能量大，体积膨胀能力强，增加地层能量。

表 1-1-2 不同注入介质对驱油效率的影响

序号	驱替方式	驱油效率 /%	增幅 / 百分点
1	蒸汽驱	68.12	—
2	空气辅助蒸汽驱	75.59	7.47
3	N_2 辅助蒸汽驱	72.83	4.71
4	烟道气辅助蒸汽驱	78.57	11.45

2. 非烃气注入时机

对比了蒸汽驱含水率达到 80% 和 90% 转 N_2 辅助蒸汽驱的驱油效率，结果见表 1-1-3。含水率为 90% 时转驱采出程度较高，较含水率 80% 转驱提高 3.58 个百分点。分析认为，由于蒸汽超覆作用，在含水率较高时，油层上部原油大部分被采出。转为 N_2 辅助蒸汽驱后，注入气体占据油层上部，增加蒸汽向下扩展能力，扩大蒸汽波及体积。

表 1-1-3 不同注气时机驱油效率对比

序号	驱替方式	汽气比	转驱时机	采出程度 /%	增幅 / 百分点
1	蒸汽驱	—	—	65.38	—
2	N_2 辅助蒸汽驱	3 : 1	含水率为 80%	67.70	2.32
3	N_2 辅助蒸汽驱	3 : 1	含水率为 90%	71.28	5.90

3. 非烃气注入方式

注入方式包括连续注入和交替注入，交替注入又包括不同的交替时间。从不同非烃气注入方式的驱替试验结果（表 1-1-4）可以看出，汽气连续注入方式驱油效果最好，比单纯蒸汽驱提高驱油效率 4.89 个百分点。比较不同交替时间方案，得出交替时间为 7.5min 的方案的驱油效果较其他方案好。交替时间太短，单次注入量少，不能有效地改善原油性质，驱油效果不佳；而交替时间太长使得蒸汽供给不够，加热降黏作用差。

表 1-1-4 不同注入方式实验驱油效率

序号	驱替方式	驱油效率 /%	增幅 / 百分点
1	蒸汽驱	68.12	—
2	交替时间为 5min	69.28	1.16
3	交替时间为 7.5min	71.60	3.48
4	交替时间为 15min	70.02	1.90
5	连续注入	73.10	4.89

交替注入方式含水率曲线呈现波浪状变化（图 1-1-8）。注入蒸汽时含水率略有下降，注空气时含水率再上升。分析认为，单纯注入空气可以影响一部分蒸汽没有波及的原油，在一定程度上改善原油物性，但并不能使原油大量产出；再次注入蒸汽，在驱替压差的作用下，产液量增加，已经得到物性改善的原油随着产出液产出，形成注空气时产出液量少、含水率高，注蒸汽时产出液量多、含水率低的生产特征。

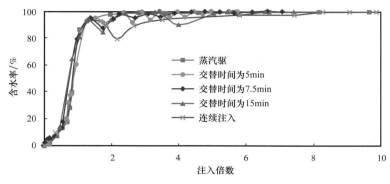

图 1-1-8　不同注入方式实验含水率曲线

4. 蒸汽 / 非烃气注入比例

非烃气辅助蒸汽驱以注入蒸汽加热降黏的机理为主，以注入气体溶解降低原油黏度和体积膨胀作用为补充，汽气比太小，不利于改善流度比和提高驱油效率。蒸汽和空气存在一个较佳配比，根据不同汽气比的驱油效率实验结果（表 1-1-5）可以看出，汽气比为 3：1 时蒸汽驱驱油效率最高，与蒸汽驱方式相比驱油效率提高 7.47 个百分点。

表 1-1-5　不同汽气比蒸汽驱驱油效率

序号	驱替方式	驱油效率 /%	增幅 / 百分点
1	蒸汽驱	68.12	—
2	汽气比为 3：1	75.59	7.47
3	汽气比为 1：1	73.10	4.98
4	汽气比为 1：3	70.29	2.17

从不同汽气比实验含水率曲线（图 1-1-9）中可以看出，在蒸汽驱过程中注入气体可以有效降低含水率，最多可以降低近 20 个百分点，但不同汽气比对含水率曲线影响较大。汽气比为 1：1 和 3：1 时含水率降低效果较为明显，汽气比为 1：3 时含水率降低的时间短且幅度小。这是由于非烃气中的可溶组分溶解于稠油后有效降低了原油黏度，增强了原油流动性，减小了油水流度比，降低了含水率。但是如果汽气比太小，注入蒸汽量偏低，会导致注入油层热量不足，原油黏度降低幅度有限，气体过早突破，含水率下降幅度小且持续时间短。

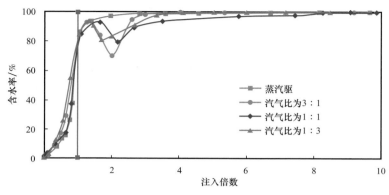

图 1-1-9 不同汽气比实验含水率曲线

5. 注入温度

不同注入温度蒸汽驱和非烃气辅助蒸汽驱的驱替试验结果（表 1-1-6）表明，两种方式下的驱油效率均随着温度的升高而增大；相同温度下，非烃气辅助蒸汽驱驱油效率大于蒸汽驱；随着温度的升高，复合驱（蒸汽＋空气驱）较蒸汽驱驱油效率提高幅度减小。

表 1-1-6 不同注入温度对驱油效率的影响

序号	温度 /℃	蒸汽驱驱油效率 /%	蒸汽＋空气驱驱油效率 /%	驱油效率提高值 / 百分点
1	150	61.28	69.98	8.70
2	230	68.12	75.59	7.47
3	280	71.93	78.43	6.40

6. 生产井射孔井段

非烃气辅助蒸汽驱和蒸汽驱后期，生产井的生产井段由原来的全井段调整为中下段，非烃气辅助蒸汽驱的蒸汽波及范围明显大于蒸汽驱（图 1-1-10）。分析认为，生产井改

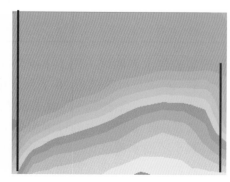
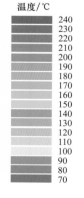

(a) 蒸汽驱温度场图　　　　　　　(b) 非烃气辅助蒸汽驱温度场图

图 1-1-10 蒸汽驱和非烃气辅助蒸汽驱后期温度场对比

为中下部射孔，由于密度差异，注入的气体聚集于油层上部，一方面气体的导热系数小，气体在油层上部起到隔热的作用，减少了蒸汽腔的热损失；另一方面气体在油层上部，增加了蒸汽向下的渗流能力，从而扩大了蒸汽的波及体积（郭玲玲等，2019）。

三、现场实施效果

辽河油田齐 40 块共开展 5 个注空气、2 个注 N_2、2 个注 CO_2 辅助蒸汽驱试验。实施后，井组开发效果改善，井组油汽比由 0.15 提高到 0.19。

1. 空气辅助蒸汽驱实施效果

1）常温空气辅助蒸汽驱总体效果较好

前期实施的 5 个试验井组中，平均单井组产油量由 14.8t/d 上升到 16.1t/d，油汽比由 0.13 上升到 0.17，总体取得较好开采效果。

根据产量变化规律，将 5 个试验井组分为两类（表 1-1-7），Ⅰ类井组产液量、产油量、油汽比、采注比、注汽压力均有上升，增油效果显著，该类井组有两个，均采用空气与蒸汽混合注入方式，平均注入压力由实施前的 6.5MPa 上升到 7.1MPa，产油量由 16.2t/d 提高至 20.2t/d，油汽比由 0.14 提高到 0.16。其他 3 个井组属于Ⅱ类井组，该类井组注汽压力变化不大，增油效果不明显，典型的 6-K032 和 5-K033 井组均采用段塞式注入方式，两个井组在试验期间平均注汽量由 55t/d 下降到 32t/d，平均注汽压力由 5MPa 下降到 4.6MPa，产油量由 12t/d 下降到 10.8t/d，注入空气阶段蒸汽停注，注入油藏热量减少，直接影响蒸汽驱开发效果。

表 1-1-7 常注空气辅助蒸汽驱试验井组生产数据

分类	井组	注气量 / $10^4 m^3/d$	实施前				实施后			
			注汽量 / t/d	产油量 / t/d	油汽比	井口注汽压力 / MPa	注汽量 / t/d	产油量 / t/d	油汽比	井口注汽压力 / MPa
Ⅰ	17-028	0.51~1	112.0	19.8	0.18	5.7	107.6	24.1	0.22	5.9
	25-K35	1.2	125.2	12.5	0.10	7.3	150.8	16.2	0.11	8.3
	Ⅰ类平均	0.51~1.2	118.6	16.2	0.14	6.5	129.2	20.2	0.16	7.1
Ⅱ	13-024	0.61~1.2	100.0	17.6	0.18	6.7	106.0	18.9	0.18	6.8
	6-K032	1.0	60.8	14.3	0.24	4.6	25.6	13.6	0.53	3.8
	5-K033	1.0	48.3	9.6	0.20	5.4	38.5	7.9	0.21	5.4
	Ⅱ类平均	0.61~1.2	69.7	13.8	0.20	5.6	56.7	13.5	0.24	5.3
Ⅰ、Ⅱ类平均		0.51~1.2	89.3	14.8	0.17	5.9	85.7	16.1	0.19	6.0

2）Ⅰ类井组纵向比例提高、平面波及范围扩大

典型的17-028井组于2010年4月开展空气辅助蒸汽驱试验，试验阶段注空气量为5100～10000m³/d，注蒸汽量为108t/d，压力观察井测压资料显示，上段蒸汽驱主力层压力由2.9MPa上到3.1MPa，对应压力由2.9MPa上升到3.6MPa（图1-1-11），说明空气辅助蒸汽驱实施后，空气占据上部原蒸汽驱主力动用层，井组驱替作用增强，动用程度进一步提高。

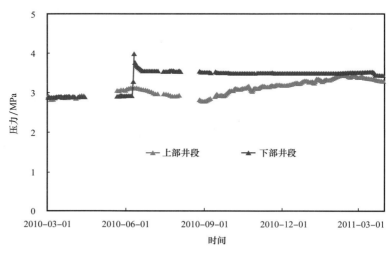

图1-1-11　主力方向观41井压力变化曲线

平面上，空气首先向蒸汽驱优势方向波及，优势方向上距离注汽井距离为23m的观44温度观察井，测温表明该区域蒸汽驱层位平均温度降低35℃，同时蒸汽前缘在气体压力驱动下向蒸汽驱弱势方向扩展，该方向上观42井温度观察井距离注汽井25m，温度测试剖面显示，该方向蒸汽驱层位温度提高20℃（图1-1-12），说明注空气后蒸汽平面动用状况得到有效改善，井组产油量由19.8t/d上升到24.1t/d，油汽比由0.17提高至0.20，典型见效油井17-K291产油量由7t/d上升到10t/d。

3）Ⅱ类井组受注汽量下调影响，增油效果不明显

Ⅱ类井组主要采用段塞式注入方式，分析认为受注汽量下调影响，油层注入热量降低，蒸汽腔体积缩小，空气辅助蒸汽驱开发效果变差。6-K032井组试验阶段注空气量为10000m³/d，注入空气期间蒸汽停注，受到注汽量不足的影响，注汽压力由4.6MPa下降到3.8MPa，井组产油量由14.3t/d下降至13.6t/d（图1-1-13）。

该井组内典型6-32C生产井在蒸汽停注期间产液量由20t/d下降至14t/d，产油量由8t/d下降至5t/d，井口产液温度由72℃下降到55℃，后期恢复注汽后，产液量恢复至17t/d，产油量上升到8t/d，产液温度为60℃，产量又开始回升（图1-1-14），说明段塞式注入方式注汽量不足影响注入油藏热量，影响了蒸汽驱开发效果。

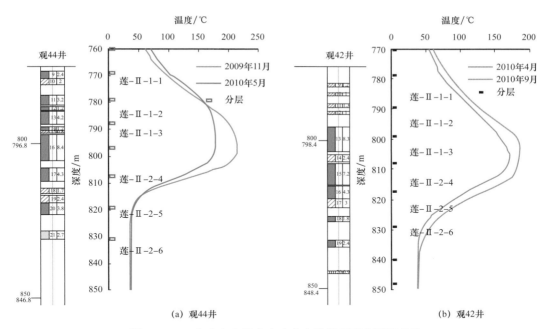

(a) 观44井 (b) 观42井

图 1-1-12 主力方向及非主力方向温度观察井测温变化

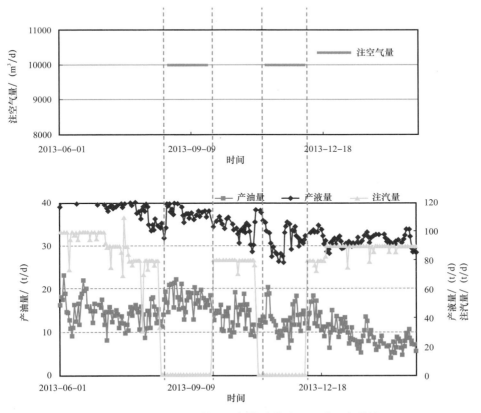

图 1-1-13 6-K032 井组空气辅助蒸汽驱试验生产曲线

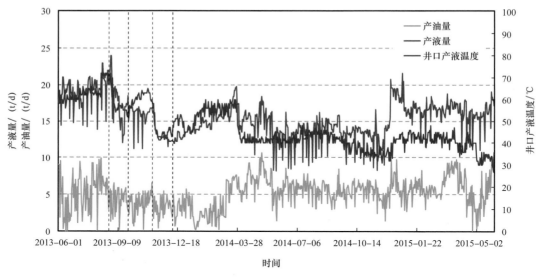

图 1-1-14 6-32C 井生产曲线

2. N₂ 辅助蒸汽驱实施效果

N_2 辅助蒸汽驱试验井组较少（只有两个），均采用混合注入的方式。N_2 辅助蒸汽驱试验实施后，井组初期产油量略有上升，后期保持稳产，井组油汽比提高。齐 40-12-023 井组注汽量为 45.4t/d，N_2 注入纯度为 96.0%。注 N_2 前井组平均产液量为 121.7t/d，产油量为 16.6t/d，油汽比为 0.19；实施后井组平均产液量为 94.7t/d，产油量为 21.2t/d（提高 4.6t/d），油汽比为 0.39（提高 0.2）（图 1-1-15）。齐 40-10-021 井组注汽量为 40t/d，N_2 注入纯度为 96.0%。注 N_2 前井组平均产液量为 82.0t/d，产油量为 16.0t/d，油汽比为 0.13；实施后井组平均产液量为 55.9t/d，产油量为 18.7t/d（提高 2.7t/d），油汽比为 0.46（提高 0.33）（图 1-1-16）。

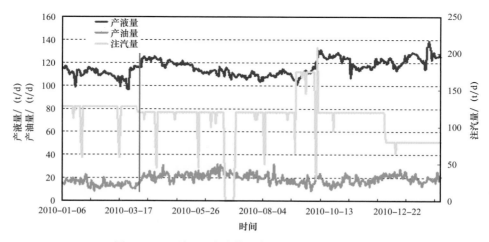

图 1-1-15 注 N_2 试验井组齐 40-12-023 生产曲线

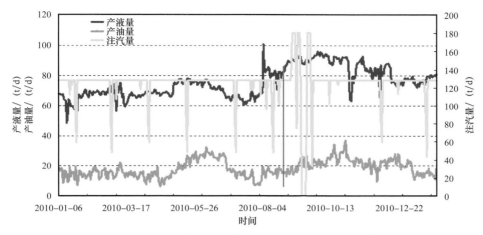

图 1-1-16　注氮气试验井组齐 40-10-021 生产曲线

3. CO₂辅助蒸汽驱实施效果

CO_2辅助蒸汽驱试验实施两个井组，产油量上升明显。齐 40-7-029 井组于 2013 年 7 月 26 日开始实施注 CO_2试验，共注两个段塞，累计注气量 750t，注入后产油量由 4.0t/d 上升到 4.5t/d。齐 40-14-025 井组于 2013 年 8 月 7 日开始实施注 CO_2试验，共注入 3 个段塞，产油量明显上升，由 14.4t/d 上升到 19.4t/d，油汽比达到 0.22（图 1-1-17）。

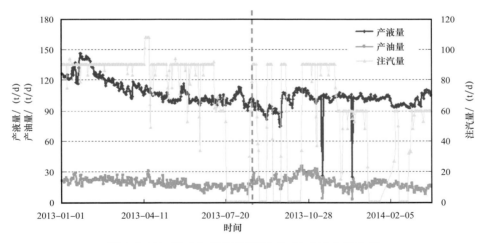

图 1-1-17　注 CO_2试验井组齐 40-14-025 生产曲线

第二节　化学辅助蒸汽驱技术

辽河油田蒸汽驱开发进入中后期面临蒸汽突破及纵向动用不均衡等开发矛盾，为了确保蒸汽驱产量稳定，开展以"注汽井深部调剖、多介质辅助汽驱"为核心的化学辅助蒸汽驱综合调控技术示范，包括注汽井高温深部调剖、地下生成气体辅助蒸汽驱、二氧化碳泡沫辅助蒸汽驱、氮气泡沫辅助蒸汽驱、空气泡沫辅助蒸汽驱 5 种调控技术，实施后调整了吸汽剖面，扩大了蒸汽腔波及体积，提高了油层动用程度（王刚等，2018），改善了蒸汽驱开发效果，为蒸汽驱后期开发提供了有力的技术支撑。

一、注汽井高温深部调剖技术

通过注汽井注入调剖剂，利用凝胶携带植物纤维等固相颗粒，对汽窜通道进行封堵，改善纵向吸汽剖面，提高各层动用程度。随着注汽量的增大，凝胶水化，黏度降低，蒸汽会推动其携带的固相颗粒向深部运移，在地层深部进一步形成堵塞，利用贾敏效应从平面上提高蒸汽波及范围，最终提高驱替效果。

1. 高温调剖剂配方体系

1）配方体系筛选

通过室内模拟调剖实验，筛选聚合物凝胶、纤维颗粒类、高温三相 3 种调剖配方体系，同时模拟计算相同条件下 7 天后的封堵率。实验中，固体颗粒类调剖剂与高温三相类调剖剂样品中加入的固相颗粒含量相同，均为 5%。实验结果（表 1–2–1）表明，纤维颗粒类高温调剖剂的封堵率优于另外两种调剖剂。

表 1–2–1　封堵率测定

调剖剂	堵前渗透率 /mD	堵后渗透率 /mD	封堵率（初始）/%	封堵率（7d）/%
聚合物凝胶	3085	290.0	90.6	43.1
纤维颗粒类	2953	94.5	96.8	88.3
高温三相	2812	177.2	93.7	60.6

2）配方体系评价

调剖剂是以复合阴离子聚丙烯酰胺、交联剂、热稳定剂为主的凝胶体系，复配 3%～15% 的植物纤维、无机固相颗粒，详见表 1–2–2。

表 1–2–2　室内实验优选高温调剖剂配方

HPAM/ %	交联剂 / %	热稳定剂 / %	植物纤维 / %	无机颗粒 / %	黏度 / mPa·s	成胶时间 / h
0.5	1.2	0.3	2～9	1～6	≥10×10^4	15～36

（1）调剖剂流动性评价。

加入固相颗粒配比为 2% 植物纤维和 1% 无机颗粒、9% 植物纤维和 6% 无机颗粒，充分搅拌后注入天然岩心，测试调剖液流度，计算阻力系数，主剂在地层的滞留能力见表 1–2–3。

表 1-2-3 阻力系数的测定统计表

岩心编号	实验温度 /℃	模拟水流度 /［D/（mPa·s）］	堵剂流度 /［D/（mPa·s）］	阻力系数
1	80	0.135	0.010	13.5
2	80	0.197	0.014	14.1

两份调剖液样品黏度分别为 58.9mPa·s 和 97.3mPa·s，具有很好的泵入性能。调剖剂平均阻力系数约为 13.8，在岩心孔隙中具有良好的滞留能力。

（2）调剖剂耐温性能评价。

在温度为 250℃和 300℃的条件下老化 7 天的封堵率见表 1-2-4。

表 1-2-4 成胶体 250℃和 300℃高温老化能力试验

岩心编号	岩心尺寸 / mm×mm	原始水相渗透率 / D	温度 /℃	堵后水相渗透率 / D	封堵率 /%	封堵率平均值 /%
1	φ25.4×34.8	3.352	250	1.132	66.23	70.74
2	φ25.4×33.4	3.873		1.023	73.59	
3	φ25.6×34.6	3.251		0.897	72.41	
4	φ25.2×34.5	3.732	300	1.468	60.66	60.85
5	φ25.4×32.9	3.211		1.503	61.63	
6	φ25.6×34.7	3.613		1.436	60.25	

在不同温度下 7 天后测得的封堵率平均值均在 60% 以上，老化 7 天的成胶体仍有较好的封堵性能和耐温性能。

（3）调剖剂封堵性能评价。

在 300℃蒸汽持续冲刷条件下，7 天后的封堵率见表 1-2-5。

表 1-2-5 高温调剖剂封堵性能测试表

岩心编号	岩心尺寸 /（mm×mm）	渗透率 /D		封堵率 /%
		封堵前	封堵后	
7	φ25.4×34.7	3.372	0.622	81.55
8	φ25.4×33.6	3.133	0.503	83.94

经连续 7 天的高温蒸汽冲刷后，岩心的残余阻力系数达 80% 以上，表明堵剂中的固相颗粒维持了体系较好的封堵性能，具有较强的耐蒸汽冲刷能力。

2. 现场实施效果

2017—2020 年，在齐 40 蒸汽驱区块，累计实施蒸汽驱注汽井深部调剖技术 13 井组，累计增油 8888.4t。

以典型井组齐 40-15-K261 为例，该井组 2006 年 12 月转蒸汽驱开发，2017 年 7 月 1 日实施注汽井深部调剖。措施前，井组采出程度已达 48.3%，井组产油量降至 20.6t/d；措施后，井组产油量达 40.6t/d，累计增油 1575.7t（图 1-2-1）。

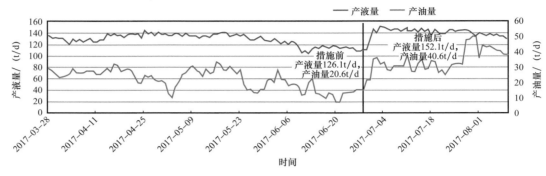

图 1-2-1　齐 40-15-K261 井组生产曲线

二、地下生成气体辅助蒸汽驱技术

在注汽井中注入铝盐、气体生成剂、表面活性剂等药剂在地层高温下水解生成无机凝胶、CO_2 和 NH_3（魏新辉，2012），与表面活性剂形成凝胶，凝胶内部包裹泡沫，扩大了凝胶的波及体积，而凝胶增加了泡沫的机械强度，延长了泡沫寿命，增强了调剖功能（曹嫣镔等，2006；曹正权等，2006）。CO_2 和 NH_3 与表面活性剂形成良好的驱油体系，降低岩油水界面张力，从而提高驱油效率；部分 CO_2 气体溶解于原油，降低原油黏度，并在蒸汽前缘形成混相带，提高蒸汽驱替效率。

1. 复合调驱药剂配方体系

1）配方体系筛选

（1）气体生成剂的筛选。

含有羰基的有机物和含有 CO_3^{2-} 的无机物在一定条件下均能释放出 CO_2 气体，地层条件下单位质量释放最多 CO_2 气体的物质将是最佳选择。根据实验结果，在 200℃、恒温 10h 下各物质的 CO_2 生成量见表 1-2-6。

表 1-2-6　几种物质 CO_2 生成量对比数据

项目	尿素	尿素衍生物	尿酰胺
200℃恒温时间 /h	10	10	10
200℃时压力 /MPa	3.8	3.5	3.7
20℃时压力 /MPa	1.4	1.2	1.3
生成 CO_2 质量（20℃）/g	25.5	22.1	23.5

从表 1-2-6 中可以看出，尿素是最好的 CO_2 气体生成剂。

（2）催化剂的筛选。

以尿素为气体生成剂，加入不同的催化剂，实验结果（表 1-2-7）表明，催 -A 是最好的催化剂。

表 1-2-7　几种催化剂作用下 CO_2 生成量对比数据

项目	硫酸钼	催 -A	硫酸镍	硫酸铁
催化剂加量 /%	0.5	0.5	0.5	0.5
200℃时压力 /MPa	3.7	3.8	3.7	3.7
20℃时压力 /MPa	1.3	1.8	1.2	1.2
生成 CO_2 质量（20℃）/g	29.4	34.4	27.9	26.9

（3）表面活性剂的筛选。

所筛选的表面活性剂要求具有界面张力低、发泡性能优良、降黏效果好的特点（卫龙等，2015），同时与尿素、硝石具有良好的配伍性，并与尿素、硝石复配之后能极大地提高驱油效果。通过实验筛选出表面活性剂 AEO+AOS 为首选表面活性剂，结果见表 1-2-8。

表 1-2-8　四种表面活性剂的界面张力、发泡量及降黏率对比表

项目	重烷基苯磺酸钠		α- 烯烃磺酸盐		烷基酚聚氧乙烯醚磺酸盐		AEO+AOS	
	200℃恒温前	200℃恒温后	200℃恒温前	200℃恒温后	200℃恒温前	200℃恒温后	200℃恒温前	200℃恒温后
界面张力（1% 水溶液）/mN/m	6.5×10^{-2}	6.9×10^{-2}	9.1×10^{-2}	0.21	0.46	0.52	7.1×10^{-3}	7.8×10^{-3}
表面张力（1% 水溶液）/mN/m	30.5	30.3	32.4	32.1	31.8	31.6	28.9	28.6
发泡量（200mL 水溶液）/mL	335	223	635	612	498	322	678	665

2）配方体系评价

（1）主剂铝盐对成胶性能的影响。

固定气体生成剂含量为 20%，考察主剂用量对成胶性能的影响。从图 1-2-2 中可以看出，随着主剂铝盐用量的增大，成胶时间延长，凝胶强度增大，在主剂浓度 6.0% 以后，凝胶强度变化幅度减小。确定铝盐浓度为 6.0%。

（2）助剂气体生成剂对成胶性能的影响。

固定铝盐含量为 6.0%，考察助剂气体生成剂用量对成胶性能的影响。从图 1-2-3 中可以看出，随着助剂气体生产剂用量的增大，成胶时间缩短，凝胶强度增大，在助剂浓度 20% 以后，凝胶强度变化幅度减小。确定助剂浓度为 20%。

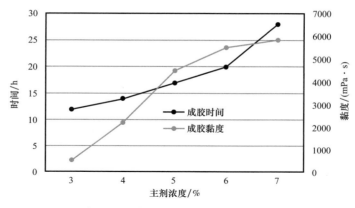

图 1-2-2　主剂用量对成胶性能的影响

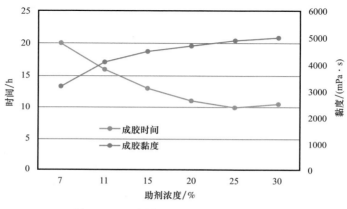

图 1-2-3　助剂用量对成胶性能的影响

（3）表面活性剂浓度对蒸汽驱油效率的影响。

在主剂和助剂浓度一定的条件下，表面活性剂浓度不同，其蒸汽驱油效率不同。从表 1-2-9 中可以看出，随着表面活性剂浓度的增加，蒸汽驱油效率先提高后降低，当表面活性剂浓度为 1.0% 时，蒸汽驱油效率最高，达到 13.2%。确定表面活性剂浓度为 1.0%。

表 1-2-9　表面活性剂浓度对蒸汽驱油效率的影响

驱油剂组成		模拟岩心物性参数				驱油效率（含水率在98% 以上）/%		驱油效率提高值 /百分点
	序号	孔隙度 /%	空气渗透率 /D	原始含油饱和度 /%	束缚水饱和度 /%	260℃蒸汽驱	注入 0.3PV驱油剂最终驱油效率	
26% 尿素	M1	30.3	1.137	79.3	21.7	79.4	87.1	7.7
26% 尿素 +0.1%表面活性剂AEO+AOS	M2	27.2	1.081	77.2	22.8	77.8	85.7	7.9

驱油剂组成	模拟岩心物性参数					驱油效率（含水率在98%以上）/%		驱油效率提高值/百分点
	序号	孔隙度/%	空气渗透率/D	原始含油饱和度/%	束缚水饱和度/%	260℃蒸汽驱	注入0.3PV驱油剂最终驱油效率	
26% 尿素 +0.3% 表面活性剂 AEO+AOS	M3	27.6	1.041	79.5	20.5	80.3	89.4	9.1
26% 尿素 +0.6% 表面活性剂 AEO+AOS	M4	28.3	1.107	79.6	20.4	80.9	91.2	10.3
26% 尿素 +1.0% 表面活性剂 AEO+AOS	M5	29.6	1.141	78.3	21.7	79.1	92.3	13.2
26% 尿素 +1.5% 表面活性剂 AEO+AOS	M6	28.1	1.026	74.1	25.9	77.8	90.6	12.8

2. 现场实施效果

2017—2019 年，在齐 40 蒸汽驱区块，累计实施地下生成气体辅助蒸汽驱技术 12 井组，累计增油 5600t。

以典型井组齐 40-12-K301 为例，该井组 2007 年 3 月转蒸汽驱开发，井组最高日产油 56.2t。2019 年 9 月 20 日对该井组实施地下生成气体辅助蒸汽驱技术，措施前井组采出程度已达 68.2%，井组日产油量降至 18.4t；措施后注汽压力由 3.8MPa 上升至 4.1MPa，日产油量达 24.2t，累计增油 909t（图 1-2-4）。

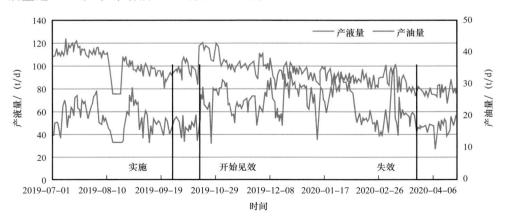

图 1-2-4　齐 40-12-K301 井组生产曲线

三、二氧化碳泡沫辅助蒸汽驱技术

利用地面混相泡沫发生器装置，在地面直接将 CO_2 与耐高温发泡剂充分搅拌混合发泡，形成泡沫体系后，将泡沫直接注入地下油层深部，利用泡沫在油层中的贾敏效应以及封堵油层大孔隙而不封堵小孔隙、遇油消泡遇水稳定、阻水流动而不阻油流动的特性，对蒸汽驱替前缘动态调剖，使蒸汽和热水均匀驱替推进，有效控制或预防蒸汽窜流突破，扩大蒸汽均匀波及油层范围，提高蒸汽驱替效率和热利用率，进而提高蒸汽驱开发效果。

1. 发泡剂性能评价

1）耐高温稳定性评价

耐高温发泡剂溶液在室温 25℃、160℃、260℃、300℃和 325℃下老化 60h（搅拌器转速为 3000r/min，搅拌 3min），测定泡沫体积和半衰期变化情况，结果如图 1-2-5 所示。从图中可以看出，在温度小于 150℃范围内，泡沫体积和半衰期变化不明显；温度超过 150℃以后，随温度上升，泡沫体积和半衰期趋于下降走势，半衰期下降幅度更大；温度为 250℃时，泡沫体积仍高达 350mL，半衰期为 110min。因此，发泡剂耐高温性能稳定，完全适应温度为 225℃左右的高温环境。

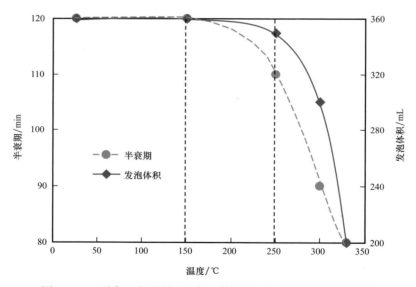

图 1-2-5　耐高温发泡剂溶液发泡体积及半衰期随温度变化情况

2）封堵性能评价

测试不同温度下发泡剂溶液的阻力因子（图 1-2-6），结果表明：耐高温发泡剂温度在 190℃时阻力因子最大，为 350，随着温度继续升高，阻力因子呈现抛物线式降低，当温度大于 260℃后，阻力因子变化不大，但始终大于 20，说明耐高温发泡剂在高温环境下封堵性能很好。

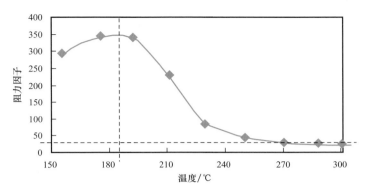

图 1-2-6 剩余油条件下耐高温发泡剂溶液阻力因子随温度变化情况

2. 现场实施效果

2016 年以来，在杜 229 块共实施二氧化碳泡沫辅助蒸汽驱调驱技术措施 9 井组，合计 13 次，截至 2020 年底实现阶段累计增油 10653t，单井组平均增油 1184t。

以典型井组杜 32-52-K40 为例，杜 229 块杜 32-52-K40 井组于 2013 年 10 月转为蒸汽驱开发，2018 年 9 月 27 日对该井组实施泡沫辅助蒸汽驱技术，实施措施前井组采出程度已达到 67%，井组日产油量降至 8.1t，井组共 8 口生产井，其中 1 口不出液关井，其他 7 口正常生产井中，6 口发生过蒸汽突破现象，平均含水率为 96.5%。实施措施后杜 32-52-K40 井的注汽压力由 4.5MPa 上升至 5.8MPa，提高了 1.3MPa；含水率由 94.4% 下降到 91.8%，下降了 2.6 个百分点；井口温度由 74.5℃ 下降到 68.1℃，下降了 6.4℃；产油量由 11.0t/d 提高到 15.6t/d，增油量 4.6t/d，累计增油 957t。杜 32-52-K40 井组生产动态曲线如图 1-2-7 所示。

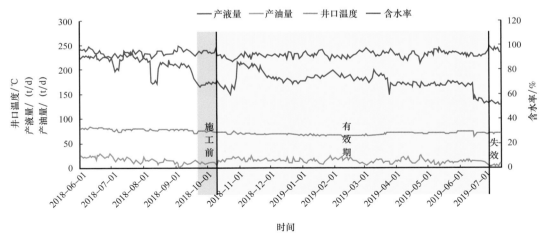

图 1-2-7 杜 32-52-K40 井组生产曲线

四、氮气泡沫辅助蒸汽驱技术

在蒸汽驱注汽井中注入氮气泡沫体系，泡沫优先进入渗流阻力小的高渗透层，在贾敏效应作用下，高渗透层的渗流阻力增加，迫使后续的流体更多地进入中低渗透层，驱替流体均匀推进，从而达到改善吸汽剖面、提高蒸汽波及体积的目的。

1. 多孔介质中泡沫流体性能评价

1）泡沫性能评价

（1）耐温性。

从测试结果（表1-2-10）来看，300℃耐温4h后的固含量、表面能力及泡沫半衰期 $T_{\frac{1}{2}}$ 与耐温前相比基本一致，说明泡沫剂具有良好的耐温性。

表1-2-10　泡沫剂耐温性能评价表

耐温参数	固含量 / g/kg	表面张力（浓度为0.5%）/ mN/m	$T_{\frac{1}{2}}$（温度为20℃，浓度为0.5%）	结论
耐温前	46.13	34.58	220min19s	耐温性良好
300℃耐温4h后	45.98	32.44	298min30s	

（2）抗盐性。

在地层水中的溶解性良好，在地层温度55℃下浓度至30%时仍澄清，经测定1.0%的TH（α-烯基磺酸钠和脂肪醇聚氧乙烯醚复配后的表面活性剂）可耐受矿化度最高为20000mg/L时，抗钙镁能力为2000mg/L。

（3）表面活性。

在60℃时采用旋滴法测定油/水界面张力，界面张力小于 3.04×10^{-2} mN/m。

（4）高温阻力因子。

在高温下具有良好的泡沫稳定性，并且在有残余油的情况下，可在岩心管中建立起有效的封堵，阻力因子达到35，因此是性能优良的高温泡沫剂。

2）泡沫性能指标

（1）在250℃时，阻力因子为35。

（2）在55℃及常压下的泡沫半衰期大于1245s，在120℃及1.4MPa压力下的泡沫半衰期大于990s。

（3）在60℃时采用旋滴法测定油/水界面张力，界面张力小于 3.04×10^{-2} mN/m。

（4）在50℃及油水比为7:3时对锦45块稠油降黏率为98.5%。

2. 现场实施效果

2016—2020年，在锦45块共实施氮气泡沫调剖措施9井次，截至2020年11月累计增油16956t。

以典型井组锦45-032-028为例，该井组2016年6月转蒸汽驱开发，2016年12月18日对该井组实施蒸汽驱注入井泡沫调剖技术，实施前井组产油量为11.2t/d，含水率为94.6%。措施后注汽压力由5.9MPa上升至6.1MPa，产油量为18.5t/d，含水率为91.4%，累计增油7727t。2019年8月28日，对该井组再次实施泡沫调剖技术，措施后注汽压力由 8.5MPa 上升至 8.7MPa，井组产油量为 15.1t/d，含水率为 92.9%，累计增油 909t。锦 45-032-028 井组生产动态曲线如图 1-2-8 所示。

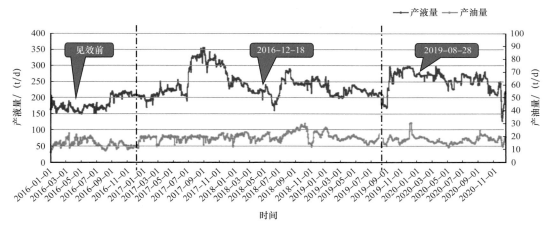

图 1-2-8　锦 45-032-028 井组生产曲线

五、空气泡沫辅助蒸汽驱技术

空气泡沫辅助蒸汽驱油技术是在注蒸汽开采后期注入起泡剂和热空气，在孔隙运移过程中形成泡沫，或者在地面利用泡沫发生器，使起泡剂和热空气形成泡沫，与蒸汽一起注入地层。一方面泡沫黏度比蒸汽大，降低了驱替介质的流度，减弱了蒸汽超覆和指进；另一方面，泡沫可以通过封堵高渗透率孔道，改善后续驱替介质在油层中的分配，使后续驱替介质均匀地在油层中推进，降低水相相对渗透率，提高波及系数。同时，由于起泡剂中表面活性剂的作用，改变岩心孔隙中原油—岩石—水的界面特性，降低界面张力，改变岩石表面润湿性，使很大一部分稠油能够从岩石上剥离下来，有效地提高洗油效率（陈洪玲等，2013；葛嵩等，2018）。该技术要求起泡剂具有耐高温、耐高矿化度、与地层流体（特别是油）配伍性好、低界面张力、低吸附能力、价格低廉和来源广等特点（鲁红升等，2013），适合在汽窜严重的普通稠油油藏中应用。

1. 热空气泡沫复合体系起泡剂合成及性能评价

1）两种羟基磺基甜菜碱型起泡剂的合成

磺基甜菜碱是一种具有磺酸盐基团的两性表面活性剂，甜菜碱型的表面活性剂具有较强的起泡性能，而且具有磺酸盐基团，其耐温性较强。选择十二（十四）烷基二甲基叔胺与 3- 氯 -2- 羟基丙磺酸钠进行季铵化反应生成十二（十四）烷基二甲基羟基磺基甜菜碱，由于目标产物中官能团较少，并且碳链为饱和碳链，因此具有较高的耐温性能。

3- 氯 -2- 羟基丙磺酸钠的合成如下：用亚硫酸氢钠作为磺化剂，与环氧氯丙烷反应生成 3- 氯 -2- 羟基丙磺酸钠。

$$H_2C\overset{O}{\diagup\!\!\!\diagdown}CH_3-ClH_2C \;+\; NaHSO_3 \longrightarrow ClH_2C-\overset{OH}{\underset{H}{\overset{|}{C}}}-\overset{H}{\underset{H}{\overset{|}{C}}}-SO_3Na$$

反应物为亚硫酸氢钠、蒸馏水、环氧氯丙烷，在 100mL 的三口烧瓶中加入 0.31mol 亚硫酸氢钠和 2.8mol 蒸馏水，实验过程中边加热边搅拌，使亚硫酸氢钠在烧瓶中充分溶解，当溶液温度达到 75℃时，开始滴加环氧氯丙烷，保持温度为 75℃，滴加过程持续 2h 后，升温至 85℃后停止升温，进行恒定 85℃反应，此过程持续 2h 后，迅速将反应液进行冰水浴冷却，将冷却后析出的晶体抽滤，重结晶得到纯净产物。

十二烷基二甲基羟基磺基甜菜碱的合成如下：十二烷基二甲基叔胺与 3- 氯 -2- 羟基丙磺酸钠在碱性条件下进行季铵化反应，生成十二烷基二甲基羟基磺基甜菜碱。反应式如下：

$$C_{12}H_{25}-\overset{CH_3}{\underset{CH_3}{\overset{|}{N}}}\;+\;ClH_2C-\overset{HO}{\underset{H}{\overset{|}{C}}}-\overset{H}{\underset{H}{\overset{|}{C}}}-SO_3Na \xrightarrow{NaOH} C_{12}H_{25}-\overset{CH_3}{\underset{H_3C}{\overset{|}{N}}}-\overset{H}{\underset{H}{\overset{|}{C}}}-\overset{H}{\underset{HO}{\overset{|}{C}}}-\overset{H}{\underset{H}{\overset{|}{C}}}-SO_3^- + NaCl$$

在 100mL 的三口烧瓶中加入一定量的 3- 氯 -2- 羟基丙磺酸钠、蒸馏水，在升温过程中进行冷凝回流并进行搅拌，待 3- 氯 -2- 羟基丙磺酸钠在烧瓶中完全溶解后加入十二烷基二甲基叔胺，继续升温直至其完全溶解后，加入少量氢氧化钠作为反应催化剂。继续升温，持续反应 6～10h，在此过程中要保持溶液内 pH 值在 7～8 范围内，反应结束后得到黄色黏稠液体。

十四烷基二甲基羟基磺基甜菜碱的制备方式与制备十二烷基二甲基羟基磺基甜菜碱相似，只是将反应过程中的十二烷基二甲基叔胺换为相同摩尔质量的十四烷基二甲基叔胺。

2）两种阴-非离子型起泡剂的合成

阴-非离子型表面活性剂是一种兼具阴离子与非离子特点的表面活性剂（杨振等，2007），对温度及无机盐的耐受力都较高。实验选择十二醇作为起始剂在氢氧化钾催化作用下接入不同分子量的环氧乙烷作为非离子表面活性剂十二醇聚氧乙烯醚，然后对十二醇聚氧乙烯醚的末端羟基进行阴离子改性，使其获得更强的亲水性，并且提高十二醇聚氧乙烯醚的耐温性能。

十二醇聚氧乙烯醚的合成如下：以十二醇作为起始剂，通过向高压反应釜内加入一定量的十二醇，再向釜内滴加不同量的环氧乙烷，在氢氧化钾的催化作用下，控制一定温度合成。十二醇聚氧乙烯醚的改性使用卤代物，需将十二醇聚氧乙烯醚先与氢氧化钾反应生成相应的醇钾。向三口烧瓶中加入一定量的十二醇聚氧乙烯醚，然后加热搅拌，按照物质的量比为 1：2 加入氢氧化钾颗粒并加热搅拌，在 105℃条件下反应 2h，可得到醇钾中间物。

十二醇聚氧乙烯醚羧酸钠的合成如下：将一定量氯乙酸钠粉末分批加入醇钾中间物，

然后在 50℃ 下加热 6h。反应完成后用无水乙醇洗涤，滤去不溶的无机盐，然后减压蒸馏，得到黄褐色产物，对产物进行羟值滴定来计算反应的转化率。

十二醇聚氧乙烯醚磺酸钠的合成如下：使用醇钾中间物与溴乙基磺酸钠进行反应，反应条件与十二醇聚氧乙烯醚的羧酸化反应条件相似，但是溴乙基磺酸钠反应所需温度较低，这是由于卤代烷中溴原子的极性小于氯原子，在化学反应中其活泼性反而会表现出比氯原子更强，因此其反应所需温度会稍低于氯乙酸钠与醇钾的反应温度。

3）单一起泡剂的泡沫性能评价

用于评价泡沫体系性能的方法有很多种，较为常用的是检测泡沫体积变化和半衰期，这两种检测方法具有所需设备简单、操作方法直观易行、适用场所广泛等优点，因此较为常用，也是目前发展较为成熟的方法（李兆敏等，2014）。Waring-Blender 法是一种极为简便易操作的泡沫性能检测方法，具有实验周期短、使用条件广泛、重现性好、能够准确地反映泡沫体系的起泡性和稳定性等优点，其测定方法是向量杯中加入待测溶液 100mL，以恒定速度搅拌 60s 后停止搅拌，记录产生的泡沫体积、析液半衰期和泡沫半衰期。

使用 Waring-Blender 法对合成的两种羟基磺基甜菜碱型起泡剂、两种阴-非离子型起泡剂与常用的起泡剂十二烷基苯磺酸钠 5 种起泡剂的泡沫性能进行了评价，实验结果见表 1-2-11。

表 1-2-11　单一起泡剂的起泡性能

起泡剂种类	加量 /%	起泡体积 /mL	半衰期 /min
十二烷基二甲基羟基磺基甜菜碱	0.3	600	8.3
	0.5	650	8.8
	0.7	675	7.2
十四烷基二甲基羟基磺基甜菜碱	0.3	400	4.3
	0.5	500	6.7
	0.7	610	5.5
十二醇聚氧乙烯醚羧酸钠	0.3	600	8.3
	0.5	690	8.5
	0.7	650	8.3
十二醇聚氧乙烯醚磺酸钠	0.3	615	8.3
	0.5	660	8.8
	0.7	655	8.5
十二烷基苯磺酸钠	0.3	600	6.1
	0.5	680	5.9
	0.7	710	5.5

根据实验结果可见，单一种类的起泡剂泡沫性能有限，而且不同起泡剂的最佳使用浓度也不尽相同，根据起泡剂的起泡高度与半衰期综合评价，起泡剂的最佳使用浓度在 0.5%~0.7% 之间，复配实验中选择的浓度均以此起泡剂的最佳使用浓度为标准进行筛选。

4）复配起泡剂的泡沫性能评价

由于单一起泡剂的泡沫性能有限，将不同的起泡剂按照不同比例进行复配，然后评价其泡沫性能，不同复配比例的起泡剂及其实验编号见表 1-2-12。

表 1-2-12　起泡剂复配配方实验编号

实验编号	十二烷基二甲基羟基磺基甜菜碱加量 /%	十四烷基二甲基羟基磺基甜菜碱加量 /%	十二醇聚氧乙烯醚羧酸钠加量 /%	十二醇聚氧乙烯醚磺酸钠加量 /%	十二烷基苯磺酸钠加量 /%
1	0.5	0	0.5	0	0
2	0.5	0	0	0.5	0
3	0.5	0	0	0	0.5
4	0	0.5	0	0	0.5
5	0	0.5	0.5	0	0
6	0	0.5	0	0.5	0
7	0	0	0.5	0.5	0
8	0	0	0.5	0	0.5
9	0	0	0	0.5	0.5
10	0.33	0	0.33	0.33	0
11	0.33	0	0.33	0	0.33
12	0.33	0	0	0.33	0.33
13	0	0.33	0.33	0.33	0
14	0	0.33	0	0.33	0.33
15	0	0	0.33	0.33	0.33

按照表 1-2-12 将不同种类起泡剂进行了复配，由于十二烷基二甲基羟基磺基甜菜碱与十四烷基二甲基羟基磺基甜菜碱的性能相似，因此两者之间不互相复配。使用 Waring-Blender 法对复配之后的起泡剂进行了泡沫性能评价，实验结果见表 1-2-13。

表 1-2-13 复配起泡剂泡沫性能

实验编号	泡沫体积 /mL	半衰期 /min
1	775	8.1
2	810	9.1
3	820	8.1
4	830	8.5
5	770	8.1
6	750	8.2
7	770	7.0
8	730	7.3
9	720	8.3
10	810	8.1
11	820	9.1
12	710	6.9
13	770	8.1
14	785	7.4
15	770	7.2

根据实验结果可以看出，复配后起泡体积有了明显提升，但是距离目标泡沫体系的半衰期还有差距。

5）泡沫体系的抗温、抗盐、耐油性能评价

（1）泡沫体系的抗温性能评价。

温度对泡沫体系的影响主要体现在泡沫体系在地层中的稳定性和起泡能力方面。适当的升温会提高泡沫的起泡能力，原因是温度会提高泡沫体系中起泡剂的活性。但是当温度过高时，起泡剂会发生降解从而失去活性，这就使得各方面性能相比加热之前发生了很大的变化，不能有效降低泡沫基液的表面张力，使起泡性能降低，起泡体积减小。选择具有耐温性能的起泡剂可以降低高温对泡沫起泡性能的影响，使起泡剂在经过高温之后仍然可以保持一定的起泡能力与稳泡能力。

使用 Waring-Blender 法对老化之后的起泡剂溶液进行泡沫性能评价，实验结果见表 1-2-14。

表 1-2-14　老化时间对泡沫体系的影响

实验编号	老化时间 /h	起泡体积 /mL	半衰期 /min
2	0	580	59.2
	1	560	58.3
	2	520	55.8
	3	460	51.7
	4	430	49.3
3	0	610	47.6
	1	570	46.3
	2	530	44.8
	3	440	41.6
	4	370	34.8
4	0	600	49.2
	1	580	48.6
	2	530	47.8
	3	490	46.2
	4	430	44.1
10	0	650	54.6
	1	620	53.7
	2	580	51.9
	3	520	48.6
	4	470	46.3
11	0	540	53.5
	1	510	52.1
	2	490	50.8
	3	470	48.9
	4	410	47.6

　　随着老化时间的增加，泡沫体系的起泡能力逐渐降低，而半衰期缩短较少。这是由于泡沫体系中的起泡剂长时间在高温条件下会出现一定程度的失活现象，而亲水性二氧化硅颗粒的耐温性能较强（Dehaghanil et al.，2019；Amirsadat et al.，2017），300℃的高

温不会对其造成较大影响，因此依靠亲水性二氧化硅颗粒稳定的泡沫体系，在高温老化之后其稳泡性能仍然可以保持较高的水平。

（2）泡沫体系的抗盐性能评价。

泡沫体系在驱油过程中势必会与地层水接触，当油田开发已经进入后期阶段时，地层内含水饱和度和矿化度都会升高，泡沫体系进入地层后处在一定矿化度的环境下，一般的起泡剂分子遇到地层中 Ca^{2+}、Mg^{2+} 等会产生沉淀，使其在泡沫液膜上的吸附量减少，液膜会越来越薄直至消泡（Dickinson et al.，2004；Fuji et al.，2006）。在室温下观察不同矿化度下泡沫体系的起泡体积与半衰期，实验结果见表 1-2-15。

表 1-2-15 不同矿化度下泡沫体系的泡沫性能

实验编号	矿化度 / (10^4mg/L)	起泡体积 /mL	半衰期 /min
2	1	570	58.7
	3	560	54.3
	5	520	51.7
	7	490	48.4
10	1	630	52.8
	3	610	50.3
	5	570	48.1
	7	520	46.2
11	1	520	52.1
	3	480	49.7
	5	450	47.6
	7	410	45.1

泡沫体系在不同矿化度条件下，随着矿化度的增大，其泡沫性能不断下降，并且半衰期下降较多，这是由于无机盐的存在会影响亲水性二氧化硅颗粒表面的电荷，从而影响泡沫的稳定性（Tang et al.，1989；Vatanparast et al.，2017）；而起泡性能在矿化度较低时并未受太大影响，这是由于泡沫体系中存在一定含量的阴-非离子表面活性剂，对无机盐有一定的耐受能力。

（3）泡沫体系的耐油性能评价。

在泡沫驱技术中，泡沫体系是以选择性封堵作为其提高原油采收率的手段，应用此方法的前提是需要泡沫在地层中保持良好的稳定性，从而保证其封堵能力，因此泡沫驱必须解决其遇油消泡严重的问题。在室温条件下测量不同柴油含量下泡沫体系的起泡体积与半衰期，实验结果见表 1-2-16。

表 1-2-16　柴油含量对泡沫体系的影响

实验编号	柴油含量 /%	起泡体积 /mL	半衰期 /min
2	5	540	57.4
	10	520	54.8
	20	490	48.4
	30	320	38.3
	40	260	27.2
10	5	620	52.2
	10	580	50.4
	20	510	48.3
	30	430	37.4
	40	360	25.1
11	5	500	51.7
	10	460	49.7
	20	400	46.2
	30	280	34.6
	40	160	22.7

在泡沫体系中加入柴油后，3 组泡沫体系的起泡体积和稳定性均变差，主要原因是所配制的泡沫基液是一种水基泡沫体系，遇油后会消泡。泡沫体系的耐油范围是在 30% 以下。

6）泡沫体系配方优选

通过对泡沫体系的抗温、抗盐、耐油性能评价，得到以下 3 个泡沫体系配方可以满足蒸汽驱后热空气泡沫复合驱技术的要求：

（1）2 号：0.5% 十二烷基二甲基羟基磺基甜菜碱 +0.5% 十二醇聚氧乙烯醚磺酸钠 +0.5% 亲水性二氧化硅颗粒 +0.1% 十六烷基三甲基溴化铵。

（2）10 号：0.33% 十二烷基二甲基羟基磺基甜菜碱 +0.33% 十二醇聚氧乙烯醚羧酸钠 +0.33% 十二醇聚氧乙烯醚磺酸钠 +0.5% 亲水性二氧化硅颗粒 +0.1% 十六烷基三甲基溴化铵。

（3）11 号：0.33% 十二烷基二甲基羟基磺基甜菜碱 +0.33% 十二醇聚氧乙烯醚羧酸钠 +

0.33% 十二烷基苯磺酸钠 +0.5% 亲水性二氧化硅颗粒 +0.1% 十六烷基三甲基溴化铵。

2. 蒸汽驱后热空气泡沫复合体系注入参数对性能的影响

1）注入速度对泡沫体系封堵能力的影响

利用多管并联岩心实验，得出不同泡沫注入速度对封堵效果的影响（表 1-2-17）。

表 1-2-17　泡沫注入速度对封堵效果的影响

注入速度 /（mL/min）	基础压差 /MPa	工作压差 /MPa	阻力因子
0.1	—	0.483	—
0.2	—	0.571	—
0.3	0.021	1.420	67.3
0.5	0.023	1.546	68.7
0.7	0.024	1.666	69.7
1.0	0.026	2.270	87.3
1.5	0.029	2.908	98.6
2.5	0.036	3.490	95.6
3.0	0.040	3.940	98.5
4.0	0.042	4.082	97.2

注：实验温度为 45℃，泡沫剂体系选用 2 号配方（0.5% 十二烷基二甲基羟基磺基甜菜碱 +0.5% 十二醇聚氧乙烯醚磺酸钠 +0.5% 亲水性二氧化硅颗粒 +0.1% 十六烷基三甲基溴化铵），气液比为 1：1，岩心渗透率在 1.0D 左右。

根据实验结果发现：注入速度过低，渗流速度慢，无法测出基础压差；注入速度为 0.1mL/min 和 0.2mL/min 时，泡沫剂仍然能够有效地产生泡沫，但该注入速度下产生的泡沫质量较差，强度也较低，反映在压差较小；随着注入速度的增大，产生的泡沫质量逐渐变好，强度相应变大，具体表现在注入压力逐渐增大；从不同注入速度产生的阻力因子来看，在低注入速度下，随着注入速度的增加，泡沫产生的阻力因子增大，当注入速度大于 1.0mL/min 后，增大注入速度，岩心两端的压差增大，但阻力因子变化不大。建议现场应用时，在低于地层破裂压力下，应尽量提高注入速度。

2）注入方式对泡沫体系封堵能力的影响

泡沫体系的注入方式有两种：一是热空气和起泡剂交替注入；二是热空气与起泡剂形成泡沫后一起注入。利用一维管式模型，考察气液交替和气液混注两种不同注入方式对泡沫封堵能力的影响（表 1-2-18）。

研究结果表明，气液混注阻力因子达到 100 以上，封堵效果非常好；在气液交替注入中，交替频率越高，交替段塞越小，阻力因子越大，泡沫封堵效果越好。

表 1-2-18　注入方式筛选实验

注入方式		基础压差 /MPa	工作压差 /MPa	阻力因子
气液混注		0.06	6.42	107.0
气液交替注入	0.5PV 液 +1PV 热空气	0.06	4.68	78.0
	1.0PV 液 +2PV 热空气	0.06	4.22	70.3
	1.5PV 液 +3PV 热空气	0.06	4.15	69.2

3）不同热空气泡沫体系驱替效率对比

选取 3 种起泡效果较好的泡沫体系（2 号、10 号和 11 号）进行岩心驱替实验。实验结果（表 1-2-19）表明，在驱替条件相同的情况下，2 号泡沫体系的注入对采收率的提高较其他泡沫体系高。

表 1-2-19　不同泡沫体系的驱替效率

岩心编号	泡沫剂编号	孔隙度 /%	渗透率 /mD	含油饱和度 /%	蒸汽驱采收率 /%	注入泡沫体积 /PV	气液比	最终采收率 /%	采收率提高值 /百分点
A-1	2 号	27.7	1780	78.5	61.2	0.5	1：1	75.7	14.5
A-2	10 号	27.2	1825	77.2	59.7	0.5	1：1	71.2	11.5
A-3	11 号	27.1	1762	74.8	56.7	0.5	1：1	69.5	12.8

4）不同气液比对驱替效率的影响

泡沫在多孔介质中的起泡需要通过气体的注入产生（Li et al.，2010），而注入气体的量决定了泡沫的数量以及起泡程度，因此热空气泡沫复合驱油体系不仅需要注入足够的热空气在地层中产生泡沫，还需要更多的热空气提高波及体积。

不同气液比下的热空气泡沫复合驱替效率实验结果见表 1-2-20。不同的气液比对于驱替效率的影响较大，在热空气泡沫复合驱替过程中，气液比的影响最大，当气液比从 1：3 开始增加时，泡沫驱采收率不断提高，更为明显的是入口压力的变化，入口压力不断增加，直到气液比达到 2：1，入口压力开始稳定并减小，此时说明大部分泡沫体系被驱出，岩心中的封堵效果减弱，因此最为合适的气液比在 1：1～2：1 之间。

表 1-2-20　不同气液比对驱替效率的影响

岩心编号	孔隙度 /%	渗透率 /mD	含油饱和度 /%	蒸汽驱采收率 /%	注入泡沫体积 /PV	气液比	最终采收率 /%	采收率提高值 /百分点
A-10	27.6	1825	75.13	60.1	0.5	1：3	67.5	7.4
A-11	27.7	1762	76.35	60.3	0.5	1：2	69.0	8.7

岩心编号	孔隙度/%	渗透率/mD	含油饱和度/%	蒸汽驱采收率/%	注入泡沫体积/PV	气液比	最终采收率/%	采收率提高值/百分点
A-12	28.3	1826	77.54	60.5	0.5	1：1	71.9	11.4
A-13	27.8	1706	78.20	59.2	0.5	2：1	71.9	12.7
A-14	28.1	1876	77.21	60.7	0.5	3：1	74.4	13.7

3. 热空气泡沫复合驱油操作参数优化

利用数值模拟优化了泡沫用量、段塞组合及注汽温度等操作参数。

1）泡沫用量优化

不同浓度的起泡剂在驱替过程中有着不同的起泡效果，消泡后也可以降低油水界面张力，驱替残余油。不同起泡剂浓度对累计产油量的影响如图 1-2-9 所示。从图中可以看出，当起泡剂用量分别取 0t、432t、720t 和 1008t 时，随着起泡剂用量的增加，累计产油量稳步提升，但是起泡剂用量为 1008t 的增产效果较 720t 的增产效果并不显著，考虑到经济效益，最优的起泡剂用量为 720t。

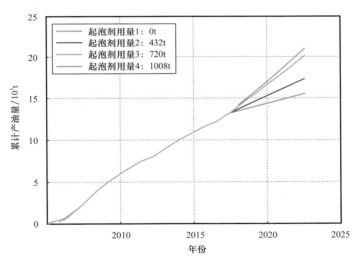

图 1-2-9　不同起泡剂浓度对累计产油量的影响

2）段塞组合优化

在泡沫注入总量固定为 720t 的情况下，不同泡沫段塞组合下的开发效果如图 1-2-10 所示。结果表明：段塞数为 0 时，不注入泡沫；段塞数为 1 时，注泡沫 720t、注蒸汽 180000m³，预计增油量 17866t；段塞数为 2 时，每次注泡沫 360t、注蒸汽 90000m³，注入两次，预计增油量 20007t；段塞数为 3 时，每次注泡沫 240t、注蒸汽 60000m³，注入 3 次，预计增油量 21674t。段塞数为 3 时，生产效果最好。

表 1-2-21　不同段塞组合的开发方案

段塞数	方案内容
0	蒸汽驱
1	注泡沫 720t+ 注蒸汽 180000m³
2	（注泡沫 360t+ 注蒸汽 90000m³）×2
3	（注泡沫 240t+ 注蒸汽 60000m³）×3

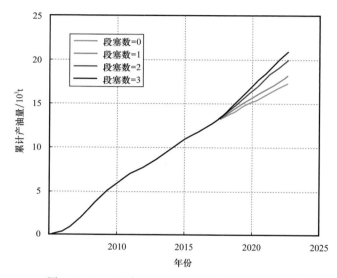

图 1-2-10　不同段塞组合对累计产油量的影响

3）注汽温度优化

注汽温度越高越好，相对来说，270℃以下时注汽温度的影响较为明显。当温度从220℃提高到270℃时，采收率提高值从 6.0 个百分点增加到 12.8 个百分点；但当温度从270℃提高到300℃时，采收率提高值从 12.8 个百分点增加到 13.1 个百分点，采收率增加幅度不大（表 1-2-22 和图 1-2-11）。结合矿场实际条件，取注汽温度为 270℃。

表 1-2-22　注汽温度优化指标

注汽温度 / ℃	转驱前采出程度 / %	蒸汽驱阶段				
		生产时间 / d	注汽量 / 10⁴m³	产油量 / 10³t	油汽比	采收率提高值 / 百分点
220	15	1800	18	3.22	0.514	6.0
250				4.95	0.531	9.2
270				6.88	0.541	12.8
300				7.01	0.546	13.1

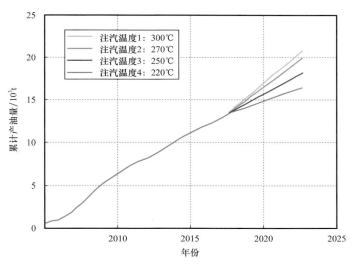

图 1-2-11　注汽温度对开采效果的影响

4. 现场实施工艺技术实例

在辽河油田齐 40 块蒸汽驱，现场实施空气泡沫辅助蒸汽驱技术 3 个井组。对于齐 40-11-K251 井组，利用泡沫的贾敏效应，调整注汽井吸汽剖面，提高井组开采效果。先注耐高温调剖剂 700m³，分两次施工，第一次施工注入耐高温调剖剂 400m³，关井 2 天，第二次再注入耐高温调剖剂 300m³，关井 2 天，接着注蒸汽 5 天，恢复地层温度。注空气泡沫复合驱段塞 3 个，每一个段塞采用热空气与起泡剂同注，注空气 4000m³，注起泡剂 240t，施工时间 1 天。然后空气与蒸汽同注，日注空气 2000m³，持续注入 5 天，完成一个段塞的施工。以此类推，完成其余两个段塞的施工。齐 40-14-023 井组、齐 40-11-K026 井组利用耐高温调剖剂的调剖作用，封堵大孔道，起到调整注汽井吸汽剖面、延缓汽窜的作用。注入起泡剂和氮气，形成氮气泡沫复合蒸汽驱，从而提高井组开采效果。

措施前，齐 40-11-K251 井组注汽压力为 3.6MPa，措施后为 4.0MPa，上升 0.4MPa。措施前，井组平均日产液 126.8t，日产油 14.8t；措施后，井组日产液 135.5t，日产油 18.8t，日增油 4.0t，阶段增油 149.1t（表 1-2-23）。

表 1-2-23　齐 40-11-K251 井组措施效果对比表

序号	井号	措施前（30 天平均）		有效期内			阶段增油量 / t	措施后		日增油量 / t
		日产液量 / t	日产油量 / t	时间 / d	累计产液量 / t	累计产油量 / t		日产液量 / t	日产油量 / t	
1	齐 40-12-K241	32.6	3.9	35	1221.2	102.4	−34.1	38.5	2.6	−1.3
2	齐 40-11-241	12.1	2.1	35	628.2	165.3	91.8	13.6	3.8	1.7

续表

序号	井号	措施前（30天平均）		有效期内			阶段增油量 / t	措施后		日增油量 / t
		日产液量 / t	日产油量 / t	时间 / d	累计产液量 / t	累计产油量 / t		日产液量 / t	日产油量 / t	
3	齐40-10-24C	12.1	5.2	35	459.4	154.5	−27.5	12.4	3.9	−1.3
4	齐40-12-251	3.9	1.1	35	79.9	32.4	−6.1	检泵		−1.1
5	齐40-12-K261	关井		35			0			0
6	齐40-11-261	关井		35			0			0
7	齐40-10-025	33.6	1.4	35	1158.3	92.2	43.2	32.8	3.6	2.2
8	齐40-10-25	32.5	1.1	35	1279	120.3	81.8	38.2	4.9	3.8
	合计	126.8	14.8				149.1	135.5	18.8	4.0

措施前，齐40-14-023井组注汽压力为3.6MPa，措施后为5.4MPa，提升1.8MPa。措施前，井组平均日产液111.8t，日产油11.6t，综合含水率为89.6%，2020年12月14日见效；2020年12月21日，井组日产液116.7t，日产油15.9t，日增油4.3t（图1-2-12）。

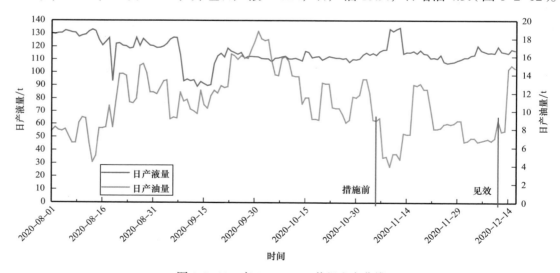

图1-2-12 齐40-14-023井组生产曲线

措施前，齐40-11-K026井组注汽压力为3.5MPa，措施后为4.7MPa，提升1.2MPa。措施前，井组平均日产液124.1t，日产油12.6t，综合含水率为89.8%，2020年9月29日开始见效；措施后，平均日产液121.1t，日产油19.6t，综合含水率为83.8%，平均日增油7.0t，阶段增油577t。2020年12月21日，井组日产液126.4t，日产油24.7t，日增油12.1t（图1-2-13）。

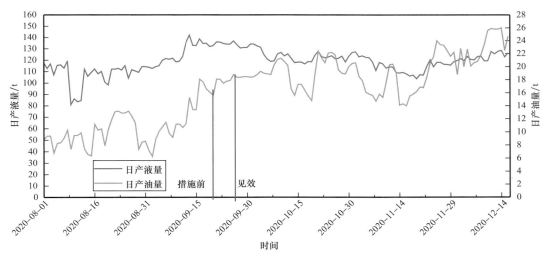

图 1-2-13 齐 40-11-K026 井组生产曲线

第三节 蒸汽驱后期变速注汽（热）技术

蒸汽驱后期变速注汽（热）技术是针对辽河油田齐 40 块工业化蒸汽驱后期剥蚀阶段效果日益变差而发展起来的调整技术，可有效利用油层中的热量来提高经济效益。通过基础理论研究及现场试验，证明该技术行之有效。

一、变速注汽（热）技术基础理论研究

1. 蒸汽驱油藏能量平衡理论分析

根据能量守恒原理，蒸汽驱过程中油藏内损失或利用的能量应该等于注入地层的净能量（刘平，2010；林宗虎，1987；郎成山，2020）。蒸汽驱过程中油藏内损失或被利用的能量主要包括 4 部分：（1）通过蒸汽带上边界以传导方式向盖层的热损失；（2）通过蒸汽带下边界以传导方式向蒸汽带之下油层散失的热量；（3）蒸汽带垂直向下扩展需要的能量；（4）蒸汽带水平方向扩展需要的能量。因此，当用 $\dot{Q}$ 表示地面上的净能量（热量）注入速率时，可得蒸汽驱油藏能量平衡关系表达式如下：

$$\dot{Q} = \int_0^t \frac{\mathrm{d}\dot{E}}{\mathrm{d}A}\left(\frac{\mathrm{d}A}{\mathrm{d}\lambda}\right)\mathrm{d}\lambda + \frac{\mathrm{d}E}{\mathrm{d}t} \tag{1-3-1}$$

$$\frac{\mathrm{d}\dot{E}}{\mathrm{d}A} = \dot{q}_{\mathrm{ob}} + \dot{q}_{\mathrm{or}} + \dot{q}_{\mathrm{sz}} = \left(1 + \frac{C_{\mathrm{w}}\Delta T}{L_{\mathrm{v}}}\right)\left(\frac{k_{\mathrm{ho}}}{\sqrt{D_{\mathrm{o}}}} + \frac{k_{\mathrm{hr}}}{\sqrt{D_{\mathrm{r}}}}\right)\frac{\Delta T}{\sqrt{\pi}} \cdot \frac{1}{\sqrt{t-\lambda}} \tag{1-3-2}$$

式中　$\dot{E}$——现有蒸汽带损失和利用的能量速率，J/d；

L_{v}——注汽井井底处的汽化热，J/kg；

C_w——水的比热容，J/（kg·℃）；

A——蒸汽带覆盖的、温度达到蒸汽饱和温度 T_s 后的热波及面积，m^2；

$\dfrac{dE}{dt}$——新扩展蒸汽带覆盖面积需要的能量速率，J/d；

$\dot{q}_{ob}$——蒸汽带—盖层毗邻界面上单位面积损失的热流量，J/（d·m^2）；

k_{ho}——盖层岩石的导热系数，J/（m·d·℃）；

D_o——盖层岩石的热扩散系数，m^2/d；

T_R——地层内部初始温度，℃；

T_s——油层—盖层毗邻界面处的饱和蒸汽温度，℃；

ΔT——温度差，等于 $T_s - T_R$，℃；

t——从启动注汽时刻开始计时的蒸汽注入时间，d；

λ——滞后时间，d；

$\dot{q}_{or}$——通过蒸汽带下边界向油藏内散失的热流量，J/（d·m^2）；

k_{hr}——油层的导热系数，J/（m·d·℃）；

D_r——油层的热扩散系数，m^2/d；

$\dot{q}_{sz}$——蒸汽带厚度增加时单位面积上需要的热焓速率，J/（d·m^2）。

（1）通过蒸汽带上边界向盖层岩石损失的热流密度如下：

$$\dot{q}_{ob} = \frac{k_{ho}\Delta T}{\sqrt{\pi D_o (t-\lambda)}} = \frac{k_{ho}}{\sqrt{D_o}}\Delta T \frac{1}{\sqrt{\pi(t-\lambda)}} \qquad (1-3-3)$$

（2）通过蒸汽带下边界向油藏中传热的速率如下：

$$\dot{q}_{or} = \frac{k_{hr}\Delta T}{\sqrt{\pi D_r (t-\lambda)}} = \frac{k_{hr}}{\sqrt{D_r}}\Delta T \frac{1}{\sqrt{\pi(t-\lambda)}} \qquad (1-3-4)$$

（3）满足蒸汽带垂向厚度扩展需要的单位面积上的热焓速率如下：

$$\dot{q}_{sz} = \left(\frac{k_{ho}}{\sqrt{D_o}} + \frac{k_{hr}}{\sqrt{D_r}}\right) = \frac{C_w\Delta T^2}{L_v} \cdot \frac{1}{\sqrt{\pi(t-\lambda)}} \qquad (1-3-5)$$

在新增蒸汽覆盖面积的温度达到蒸汽温度之前，只有很少的能量流入盖层，因此横向新增蒸汽带的上、下能量之和近似等于横向新增蒸汽带之下油藏中获得的能量，即：

$$\frac{dE}{dA} = \int_0^\infty M_w \left[T'(z') - T_R\right]dz' = 2M_w\Delta T\sqrt{D_r(t-\lambda)} \qquad (1-3-6)$$

式中　E——蒸汽带（腔）上、下截面获得的能量，J；

　　　M_w——蒸汽带（腔）之下热水区的复合体积热容，J/（m^3·℃）。

定义一个当量时间为 $t-\lambda = t'$，可以认为这个当量时间是蒸汽带前缘移动之前最长的热扩散时间。联立上述各式建立蒸汽驱油藏能量平衡关系数学模型如下：

$$\dot{Q} = \int_0^t \left(1 + \frac{C_w \Delta T}{L_v}\right)\left(\frac{k_{ho}}{\sqrt{D_o}} + \frac{k_{hr}}{\sqrt{D_r}}\right)\frac{\Delta T}{\sqrt{\pi(t-\lambda)}}\frac{dA}{d\lambda}d\lambda + 2M_w \Delta T \sqrt{D_r t'}\frac{dA}{dt} \quad (1-3-7)$$

式（1-3-7）的解如下：

$$A(t) = \left[\frac{\dot{Q}_0 M_w 2\sqrt{D_r t'}}{\left(1 + \frac{C_w \Delta T}{L_v}\right)\left(\frac{k_{ho}}{\sqrt{D_o}} + \frac{k_{hr}}{\sqrt{D_r}}\right)^2 \Delta T}\right]\left[e^{x^2}\mathrm{erfc}(x) + \frac{2x}{\sqrt{\pi}} - 1\right] \quad (1-3-8)$$

式中 $\dot{Q}_0$——地面注热速率，常数。

考虑到蒸汽驱持续时间比蒸汽带水平方向前缘面积增量扩展所用时间长很多，因此可得蒸汽带覆盖面积 $A(t)$ 的简化表达式如下：

$$A(t) = \frac{2\dot{Q}_0 t^{1/2}}{\sqrt{\pi}\left(1 + \frac{C_w \Delta T}{L_v}\right)\left(\frac{k_{ho}}{\sqrt{D_o}} + \frac{k_{hr}}{\sqrt{D_r}}\right)\Delta T} \quad (1-3-9)$$

基于式（1-3-9），可以得到蒸汽驱油藏中蒸汽带（腔）体积 V_s 的表达式如下：

$$V_s = \int_0^t \frac{dA}{d\lambda}h(t-\lambda)d\lambda = \frac{C_w \dot{Q}_0}{M_s'(L_v + C_w \Delta T)}t \quad (1-3-10)$$

式中 M_s'——蒸汽带（腔）的有效体积热容，J/（m³·℃）。

从式（1-3-10）中可以看出，油藏中蒸汽带（腔）的总体积与净注入热量成正比，而与注入历史无关。

2. 蒸汽突破之前适用的恒速注热速率

根据 Marx-Langenheim 油藏能量平衡关系经典假设（即假设蒸汽突破之前地面注热速率是常数），可知蒸汽驱蒸汽突破之前，应该采取地面恒速注热方式，保持注入油藏中的热量与油层中储存的热量，油藏盖、底层岩石中损失的热量以及随着采油而产出的热量满足如下关系式：

$$Q_0 = Q_{sz} + Q_{sr} + Q_{prod} \quad (1-3-11)$$

式中 Q_0——地面注入的热量（常数），J；

Q_{sz}——储存于蒸汽带中的热量，J；

Q_{sr}——向蒸汽带上下界面外岩层的热损失量，J；

Q_{prod}——伴随采油而被产出的热量，J。

蒸汽带（腔）中储存的热量可以简单计为

$$Q_{sz} = M_s V_s \Delta T \quad (1-3-12)$$

式中　M_s——蒸汽带（腔）的复合体积热容，J/（$m^3 \cdot ℃$）；

　　　ΔT——蒸汽带温度与油藏原始温度之差，℃；

　　　V_s——蒸汽带的体积，m^3。

由式（1-3-11）和式（1-3-12）可得

$$V_s = \frac{Q_0 - Q_{sr} - Q_{prod}}{M_s \Delta T} \quad (1-3-13)$$

根据 K.C.Hong（1996）的研究，在热连通之后、蒸汽突破之前，蒸汽驱的热利用效率 E_h 定义为

$$E_h = \frac{Q_{sz}}{Q_{sz} + Q_{sr} + Q_{prod}} \quad (1-3-14)$$

从式（1-3-11）、式（1-3-13）和式（1-3-14）可知，在蒸汽驱蒸汽突破之前，$Q_{prod}=0$ 时，蒸汽驱油藏中蒸汽带体积最大、热利用效率最高。因此，在蒸汽驱开发过程中，地面上最优注热速率应该以蒸汽形式产出的热量为 0 作为追求的目标函数。

研究表明，对蒸汽带增长有贡献的热能注入速率 $\dot{Q}_e$ 等于井底注热速率 $\dot{Q}_b$ 与热水所含能量速率之差，即

$$\dot{Q}_e = \dot{Q}_b - \rho_w i_w \left(1 - f_d\right) C_w \Delta T \quad (1-3-15)$$

式中　i_w——蒸汽注入速率，m^3/d；

　　　f_d——蒸汽干度；

　　　ρ_w——水的密度，kg/m^3。

由于蒸汽携带的能量包括高温水热量和蒸汽潜热，因此井底总能量注入速率可表达如下：

$$\dot{Q}_b = \rho_w i_w \left(C_w \Delta T + f_d L_v\right) \quad (1-3-16)$$

联立式（1-3-15）和式（1-3-16）可知，注入井底的热量包括两部分——纯蒸汽的汽化潜热和蒸汽冷凝水的热量。因此可得对蒸汽带增长有贡献的有效注热速率 $\dot{Q}_e$ 为

$$\dot{Q}_e = \rho_w i_w f_d \left(L_v + \frac{C_w \Delta T}{2}\right) \quad (1-3-17)$$

将有效注热速率作为蒸汽驱蒸汽突破之前适用的注热速率，则有

$$\dot{Q}_0 = \dot{Q}_e = \rho_w i_w f_d \left(L_v + \frac{C_w \Delta T}{2}\right) \quad (1-3-18)$$

当蒸汽带刚好全覆盖蒸汽驱井组面积［注汽时间 $t=t*$（蒸汽突破时间），即达到蒸汽突破］时，可得注汽井组的实际面积：

$$A_0 = \frac{2\dot{Q}_0 \sqrt{t^*}}{\sqrt{\pi}\left(1 + \dfrac{C_w \Delta T}{L_v}\right)\left(\dfrac{k_{ho}}{\sqrt{D_o}} + \dfrac{k_{hr}}{\sqrt{D_r}}\right)\Delta T} \qquad (1\text{-}3\text{-}19)$$

应用式（1-3-19），可以确定蒸汽突破之前适用的注热速率表达式为

$$\dot{Q}_0 = \frac{A_0 \sqrt{\pi}}{2\sqrt{t^*}}\left(1 + \frac{C_w \Delta T}{L_v}\right)\left(\frac{k_{ho}}{\sqrt{D_o}} + \frac{k_{hr}}{\sqrt{D_r}}\right)\Delta T \qquad (1\text{-}3\text{-}20)$$

进一步根据式（1-3-20），可得蒸汽驱蒸汽突破之前适用的注汽速率为

$$i_w = \frac{1 + \dfrac{C_w \Delta T}{L_v}}{2 + \dfrac{C_w \Delta T}{L_v}} \cdot \frac{A_0 \sqrt{\pi}}{f_d \rho_w L_v \sqrt{t^*}}\left(\frac{k_{ho}}{\sqrt{D_o}} + \frac{k_{hr}}{\sqrt{D_r}}\right)\Delta T \qquad (1\text{-}3\text{-}21)$$

应用式（1-3-20）和式（1-3-21），可以求得蒸汽驱蒸汽突破之前适用的、恒定的注热速率 $\dot{Q}_0$ 或注汽速率 i_w。

3. 蒸汽突破之后最优的变速注热速率

当蒸汽带覆盖面积刚好达到蒸汽驱设计区域面积（或刚刚发生蒸汽突破）时，为了改善蒸汽驱效率，在此之后要调整蒸汽驱注热方式、减小热量注入速率。

蒸汽驱蒸汽突破之后递减注热速率理论模型的假设条件如下：（1）蒸汽突破发生后，生产井产出的以蒸汽形式携带的热量为 0；（2）蒸汽突破之后蒸汽带体积可以纵向增加，但其水平方向覆盖面积既不增长也不缩小；（3）在油藏内不存在蒸汽覆盖面积增加所需能量问题。确定在这些蒸汽驱条件下的地面热量如何注入问题，从理论上讲，与寻求式（1-3-1）中 $dE/dt = 0$ 的结果是一致的，其物理意义是满足蒸汽带热损失及其厚度垂向扩展所需的地面静注热速率，其具体表达式为一个积分式，即

$$\dot{Q}(t) = \frac{\dot{Q}_0}{\pi}\int_0^{t^*} \frac{1}{\sqrt{\lambda(t-\lambda)}}d\lambda \qquad (1\text{-}3\text{-}22)$$

式中　$\dot{Q}_0$——蒸汽突破之前的恒定注热速率；

　　　t^*——蒸汽突破、蒸汽带覆盖面积不增不减的时刻。

求解式（1-3-22）右边的积分，可得蒸汽带覆盖面积保持恒定条件下的蒸汽驱蒸汽突破之后最优的递减注热速率方程：

$$\dot{Q}(t) = \frac{2}{\pi}\dot{Q}_0 \arcsin\left(\frac{t^*}{t}\right)^{\frac{1}{2}} \qquad (1\text{-}3\text{-}23)$$

由式（1-3-23）可知，蒸汽驱蒸汽突破之后，地面注热量应逐渐递减，以便提高蒸汽的热利用效率。注热速率随时间的变化规律如图 1-3-1 所示。

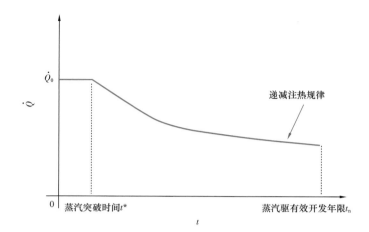

图 1-3-1　蒸汽驱蒸汽突破之后最优注热速率随时间的变化规律

式（1-3-20）与式（1-3-23）相结合，构成了一个以热能利用率最高为目标、完整的蒸汽驱注热理论体系，阐明了蒸汽驱蒸汽突破前后注热量随时间变化的规律，为实现蒸汽驱能量利用最优化和最优操作条件参数调控提供了理论依据。

二、变速注汽（热）蒸汽驱室内实验研究

根据齐 40 块蒸汽驱后期生产实际情况，基于相似理论，选立了蒸汽驱室内三维比例物理模型，在室内模拟实验了蒸汽驱后期变速（间歇）注汽（热）开发技术和变速（间歇）注汽（热）前后模拟油藏中蒸汽腔的演变动态。

1. 室内模拟实验设计

1）蒸汽驱三维比例物理模拟相似准数

室内模拟实验模型和油藏原型蒸汽驱之间进行转换，主要涉及的参数包括井网几何尺寸、油藏岩石和流体属性、生产压差、蒸汽干度、注汽速率、生产时间等，选用的主蒸汽驱三维比例物理模拟相似准数见表 1-3-1。

表 1-3-1　蒸汽驱三维比例物理模拟相似准数

相似准数	物理意义	模拟参数
$\dfrac{\Delta p}{\rho_o g L}$	压力与重力之比	生产压差（Δp）
$\dfrac{f_d L_v}{C_w \Delta T}$	蒸汽焓与液体焓之比	蒸汽干度（f_d）
$\dfrac{\lambda_c t}{\rho_c C_c L^2}$	油层中热量传播时间与加热油层时间之比	驱替时间（t）
$\dfrac{i_w t}{\phi \Delta S \rho_w L^3}$	流动量与存储量之比	注汽速率（i_w）
$\dfrac{K \rho_o g t}{\phi \Delta S \mu_o L}$	用 $\phi \Delta S$ 修正的达西公式	渗透率（K）

2）原型与模型之间的参数转换

根据相似准数对应相等的性质，定义 $r(x)$ 为模型和原型之间参数 x 的比例尺，即有 $r(x)=x_m/x_p$。以辽河油田齐40块蒸汽驱典型井组为原型：忽略油层夹层和阻挡层，孔隙介质均匀，盖层及底层均为不渗透层；油层深度为850m，油层厚度 $I_p=28$m；反九点井网，井距 $L_p=70$m；采油井射开油砂层 3/4 厚度，注汽井射开油砂层 2/3 厚度。模型采用反九点井网，井距 $L_m=18.75$m；油、汽性质与原型保持一致。表1-3-2中列出了模型和原型的参数计算结果。

表 1-3-2 原型与模型的对应参数

参数名称	原型	模型
井网类型	反九点井网	反九点井网
井距 /m	70	18.75
平均有效厚度 /m	28	8
孔隙度 /%	31.5	31.5
初始含油饱和度 /%	75	75
束缚水饱和度 /%	25	25
绝对渗透率 /D	2.062	400
原油黏度 / (mPa·s)	2800	2800
原油密度 / (g/cm³)	0.9686	0.9686
饱和蒸汽温度 /℃	250	250
地层温度 /℃	60	60
蒸汽干度 /%	55	55
地层压力 /MPa	8.5	2.5
岩石压缩系数 /MPa⁻¹	2.50×10^{-5}	2.50×10^{-5}
水的压缩系数 /MPa⁻¹	6.26×10^{-7}	6.26×10^{-7}
油的压缩系数 /MPa⁻¹	3.20×10^{-7}	3.20×10^{-7}
岩石热容 /[J/ (m³·℃)]	2.28×10^{6}	1.92×10^{6}
岩石热传导系数 /[J/ (m·d·℃)]	1.60×10^{5}	1.00×10^{5}
水相热传导系数 / [J/ (m·d·℃)]	5.35×10^{4}	5.35×10^{4}
油相热传导系数 / [J/ (m·d·℃)]	1.15×10^{4}	1.15×10^{4}
气相热传导系数 / [J/ (m·d·℃)]	1.40×10^{2}	1.40×10^{2}
顶底盖层热容 /[J/ (m³·℃)]	2.28×10^{6}	2.28×10^{6}
顶底盖层热传导系数 / [J/ (m·d·℃)]	2.40×10^{5}	2.40×10^{5}
岩石密度 / (kg/m³)	2122.7	2450

3）蒸汽驱三维比例物理模拟实验系统

蒸汽驱三维比例物理模拟实验系统由模型本体和注入、测控及产出等配套系统构成。模型本体是三维比例模型系统中模拟油藏原型的主要部分，本体实物如图1-3-2所示。

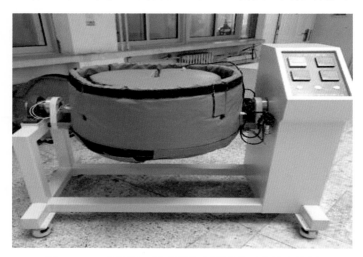

图1-3-2 蒸汽驱三维比例物理模拟模型本体实物图

模型井网为反九点井网，设置9口模拟直井，如图1-3-3所示。

模型内布置15个温度测点和6个压力测点。测温测压点分3层布置，三维模型内每层测点的平面位置分布如图1-3-4所示。测点1位于注汽井底附近，测点2和测点3分别位于注汽井和边井连线上距离注汽井1/3和2/3井距处，测点4位于边井底附近，测点5位于角井底附近。测点1至测点5均为测温点；此外，测点1和测点4处还布置有测压点。

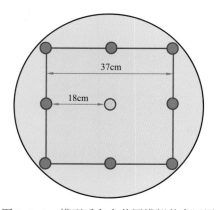

图1-3-3 模型反九点井网模拟井布置图

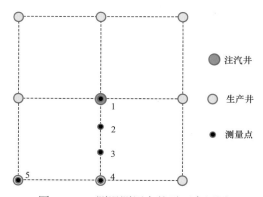

图1-3-4 测温测压点的平面布置图

2. 模拟实验结果及分析

1）蒸汽突破前恒速连续注汽蒸汽驱实验

恒速连续注汽蒸汽驱实验的注汽速率始终保持为128.33cm³/min，采油井设置回压 2.49MPa。恒速连续注汽蒸汽驱实验过程中，温度和压力随时间变化情况如图 1-3-5 所示。

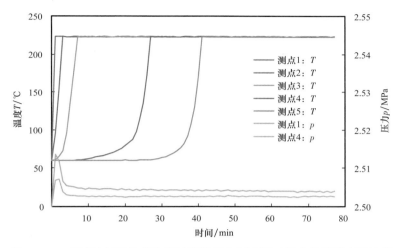

图 1-3-5　恒速连续注汽蒸汽驱油藏温度和压力随时间变化模拟实验结果

从图 1-3-5 中可以看出，随着注汽的启动，蒸汽驱进入热连通阶段，注汽井底（测点 1）压力上升，驱动压差增大，驱动流体流动。注汽井附近油层温度随着注汽启动快速升高，但远离注汽井的生产井附近温度仍然较低。注蒸汽进行到 6min 时，边井附近（测点 4）区域的温度开始升高，表明反九点井网 4 口边井与中心注汽井温度场开始连通，即生产井热连通。按照模型与原型的转换关系可知，模型经历 7.55min 相当于实际油藏原型经历 1 年；模型的 6min 相当于实际油藏的 0.795 年。恒速连续注汽蒸汽驱模拟实验结果表明，齐 40 块蒸汽驱注汽 8～10 个月后可实现热连通，现场实践验证了这一结果。

齐 40 块蒸汽驱的实际驱替阶段经历 3～4 年时间。从图 1-3-6 中可以看出，在恒速

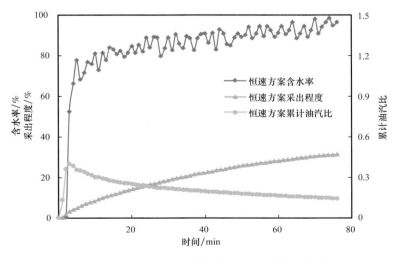

图 1-3-6　恒速连续注汽（热）蒸汽驱生产指标实验结果

连续注汽蒸汽驱模拟实验中，生产井附近的温度上升到蒸汽温度的时间约为26min，因此，表明模型蒸汽驱的蒸汽突破时间为26min。根据相似比例计算，模型26min相对于实际现场开发生产时间为3.44年，该模拟实验结果也与齐40块蒸汽驱蒸汽突破时间吻合。综合以上实验结果表明，实验选用的相似准数以及根据这些相似准数制造的比例物理模型是符合实际的，提出的实验方法和实验步骤是有效可行的。

恒速连续注汽（热）蒸汽驱模拟实验主要开发指标随时间变化的结果如图1-3-6所示。这些模拟实验结果与齐40块蒸汽驱实际生产数据及理论预测结果吻合。

2）蒸汽突破后连续递减注热蒸汽驱实验

连续递减注热蒸汽驱（递减方案）与连续恒速注汽（热）蒸汽驱（恒速方案）生产指标随时间变化的模拟实验结果如图1-3-7所示。

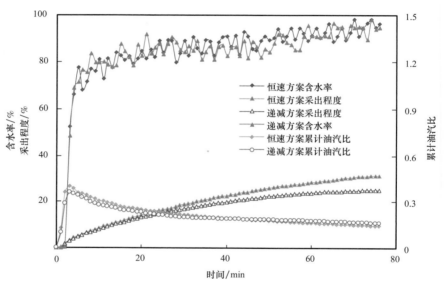

图1-3-7　连续递减注热与连续恒速注汽（热）蒸汽驱生产指标实验结果

从图1-3-7中可以看出，连续递减注热蒸汽驱实验运行76min时，采出程度为25.02%，累计油汽比为0.164。与恒速连续注汽（热）蒸汽驱结果相比，连续递减注热蒸汽驱的采出程度要低一些。但连续递减注热蒸汽驱的累计油汽比比恒速连续注汽（热）蒸汽驱高0.021，这个结果表明连续递减注热蒸汽驱的热利用效率高于恒速连续注汽（热）蒸汽驱。

3）蒸汽突破后周期变速注热（间歇注热）蒸汽驱实验

周期变速（这里仅涉及间歇注热一种变速方式）注热蒸汽驱（间歇方案）与连续递减注热蒸汽驱（递减方案）的开发指标随生产时间的变化模拟实验结果如图1-3-8所示。

从图1-3-8中可以看出，间歇注热蒸汽驱进行到约76min时的采出程度为27.26%，累计油汽比为0.176。在注汽量相当的情况下，周期变速注热采出程度较连续递减注热时高2.24%，累计油汽比较连续递减注热高0.012。该模拟实验结果表明，在注汽量相当的情况下，周期变速注热（如间歇注热）蒸汽驱开发效果好于连续递减注汽蒸汽驱，周期变速（间歇）注热蒸汽驱开发技术在蒸汽驱中、后期具有相对优势。

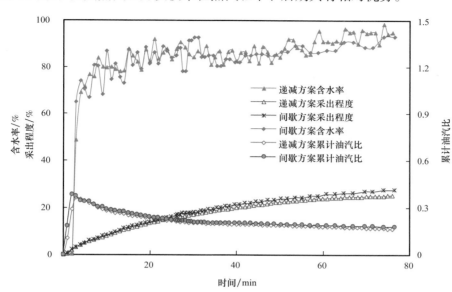

图 1-3-8　间歇注热蒸汽驱与连续递减注热蒸汽驱生产指标实验结果

4）蒸汽驱后期逐渐变干度蒸汽驱实验

在蒸汽驱开发后期，为了改善蒸汽驱开发效果、提高采油经济效益，常用方法是在某个时刻将注蒸汽转换为注水（或水/汽交替注入）。注入的水从蒸汽腔获取存热，这样可以减少采油燃料消耗。但是，由于注入水和蒸汽腔之间存在着急剧温差，会发生蒸汽冷凝、导致蒸汽腔快速消失，结果造成油藏中建立起来的油墙可能被驱散，并且使组成油墙的原油会部分重新退回原来被饱和蒸汽驱扫过的区域，出现"原油重新饱和"问题（Butler，1991）。为了确保不发生这样的问题，模拟实验了逐渐降低干度蒸汽—热水驱油开发方式，探讨了注汽方式转换对驱油效果的影响。

逐渐降低干度蒸汽—热水驱油方法，是采用特殊的方案从注蒸汽转变为注热水驱油，目的是防止蒸汽带（腔）的快速崩塌和油墙的消失。在这个方法中，初始时注入高干度蒸汽，建立热前缘和油墙。在由注蒸汽转换为热水的整个过程中，注入的蒸汽干度逐渐降低直到为 0（Marx et al.，1959）。变干度蒸汽段塞起的作用就像是蒸汽带和注入水之间的隔离垫，它通过逐渐减小温度梯度，以防止蒸汽带的大规模冷凝。

图 1-3-9 中显示了热水驱和逐渐降干度蒸汽驱的含油饱和度随总产出量的变化规律实验结果。从图中可以看出，逐渐降干度蒸汽驱过后的残余油饱和度明显低于热水驱油的残余油饱和度。逐渐降低干度蒸汽驱开发方式室内实验结果，打破了人们常用的水/汽交替驱油惯用做法，提供了一种在蒸汽驱后期（如剥蚀阶段）可选的调整、替代开发技术方案。实验结果表明，在蒸汽驱后期（甚至到开发末期）通过逐渐地而不是突变地从注蒸汽驱油转变为注热水驱油，既可以降低蒸汽消耗量、节约采油成本，又能够保持较高的原油采收率，这种开发方式具备改善蒸汽驱热效率和开发经济效益的潜力，具有应用和推广价值。

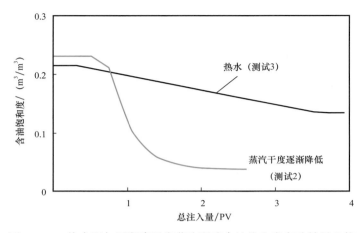

图 1-3-9 热水驱与逐渐降干度蒸汽驱残余油饱和度实验结果比较

三、周期变速注热蒸汽驱现场试验及效果分析

在齐 40 块进行了三批周期变速注热蒸汽驱现场试验。第一批选择齐 40 块齐 40-17-028 和齐 40-18-2K029 两个井组开展蒸汽驱后期变速注热蒸汽驱现场先导试验，现场试验于 2019 年 3 月 24 日开始。2020 年，在首批两个井组试验取得较好效果的基础上，又分别于一季度和二季度开展了两批次变速注热蒸汽驱扩大试验实施工作。截至 2020 年 5 月 20 日，在齐 40 块全区块共进行周期变速注热蒸汽驱试验井组 14 个，试验井组分布如图 1-3-10 所示，试验井组基本技术参数见表 1-3-3。

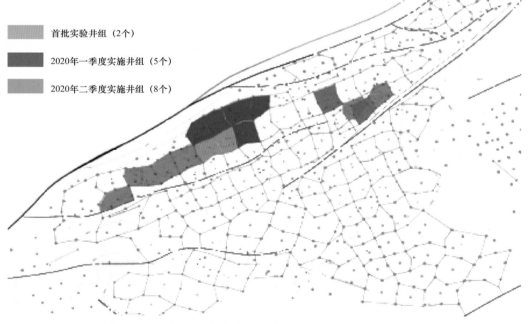

图 1-3-10 齐 40 块周期变速注热蒸汽驱现场试验井组分布图

表 1-3-3　齐 40 块周期变速注热蒸汽驱现场试验井组基本参数表

序号	井组	井组基础数据			注汽制度	
		面积 /km²	储量 /10⁴t	倾角 /(°)	配注量 /(t/d)	注入方式
1	齐 40-12-023	0.0031	25.21	16	60	
2	齐 40-10-K023	0.0276	29.76	9	90	
3	齐 40-10-2311	0.0202	14.10	9	110	
4	齐 40-16-025	0.0187	9.10	20	80	
5	齐 40-16-027	0.0276	17.50	16	80	前 3 个月进行低干度注汽，锅炉出口干度为 40%；后 3 个月进行常规注汽，锅炉出口干度不小于 75%。以此类推
6	齐 40-17-028	0.0262	16.08	18	70	
7	齐 40-17-K026	0.0358	21.24	23	90	
8	齐 40-18-027	0.0290	20.22	25	65	
9	齐 40-18-2K029	0.0290	23.89	24	75	
10	齐 40-19-K028	0.0290	17.15	25	95	
11	齐 40-9-0211	0.0261	14.50	9	90	
12	齐 40-19-030	0.0202	26.57	25	70	
13	齐 40-20-031	0.0166	20.58	25	80	
14	齐 40-21-K032	0.0259	31.43	26	100	

1. 典型井组现场试验效果与分析

1）齐 40-17-028 井组试验效果与分析

齐 40-17-028 井组注汽井段为 781.0～834.6m；其中 L2 分为 12 层，有效油层厚度为 24.6m。采取常规笼统注汽，锅炉出口压力为 3.3MPa、温度为 245℃，锅炉出口蒸汽干度为 75%，实测井底蒸汽干度为 55%。试验从 2019 年 3 月 24 日开始，变速注热方式见表 1-3-4。注高、低干度蒸汽时均采用恒定注汽速率（70m³/d），生产井一直处于生产状态。

表 1-3-4　齐 40-17-028 井组生产情况统计（截至 2019 年 10 月 15 日）

序号	井号	日产液量 /t	日产油量 /t	井口温度 /℃	备注
1	18-028	10.5	4.5	57.8	日掺油 3.7t
2	18-28	25.6	0.6	77.3	日掺水 2.8t
3	17-029	29.4	11.7	88.2	

续表

序号	井号	日产液量 /t	日产油量 /t	井口温度 /℃	备注
4	17–027	8.5	1.6	43.4	
5	检 1C	2019 年 4 月 16 日,落物 + 套管损坏,待大修			
6	16–028	9.5	2.3	48.8	
7	17–K291	8.2	3.6	35.7	
8	17–29	37.3	5.2	92.7	
9	18–29	25.8	1	79.2	
合计		154.8	30.5	65.4	

试验井组生产情况统计结果见表 1–3–4,试验方案预测结果和现场实施情况如图 1–3–11 所示。从表 1–3–4 中可以看出,齐 40–17–028 井组自开始试验以来,平均日产液量达到 154.8t,日产油量增加到 30.5t,对比试验前日净增油 8～10t。

齐 40–17–028 井组从开始现场试验以来,一年多的试验结果如图 1–3–11 所示,理论预测结果和现场试验实际效果比较吻合,从增产效果来看,可以认为周期变干度蒸汽驱现场试验是比较成功的。

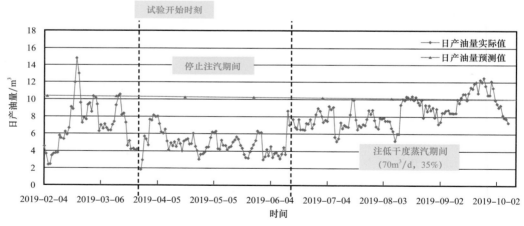

图 1–3–11 齐 40–17–028 井组理论预测结果与现场试验实际效果对比

2)齐 40–18–2K029 井组试验效果与分析

齐 40–18–2K029 井组注汽井段为 776.5～819.8m;其中 L2 分为 8 层,有效油层厚度为 19.9m。采取笼统注汽方式,日注汽 75m³;锅炉出口压力为 3.4MPa、温度为 245℃,锅炉出口蒸汽干度为 60%,实测井底蒸汽干度为 31%。齐 40–18–2K029 井组现场试验方案及具体安排与齐 40–17–028 井组相同。截至 2019 年 10 月 15 日,齐 40–18–2K029 试验井组生产情况统计结果见表 1–3–5,试验方案预测结果和现场试验实际情况对比如图 1–3–12 所示。

表 1-3-5　齐 40-18-2K029 井组生产情况统计（截至 2019 年 10 月 15 日）

序号	井号	日产液量 /t	日产油量 /t	井口温度 /℃	备注
1	18-028	10.2	3.9	56	日掺稀油 3.5t
2	19-029	22.6	5.1	69.7	
3	19-30	24	6.4	66.5	
4	18-030	2019 年 10 月 12 日，不出油，关井			
5	18-G30	2019 年 12 月 4 日，不出油，关井			
6	18-29	25.6	1.1	78.2	
7	17-029	30.1	12.6	90	
合计		112.5	29.1	72.1	

齐 40-18-2K029 井组自 2019 年 3 月 24 日开始周期变干度蒸汽驱现场试验以来，平均日产液量达到 112.5t，日产油量增加到 29.9t，对比试验前日净增油 15t 左右。

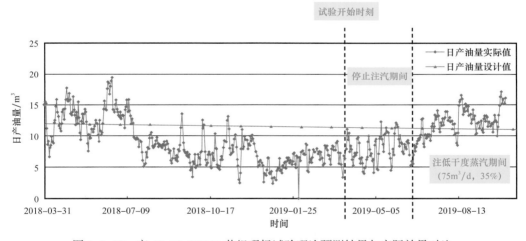

图 1-3-12　齐 40-18-2K029 井组现场试验理论预测结果与实际效果对比

图 1-3-13 显示了 2020 年 7 月统计得到的齐 40-17-028 和齐 40-18-2K029 两个试验井组生产情况。

从图 1-3-13 中可以看出，齐 40-17-028 井组和齐 40-18-2K029 井组开展周期变速注热蒸汽驱现场试验一年来，有效地保持了地层能量、减缓了汽窜、防止了蒸汽驱油藏 "原油重新饱和" 现象发生，扩大了试验井组的平面动用程度，2019 年当年累计增油 795t，并且在低干度注汽方面降低了注汽成本约 30%（即注汽单耗由 71.4 元 /t 下降到 48.6 元 /t）。

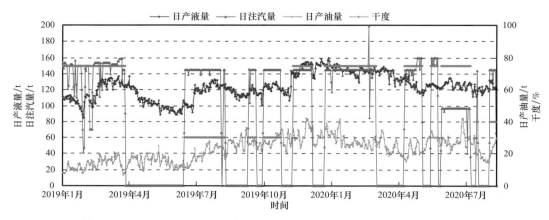

图 1-3-13　齐 40-17-028 和齐 40-18-2K029 两个试验井组生产情况统计图

2. 总体效果分析

截至 2020 年 5 月 20 日，齐 40 块扩大试验后的 14 个周期变速注热蒸汽驱井组合计面积为 0.3816km²，储量为 304.57×10⁴t，配注量为 1235t/d，首批 2 个井组和第二批 5 个井组已经明显见效。如图 1-3-14 所示，周期变干度蒸汽驱扩大试验实施后，井组产油量保持稳定，产液量受高含水井关井等因素影响明显下降。截至 2020 年 6 月底，14 个周期变干度蒸汽驱井组日产液 1109t，日产油 190t，日注汽 850t，锅炉出口处蒸汽干度为 49.5%，月采注比为 1.30，月油汽比为 0.22。

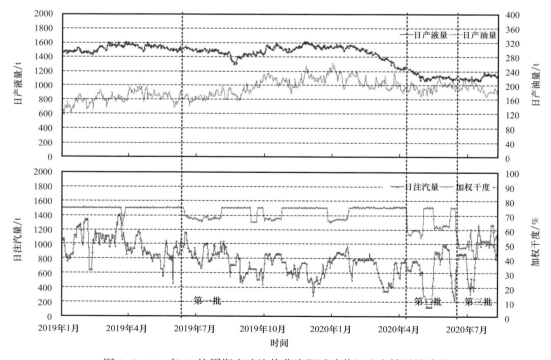

图 1-3-14　齐 40 块周期变速注热蒸汽驱试验井组生产情况统计图

在 2020 年第二季度配注量下，按常规注汽成本 153.16 元 /t，周期变干度注汽较常规注汽可以节约成本 30%，变干度蒸汽驱在低干度注汽状态下日节约成本 5.67 万元，折算年节约成本可以达到 1032 万元。

第四节　稠油污水达标外排关键技术

2019 年，辽河油田年产稠油约 $600×10^4t$，稠油采出液综合含水率已达 84%，日产采出水量约 $10×10^4t$，其中每天 $7×10^4t$ 稠油采出水回用稠油热采注汽用水，尚有每天 $3×10^4t$ 稠油采出水需外排处置。近年来，国家的环保政策、监管日益严格，污水外排指标逐年提高，稠油采出水外排水量、外排水质达标面临新的考验（昝红梅，2014；吴伟等，2010；胡新洁，2011）。

为此，研究稠油采出水外排水质特点、关键处理技术以及低成本处理技术路线非常必要的，同时总结已建达标外排处理工程经验教训，使稠油采出水外排处理技术做到技术先进、经济合理、安全适用、运行、管理及维护方便。

一、稠油采出水的水质特点

按照 50℃时的黏度和 20℃时的密度进行分类，中国稠油分为普通稠油、特稠油和超稠油。按照稠油的分类，稠油采出水分为普通稠油采出水、特稠油采出水和超稠油采出水。不同种类的稠油，其性质和开采阶段不同，对应不同开发方式。普通稠油一般采用蒸汽吞吐开采，特稠油和超稠油一般采用 SAGD 或蒸汽驱开采。由于稠油种类和开采方式的不同，导致稠油采出水的性质也有较大变化，尤其是在水温、COD 组成和含量、石油类和悬浮物含量等指标上差异较大。此外，稠油采出水中普遍含有大量原油生产过程中人为添加的各类措施用化学药剂，这些化学药剂造成的原水水质波动、难生化对处理工艺产生较大影响（李树超，2006；李伟光，2003）。

辽河油田稠油采出水的水质特点如下：

（1）油水密度差小。污水中原油密度大，密度为 992～995kg/m³。

（2）黏滞性大。污水具有较大的黏滞性，原油中胶质和沥青质含量高达 42%～48%，流动性差，污染程度高，在水温低时更显著。

（3）温度高。超稠油在地下开采、地面集输和脱水过程中，为降低原油黏度要保持高温，污水进处理站前水温在 50～80℃。

（4）乳化严重。由于超稠油所含胶质和沥青质是天然乳化剂，且原油在生产过程中经过泵多次离心剪切，污水乳化较严重。

（5）成分复杂和多变。通过原水成分检测分析，污水中除含有烷烃类、醇类、酮类物质以外，还含有 40 多种化学药剂成分。受上游生产影响，导致污水中所含污染成分具有随机性。

（6）可生化性差。通过原水除油后 BOD、COD 化验分析以及 COD 构成分析，生化进水 BOD_5/COD_{Cr}（简称 B/C）一般为 0.1～0.2，可生化性差，营养成分缺乏，不可生化成分部分来自化学药剂。

（7）原水属于重碳酸氢钠型水，腐蚀性低，但易结垢（钙镁垢和硅垢），对生化曝气系统具有不利影响。

二、稠油采出水生化特性

1. 采出水中有机物的来源

1）来源于原油中有机物

油田采出水中有机污染物与石油性质有直接关系，油品性质还影响到开发方式和投加药剂种类和数量。石油是烷烃、环烷烃、芳烃以及少量非烃类化合物的复杂混合物。

烷烃是石油的主要成分，随着分子量的增加，烷烃分别以气、液、固三种相态存在于石油中，一般多以溶解态存在于石油中。支链烷烃类一般无毒，可被多数微生物降解，但分支越多越难于生物降解（李玉华等，2006）。

石油中的环烷烃带 5～6 个碳原子，环状排列，占石油含量的 30%～60%，稠油环烷烃占比较高。除环戊烷和环己烷外，石油中还含有二环和多环烷烃，微生物很难降解环烷烃。

芳烃占石油含量的 2%～4%，有单环芳烃（如苯、甲苯、二甲苯），还有双环芳烃（主要是萘）、三环芳烃（如蒽和菲）和多环芳烃（如苯并芘、苯并蒽）。有些微生物专门降解这些化合物。芳烃（特别是多环芳烃）对微生物的毒性最大。

石油中非烃类组分一般分为以下 6 类：含硫化合物（如硫醇、硫醚、二硫化物、环硫化物、噻吩等）、含氮化合物（如吡啶、喹啉、吡咯等）、含氧化合物（如酚类、羧酸类、酮类等），卟啉、沥青烯和痕量金属。

2）来源于药剂中有机物

在原油开采过程中投加的各种药剂的成分比原油成分还要复杂。例如，开采稠油时投加的高温降黏剂（两性表面活性剂、非离子表面活性剂）、起泡剂（烷基磺酸钠、C_{12}—C_{20} 烷基磺酸盐及烯烃磺酸盐等）以及堵水剂、乳化剂（聚丙烯酰胺、阳离子表面活性剂等）。此外，稠油中沥青和胶质含量较高，易造成原油和采出水乳化；当原油脱水时，还需投加破乳剂。原油脱出水中含有不同浓度的化学药剂，以防止污水对金属管道和设备的腐蚀、结垢和微生物繁殖所造成的危害，在采出水中还需投加缓释剂、阻垢剂和杀菌剂；在采出水净化处理时，还要投加除油剂、浮选机、混凝剂、助凝剂等。上述药剂绝大多数为有机类，都不同程度表现为 COD。

采出水中有机污染物除来源于原油本身外，其余主要来源于人为投加的各类有机药剂。采出水中所含有机药剂种类和数量的变化是导致油田采出水有机污染物成分复杂、变化大的主要原因（柏松林等，2006）。

2. 采出水中有机物的微生物降解

微生物对采出水中有机污染物的降解主要包括两个途径：一是直接以该污染物为碳源和能源，进行生长和代谢；二是利用其他碳源和能源，通过协同作用代谢降解污染物（黄海波等，2001）。

石油组分的生物降解性因其所含烃分子碳链的大小而异，短链烷烃对许多微生物有毒，通常很快被挥发掉；链长中等（C_{10}—C_{24}）的链烷烃最易降解；分子量超过500～600的长链烷烃很难被生物降解，随着碳链的增长，微生物不可降解性不断增强。从烃分子类型看，烷烃较环烷烃易降解，不饱和烃较饱和烃易降解，直链烷烃较支链烷烃易降解，芳烃特别是多环芳烃比烷烃降解更慢。环烷烃需要足够长的烷基侧链才能作为微生物的唯一碳源，但其可以通过两个或更多具有互补代谢的微生物菌株经协同作用被降解。

1）降解石油的微生物

在水生态系统中，细菌和酵母是主要的烃降解菌，主要包括假单胞菌、无色杆菌、节杆菌、微球菌、诺卡氏菌等30多种微生物。真菌、假单胞菌、节杆菌是土壤中的主要烃氧化菌（姜岩等，2009；刘俊强等，2007）。

受石油长期污染的土壤、水体等生态环境中存在着经过选择和驯化的各类石油降解微生物资源。在石油污染的长期选择压力下，一些特异微生物在污染物的诱导下，产生分解污染物的酶系，进而将石油污染物降解，且降解能力不断提高。这些土著微生物具有很多独特的优势：一方面由于经过历年来的驯化、选择，对石油污染物具有较高的降解能力；另一方面，由于土著微生物对当地的特殊生态条件经过长期的适应，能够获得一些具有特殊降解功能和耐特殊生存条件的微生物。但由于土著微生物菌群生长速度慢，代谢活性不高，驯化时间长，因此必须将筛选出的降解能力强的土著菌株与已储备的各种石油降解优势微生物组成功能菌，这是获得降解石油污染物生物菌种的最佳途径。已有研究表明，混合菌群的降解效果明显高于单株菌。

2）微生物对烷烃的降解

烷烃是石油烃中最易降解的，细菌（主要是假单细菌）和真菌（主要是假丝酵母）都可以利用。微生物对烷烃的主要分解途径包括以下3个方面：（1）末端甲基被混合功能氧化酶氧化成伯醇，再进一步氧化成醛和脂肪酸；（2）烷烃直接脱氢形成烯烃，再进一步氧化成醇、醛和脂肪酸；（3）烷烃氧化成烷基过氧化氢，然后直接转化成脂肪酸。以上途径中，微生物以末端氧化为主。

3）微生物对环烷烃的降解

环烷烃因没有末端甲基，其微生物降解原理和烷烃的亚末端氧化相似。混合功能氧化酶氧化产生环烷醇，再脱氢得酮，进一步氧化成内酯，不稳定的内酯环断开得羟基羧酸，羟基再氧化成醛基和羧基，得到二羧酸再进一步氧化。但由于在自然界中环烷烃对微生物的抵抗力较强，目前仅发现部分菌株能够以环烷烃作为唯一碳源和能源生长。

4）微生物对芳烃的降解

芳烃经一步或数步氧化形成儿茶酚，双羟基芳香环被氧化"邻位开环"，形成琥珀酸和乙酰辅酶A。儿茶酚环被"间位开环"，形成甲酸、丙酮酸和乙醛。多环芳烃结构的降解也是通过双羟基化，其中一个环被打开，降解成丙酮酸和CO_2，依此第二个环以同样方式打开。一般5个环以上的多环芳烃难于被微生物降解。

3. 影响微生物降解的环境因素

自然环境中石油烃的降解很大程度取决于环境中的非生物因素，这些因素影响微生物的生长和酶的活性，因而影响石油烃的生物降解（何超兵，2009）。影响微生物降解的环境因素如下：

（1）石油烃的物理状态。液态芳烃在水烃界面上可以被微生物利用，而固体状态不能被利用。萘在固态时不被利用，在液态时可被利用。在水中油水常形成乳状液，烃分解微生物主要在油水界面上起作用。在整个油滴表面观察到，微生物与水接触面小的油滴看不到微生物。因此，石油烃的溶解性和乳化性对微生物降解有促进作用。

（2）温度。温度可直接影响微生物的活性，还可以和其他因素相互作用（刘俊强等，2007）。自然环境中温度对石油烃类微生物降解的影响是复杂的，一般烃的降解在温度为20~30℃时较快，但在很宽的温度范围内均可发生烃的降解，已分离出嗜冷、中温和嗜热烃分解菌，在低于0℃和高于70℃时均能进行降解。总之，温度不是烃降解的限制因素。

（3）无机盐。无机盐在微生物生长过程中起到促进酶反应、维持膜平衡和调节渗透压的作用。盐度过高，对微生物的生长产生抑制作用。但不同的细菌对盐度的承受能力差别很大，随着微生物培养驯化技术的不断提高，有针对性地驯化、筛选耐盐微生物，采用生化方法是可以处理高盐污水的。

（4）营养剂。营养对石油烃的降解有重要作用。氮和磷是限制石油烃微生物降解的重要因素，有研究表明，加入硝酸盐和磷酸盐的石油烃类微生物降解速度可增加8%~9%。

（5）氧。石油烃的主要降解途径需要加氧酶和分子氧参加，理论上1g原油氧化需3.5g氧（曹宗仑等，2007）。

三、污水处理技术路线

由于稠油采出水的原水水质复杂多变，有其各自特点，外排处理技术路线应通过试验或类似工程经验，经技术经济对比确定。

根据前期现场试验及类似工程调研（周健生，2014），对多条技术路线进行技术经济综合对标，详见表1-4-1和表1-4-2。

表 1-4-1 技术路线比选表一

比选项		"高效生物+MBR"	"物理 + 化学"	"生化 +SODO 臭氧催化氧化"	"活性焦前吸附 + 生化 + 活性焦后吸附"
水质达标能力（COD）		26mg/L（较强）	20mg/L（较强）	43mg/L（较弱）	43mg/L（较弱）
经济性	操作成本	（药 + 电 + 膜）5.74 元 /m³（最低）	（药 + 电）11.02 元 /m³（最高）	（药 + 电 + 催化剂）6.18 元 /m³（次低）	（活性焦 + 电）8.94 元 /m³（次高）
	工程投资	1.43 亿元（次低）	1.41 亿元（最低）	1.6 亿元（最高）	—
可靠性	有毒物质对工艺影响	最大	最小	较大	较大
	流程长短	4 段（次短）	中试 10 段，工程 6 段（次长）	3 段（最短）	11 段（最长）
	操作性	最简单	最复杂	较复杂	较复杂
	维护量	最小	最大	较大	较大（56t 活性焦 /d）
	使用寿命	膜需要 5 年更换，其他工艺设备寿命较长	酸性介质下运行，设备、管道寿命较短	催化剂每 7 年更换，臭氧发生器使用寿命较短	较长
环境友好性	对排放水体生态的友好程度	最好	最差	次好	最好
风险分析	工艺风险	MBR 膜通量下降	微电解电极钝化	臭氧发生器性能降低、SODO 工艺的成熟、可靠性	废焦的稳定去向及环保要求
	投资控制难度	较小	较小	较大	较大
	专有工艺和药剂风险	专有高效生物	专有氧化剂	专有 SODO+ 催化剂	无

表 1-4-2　技术路线比选表二

路线名称	方案一：两级PACT	方案二：一级PACT	活性焦前吸附＋生物滤池＋活性焦后吸附	前生化＋吸附＋芬顿氧化＋后生化	两级生化＋臭氧光催化氧化＋生物活性炭滤池	多相催化氧化＋两级生化（AS+BAF）＋催化电解
主要原理	"物理吸附＋生化"协同效应		物理吸附＋生化	药剂吸附＋芬顿氧化	臭氧光催化氧化	多相氧化＋电解氧化
技术成熟度	9	9	8	7	6	5
技术可靠度	9	9	9	7	6	6
投资估算	PACT：2300万元。WAR：7t/h。（4000～5000）万元。新增电负荷约300kW，现有电系统能满足	PACT：1500万元。WAR：8t/h。（4000～5000）万元。新增电负荷约300kW，现有电系统能满足	（1861～2060）万元。新增电负荷约260kW，现有外部配电系统满足要求	2000万元。新增电负荷约200kW，现有外部配电系统满足要求	3483万元。外部配电系统新增电负荷约2500kW，投资约600万元	外部配电系统新增电负荷约3500kW，投资约800万元
水处理成本测算	5.0元/t（无WAR）；2.0元/t（有WAR）	8.0元/t（无WAR）；2.5元/t（有WAR）	7.3元/t〔5.5元/t（回收废焦），12元/t（废焦不回收）〕	4.0元/t	3.9元/t　注：未计灯管损耗更换费	5～7元/t　注：未计极板清洗费
泥处置成本测算	（1）无WAR。绝干泥量：5t/d。泥处置成本：0.8元/t水。（2）有WAR。绝干泥量：0.3t/d。泥处置成本：很小，可忽略不计	（1）无WAR。绝干泥量：8t/d。泥处置成本：1.3元/t水。（2）有WAR。绝干泥量：0.4t/d。泥处置成本：很小，可忽略不计	绝干泥量：30t/d。（1）废焦回收效益1.8元/t水。（2）废焦不回收：4.8元/t水	绝干泥量：6t/d。泥处置成本：1.0元/t水	不加药，只有生化污泥，没有物理化学污泥	不加药，只有生化污泥，没有物理化学污泥
主要优点	（1）系统效率高；（2）促进难降解COD去除；（3）减少VOC；（4）去除臭味和颜色；（5）操作灵活；（6）生物毒性小；（7）技术成熟可靠度高	（1）一级PACT流程短，一次投资较低；（2）其余同两级PACT	（1）系统较稳定；（2）去除臭味和颜色；（3）操作灵活；（4）生物毒性小；（5）技术成熟可靠度较高	（1）物化处理，抗冲击性强；（2）操作灵活	（1）生化前强化预处理功能；（2）生化后催化电解保障水质达标；（3）药剂用量少，废物量少	（1）采用臭氧光催化氧化新技术，作为提高COD去除率的手段；（2）药剂用量少，废物量少

路线名称	方案一：两级PACT	方案二：一级PACT	活性焦前吸附＋生物滤池＋活性焦后吸附	前生化＋吸附＋芬顿氧化＋后生化	两级生化＋臭氧光催化氧化＋生物活性炭滤池	多相催化氧化＋两级生化（AS+BAF）＋催化电解
主要缺点	（1）对来水最高含油量要求较严格； （2）实施WAR投资较高，但运行成本较低； （3）尚无稠油污水处理应用业绩	（1）不实施WAR，投炭量较大，运行成本较高； （2）其余同两级PACT	（1）对来水最高含油量要求较严格； （2）投焦量大，废焦量大，废焦处置环保风险较大； （3）尚无稠油污水处理业绩	（1）芬顿用双氧水，安全风险较大； （2）厂家专有药剂（吸附剂），非标准定型产品，质量、价格控制存在一定的风险； （3）类似大规模成功业绩较少，稠油污水尚无业绩	（1）光臭氧催化氧化属于高级氧化技术，技术较新，成熟可靠性有待进一步考量，如灯管表面、臭氧布气管小孔结垢问题是否有可靠方法解决； （2）无类似工程成功业绩，稠油污水尚无业绩	（1）电解耗电量较大； （2）极板易结垢，需定期清洗； （3）电解产生H_2，安全风险高； （4）电解设备单套处理量小（20～30t/h），处理水量大，设备数量多； （5）类似大规模成功业绩较少，稠油污水尚无业绩

注：污水处理规模按10000t/d测算，不计生化污泥量。

四、工程应用

1. 概述

通过前期试验研究及借鉴类似工程经验，中油辽河工程有限公司完成原有3座稠油采出水外排厂提标改造技术路线筛选确定及工程设计，设计出水满足辽宁省污水综合排放标准（2008年版）水质要求。锦采外排厂2014年建成投产，设计规模为15000t/d，处理工艺为"预处理＋生化＋臭氧催化氧化"，投产后由于臭氧布气管口处结垢堵塞严重，臭氧发生及布气系统无法正常运行，2016年将臭氧催化氧化工艺改造为臭氧氧化工艺，改造段规模为8000t/d，同时对臭氧发生气源及臭氧投加方式进行调整，实现了液氧直接发生臭氧简化工艺及臭氧水射器密闭投加，避免了臭氧布气管口处结垢。曙光外排厂分两期建设，一期为预处理工艺段，设计规模为20000t/d，2013年建成投产；二期为在一期预处理工艺的基础上，增加两级AS-PACT生化工艺段，设计规模为10000t/d，2017年建成投产。金海外排厂设计规模为8000t/d，处理工艺为"预处理＋生化＋颗粒活性炭吸附及再生"，2021年2月投产。

2. 设计水质

锦采外排厂和金海外排厂原水属于普通稠油采出水，曙光外排厂原水属于超稠油采出水，3 座外排厂设计出水指标均执行辽宁省 DB 21/1627—2008《污水综合排放标准》，设计水质见表 1-4-3 至表 1-4-5。

表 1-4-3 锦采外排厂设计进出水水质

项目	COD$_{Cr}$/ mg/L	BOD$_5$/ mg/L	温度/ ℃	石油类/ mg/L	悬浮物/ mg/L	氨氮/ mg/L	总有机碳/ mg/L
进水	260		45～50	20	30		
出水	50	10		3	20	8	20

注：（1）进水为上游预处理气浮单元来水。

（2）进水石油类含量检测为油田注水用可见光分光光度法，出水石油类含量检测为红外分光光度法。

表 1-4-4 曙光外排厂设计进出水水质

项目	COD$_{Cr}$/ mg/L	BOD$_5$/ mg/L	温度/ ℃	石油类/ mg/L	悬浮物/ mg/L	氨氮/ mg/L	磷酸盐/ mg/L	pH 值
进水			70～80	2000	8000			6～7
生化进水	700	70～100	30～35	10	20	20	2	7～8
出水	50	10		3	20	8	0.5	6～9

注：进水为上游原油脱出水。

表 1-4-5 金海外排厂设计进出水水质

项目	COD$_{Cr}$/ mg/L	BOD$_5$/ mg/L	温度/ ℃	石油类/ mg/L	悬浮物/ mg/L	氨氮/ mg/L	总氮/ mg/L	磷酸盐/ mg/L	pH 值
进水	150	20～30	45～50	10	30	18	20	1.0	6～7
吸附进水	90		40～45	3	10	8	15	0.5	6～9
出水	50	10		3	20	8	15	0.5	6～9

注：进水为上游预处理气浮单元来水。

3. 工艺流程

锦采外排厂 2015 年改造后流程如图 1-4-1 所示。上游气浮处理出水进入污水缓冲罐进行水量调节，经泵提升恒流量进入厌氧 / 好氧接触氧化池，出水进入二级沉淀池，再经提升泵进入射流器，射流器负压区引入臭氧混合气，溶气水进入两级串联臭氧氧化罐最终出水。

图 1-4-1 锦采外排厂处理工艺流程

金海外排厂处理工艺流程如图 1-4-2 所示。上游气浮处理出水进入生物接触氧化罐（水解酸化），出水进入好氧生物接触氧化池，出水进入二级沉淀池后经泵提升依此进入砂滤器、一级活性炭吸附塔、二级活性炭吸附塔、三级活性炭吸附塔和保安过滤器后，最终出水。饱和活性炭通过水力输送从吸附塔转移至再生装置，再生后活性炭水力输送回吸附塔。

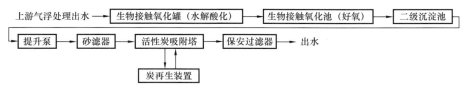

图 1-4-2　金海外排厂处理工艺流程

曙光外排厂处理工艺流程分物化处理和生化处理两段，如图 1-4-3 所示。物化处理段：上游曙五联来含油污水和其他废水进入调节水罐，均质均量后经泵提升进入除油罐，除油罐出水重力进入两级 DAF 浮选机，浮选出水经泵提升依此进入核桃壳过滤器、空冷器和冷却塔，冷却塔出水经泵提升进入生化处理段。生化处理段：冷却塔来水进入搅拌配水池，均分成三股水进入三组一级好氧生化池和搅拌池，出水进入一级沉淀池，一级沉淀池上清液经泵提升进入一组二级好氧生化池和搅拌池，出水进入二级沉淀池，二级沉淀池上清液经泵提升进入砂滤器后最终出水。

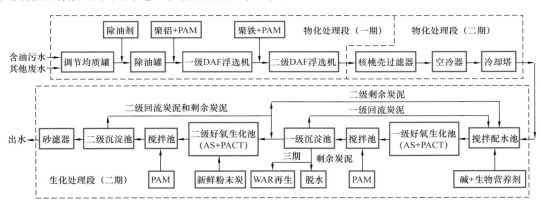

图 1-4-3　曙光外排厂处理工艺流程

4. 主要构筑物和设备

1）锦采外排厂

污水缓冲罐 2 座，利旧已建的 2 座 10000m³ 罐改造成污水缓冲罐。罐内顶部设中心布水管、底部设集水管，罐底设穿孔排泥管。生物接触氧化池 1 座，为水解酸化池和好氧池合建，池内水流为上下翻腾式。水解酸化池设计水力停留时间为 15.0h，共设 8 条廊道，每条廊道 2 格，单格尺寸分别为 20.8m×7.0m×6.0m 和 12.0m×7.0m×6.0m，池内设悬挂式组合填料和潜水搅拌装置。好氧池设计水力停留时间为 19h，共设 8 条廊道，每条廊道 3 格，单格尺寸为 14.0m×7.0m×6.0m，池内设悬挂式组合填料，池底设旋混曝气器。二级沉淀池2座，设周边传动刮吸泥机。臭氧氧化罐4座串联，设计总接触氧化时间为1.3h。臭氧发生器装置1套，其中管式臭氧发生器1台，臭氧发生量为30kg/h，发生气源为液态氧；50m³液氧储罐1座，空温式汽化器2台。

2）曙光外排厂（二期）

冷却塔3座，单座处理量为240m³/h。生化池（AS+PACT）1座，一级为利旧改造，推流式，3条并联廊道，每条廊道容积2700m³；二级为利旧改造，推流式，1条廊道，容积2700m³；池内设粗孔曝气器和脱气搅拌器。沉淀池3座，一级辐流式，φ18mm×3.5m，2座，利旧；二级辐流式，φ22mm×5m，1座。砂滤器8座，单级压力式，φ3.4m，利旧改造。炭泥脱水机3台，单台处理绝干污泥量为130kg/h，机型为自动厢式隔膜压滤机。粉末活性炭储存及投加设备1套，炭仓φ4mm×8.8m，1座；粉末活性炭投加装置1套，最大出料量为420kg/h。

3）金海外排厂

生物接触氧化水解酸化罐1座，φ23.7m×12.5m，利旧改造，上向流，内装悬挂式生物填料。生物接触氧化好氧池1座，55m×10.75m×6.7m，2组并联，池内装填组合填料，池底安装粗孔曝气器。二级沉淀池2座，辐流式，中心进水、周边出水，单座φ13mm×4.6m。生化砂滤器6座，φ3.2m，气水反洗。多级循环活性炭吸附塔12座，4列并联，每列3座串联，单座φ3.2m，空塔流速为12.4m/s，吸附剂装填高度为9m。活性炭再生装置1套，再生规模为5t（干炭）/d，炉型为多膛炉。

5. 运行效果

1）锦采外排厂

锦采外排厂自2016年臭氧催化氧化系统改造后，整体处理工艺运行平稳正常，基本达到设计技术指标要求。以液氧为气源的管式臭氧发生器及臭氧水射器投加系统工艺简单、可靠适用。

截至2021年10月，外排厂运行水量约为8000t/d，污水站进水石油类含量为10mg/L，悬浮物含量为20～30mg/L，COD_{Cr}在110～120mg/L之间。生化处理后COD_{Cr}在80～85mg/L之间，石油类含量小于3mg/L。臭氧投加浓度为53mg/L，臭氧氧化出水COD_{Cr}在45～48mg/L之间，达到辽宁省污水综合排放标准50mg/L要求。水主要操作成本为2.03元/t，其中电费1.0元/t，液氧费0.63元/t，生物营养剂费0.4元/t。

臭氧催化氧化系统无法正常运行的主要原因如下：臭氧催化氧化池底部臭氧布气装置上小孔堵塞，导致臭氧发生器背压升高，设备无法正常工作。根据现场取样分析，小孔处堵塞物主要是硅垢，极难去除。结垢的主要原因是原水属于碳酸氢钠型，易结垢，且水中含硅量较高（100～120mg/L，以二氧化硅计）。臭氧在布气过程中，在直径1.0mm布气孔处流速和压力发生变化，导致水中硅含量过饱和析出。投产初期运行6个月左右，生化池内散流曝气器与空气管道连接头处也发生结垢现象，导致曝气量减少。垢样形状为直径5mm左右球形颗粒，垢样分析成分主要为碳酸钙，经对曝气器连接头处进行改进，结垢现象得到缓解，目前1～2年需要清洗一次曝气器连接头处。

2）曙光外排厂

曙光外排厂自 2017 年二期投产运行以来，整体处理工艺基本达到设计指标要求。外排厂运行水量为 6000～9000t/d，污水站进水石油类含量为 1000～2000mg/L，悬浮物含量为 5000～8000mg/L，COD_{Cr} 在 5000～8000mg/L 之间。预处理出水石油类含量为 10～15mg/L，悬浮物含量为 20～30mg/L，COD_{Cr} 在 650～700mg/L 之间。一级 AS-PACT 生化出水 COD_{Cr} 在 100～120mg/L 之间，二级 AS-PACT 生化出水 COD_{Cr} 在 20～40mg/L 之间，石油类含量在 2mg/L 以下，氨氮和总磷等其他指标均小于排放值。

主要运行成本：预处理段处理单位水量药剂和电费合计约 3.4 元 /m³，其中药剂费 3.0 元 /m³，电费 0.36 元 /m³。生化段活性炭、药剂和电费合计 7～8 元 /t，其中粉末活性炭投加量（出水 COD_{Cr} 控制在 40～45mg/L 条件下）为 500～600mg/L，单位水量成本为 5.0～6.0 元 /t（粉末活性炭价格按 10000 元 /t 计）；药剂费（聚丙烯酰胺、液碱、生物营养剂等）为 1.5 元 /m³；电耗约 0.7kW·h/t，电费约 0.42 元 /t。

一级空冷器在运行过程中存在散热管内污堵现象，检修频繁。通过取样分析，堵塞物主要为黏稠化学药剂，主要成因为污水中溶解了各类化学药剂，水温降低后饱和析出。由于空冷器清堵操作较复杂，后将冷却工艺全部改为冷却塔降温。

6. 总结与展望

1）总结

通过辽河油田稠油采出水外排处理试验研究和生产运行实践，可初步得出以下结论：

（1）普通稠油采出水预处理到石油类含量小于 10mg/L 时，COD_{Cr} 为 100～200mg/L，采用 A/O 生物接触氧化处理工艺，出水 COD_{Cr} 为 80～100mg/L。如果外排 COD_{Cr} 指标为 50mg/L 以下，需要进一步深度处理，臭氧氧化和颗粒活性炭吸附工艺可以满足 COD_{Cr} 深度处理达标需要。臭氧投加量、吸附参数及其对应的出水 COD_{Cr} 含量应通过实验确定。活性炭吸附出水 COD_{Cr} 含量比臭氧氧化出水更低，可以达到 20～30mg/L，该工艺对日后外排处理 COD_{Cr} 提标更具优势。

（2）超稠油采出水预处理到石油类含量小于 10mg/L 时，COD_{Cr} 为 600～700mg/L，一般普通生化出水 COD_{Cr} 为 150～250mg/L。若要达标排放，COD_{Cr} 需要进一步深度处理，AS+PACT 工艺可以满足超稠油采出水深度处理 COD_{Cr} 达标需要。

2）展望

AS+PACT 工艺具有可靠适用、抗冲击能力强等特点，特别适用于高浓度难降解污水的生物强化处理，该工艺在污水生化系统提标改造以及难生化污水外排处理方面具有广阔应用前景。目前，颗粒活性炭吸附处理各类污水及炭再生工艺和设备在国内比较成熟，应用较多。AS+PACT 工艺产生的活性污泥粉末活性炭再生技术仍由少数国外公司掌握，国内尚处于研究和试验阶段。当粉末活性炭投加量和成本较高时，配套实施粉末活性炭再生工艺十分必要，实施后约 90% 的粉末活性炭可再生回用，可降低 70%～80% 活性炭成本。

第五节　中深层稠油复合蒸汽驱技术示范实例

"十三五"期间，辽河油田通过开展中深层稠油复合蒸汽驱技术研究及示范，有效保障了蒸汽驱产量的稳定。截至 2020 年 12 月，辽河油田蒸汽驱共转驱 257 个井组，实施储量 $6480 \times 10^4 t$，采出程度 50.6%，年产油 $79.6 \times 10^4 t$；实施复合驱示范 71 个井次；齐 40 块、锦 45 块、杜 229 块三个示范区实现年产油保持在 $58 \times 10^4 t$。

一、齐 40 块普通稠油复合蒸汽驱矿场实例

1. 概况

1）地质概况

齐 40 块构造上位于辽河断陷盆地西部凹陷西斜坡上台阶中段，东北部紧邻齐 108 块，西南与欢 60 块相接。断块内地层总体上由北西向南东倾没，北部地层较陡，地层倾角一般为 $10° \sim 25°$；南部逐渐趋缓，地层倾角一般为 $4° \sim 12°$。四周为断层所圈闭，构造面积为 $8.5 km^2$。该块主要发育沙河街组沙一 + 二段的兴隆台油层和沙三段的莲花油层，蒸汽驱开发目的层为莲花油层，油藏埋深 $625 \sim 1050 m$，孔隙度平均为 31.5%，渗透率平均为 2.062D，属于高孔隙度、高渗透率储层，含油井段平均 74.4m，油层较发育，单井有效厚度最高达 92.4m，油层厚度为 37.7m，单层平均厚度为 $2 \sim 8 m$，50℃脱气原油黏度为 $2639 mPa \cdot s$，为中—厚层状普通稠油油藏。探明含油面积为 $7.9 km^2$，探明石油地质储量为 $3774 \times 10^4 t$。齐 40 块原始地层压力为 $8 \sim 11 MPa$，压力系数为 0.996，折算油层中深（850m）地层压力为 8.5MPa，开发至 2020 年 12 月底地层压力为 $2 \sim 5 MPa$，平均为 3.0MPa；地层温度为 $70 \sim 270℃$，平均为 140℃。

2）开发历程

齐 40 块自 1987 年投入开发以来，其间经历了 3 次大的井网加密调整，井距由开发初期的 200m 先后加密为 141m、100m、70m。开发历程分为 4 个阶段：蒸汽吞吐上产阶段（1987—1990 年）、产量递减阶段（1991—1994 年）、综合调整阶段（1995—2001 年）、转换开发方式阶段（2002—2020 年）。2001 年底，为了整体转入蒸汽驱开发，在莲 II 油层分采区及莲花油层合采区按照 70m 井距反九点注采井网部署了 179 口加密井。2003 年 7 月，进行了扩大蒸汽驱试验，在原来先导试验区基础上向西部扩大了 7 个井组，蒸汽驱试验达到了 11 个井组的规模。截至 2005 年底，完钻 110 口井并投入吞吐预热生产。2006 年 12 月开始规模转驱。2006 年 11 月到 2007 年 3 月主体部位转驱 65 个井组，2007 年 12 月外围 74 个井组实施转驱，到 2008 年 3 月底，全块规模转蒸汽驱井组达到 138 个（20-K029 井组后期作废），加上原来的 11 个试验井组，全块蒸汽驱井组达到 149 个，实现了齐 40 块蒸汽驱工业化实施。

截至 2020 年 12 月底，齐 40 块转规模蒸汽驱开发 14 年，经历了热连通、蒸汽驱替和蒸汽突破阶段，目前处于蒸汽剥蚀调整阶段，共有注汽井 169 口，开井 64 口，日注汽

7827t，日产油 1144t，日产液 7780t（图 1-5-1），瞬时采注比为 1.14，油汽比为 0.167，采油速度为 1.13%，阶段采出程度为 19.56%，总采出程度达到 51.23%。

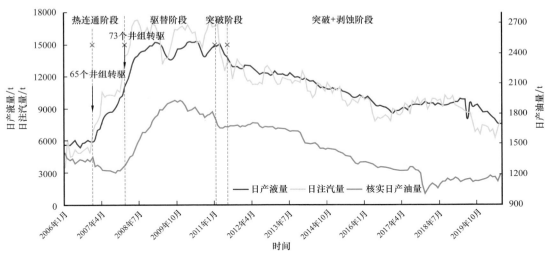

图 1-5-1　齐 40 块蒸汽驱生产曲线

2. 蒸汽驱示范区实施效果

齐 40 块共先后开展非烃气辅助蒸汽驱井组 10 个，后期转间歇蒸汽驱井组 46 个，化学辅助蒸汽驱示范 36 井次，周期变速注汽井组 4 个，通过新技术的综合应用，蒸汽波及范围进一步扩大，蒸汽驱纵向上和平面上的动用程度均有较明显的提高，剩余油动用程度不断提高，从数值模拟温度场跟踪主体部位平面蒸汽腔范围达到 78.6% 以上；纵向动用程度达到 71.8%，油藏压力维持在 2~3MPa。年产油量保持在 42×10^4t 以上（图 1-5-2）。

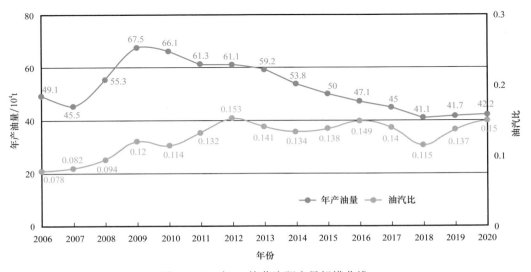

图 1-5-2　齐 40 块蒸汽驱产量规模曲线

二、锦45块特稠油油藏蒸汽驱矿场实例

1. 概况

1）地质概况

锦45块构造上位于下辽河坳陷西部凹陷西斜坡的南部，呈近东西走向，东西长7.5km，南北宽2.3km，构造面积为16.3km²，开发目的层为古近系沙河街组沙一中段于楼油层和沙一下＋沙二段的兴隆台油层。该区块构造复杂、断层发育较多。区块共划分为4个断块，即锦90断块、锦91断块、锦92断块和锦45-7-14断块，发育大小不等29条正断层，平面上大致可分为北东向和近东西向两组，形成锦45堑、垒相间的断块模式。油层纵向上除兴Ⅱ组储层物性稍差外，其余均为高孔隙度、高渗透率储层，尤以于Ⅰ组和兴Ⅰ组储层物性最好，但油层纵向上呈层状分布，以中—厚互层状为主。层间非均质系数为1.6～4.1，渗透率级差为9.77～464.4，渗透率变异系数在0.8左右。按储层非均质性评价标准，锦45块非均质性属较强型。于楼油层和兴隆台油层为两套油水组合，油藏类型均为边底水油藏。由于油层发育主要受构造控制，因此两套独立的油水系统各有相对统一的油水界面，于楼油层的油水界面为-1060～-1020m，兴隆台油层的油水界面为-1160～-1120m。受油层埋深和边底水的影响，4个油层组原油性质差异较大。其中，于Ⅰ组原油黏度最大，油层温度下脱气原油黏度为10200～14000mPa·s；兴Ⅰ组原油黏度最小，油层温度下脱气原油黏度为386～840mPa·s。区块含油面积为9.0km²，油层平均有效厚度为34.2m，1995年复算原油地质储量为5697×10⁴t。其中，主力层系于Ⅰ组含油面积为8.7km²，平均有效厚度为17.5m，地质储量为3031×10⁴t。

2）开发历程

锦45块1984年开始试采，开发历程可分为以下几个阶段：常规干抽及蒸汽吞吐试验阶段（1984—1986年），采取167×167m正方形井网的吞吐试验；全面蒸汽吞吐开发阶段（1986—1991年），共投产油井138口，各项开发指标达到了方案设计的同期指标；加密调整、综合治理及开发方式试验阶段（1992—2000年），采用118m×118m井网进行蒸汽吞吐开发。2000年后，对于Ⅰ组油层进行了进一步的83m井距加密吞吐开发。

至2007年，各项指标显示区块已处于吞吐开发末期，开展了蒸汽驱开发先导试验研究。2008年6月，在锦45块实施了含油面积为0.34km²、地质储量为225×10⁴t的9个井组的蒸汽驱先导试验。至今，针对油藏特点和开发矛盾，以改善层间与平面矛盾为主线，以强排强采、闪蒸预警与控制为重点，以分注分采、中低渗透率层压裂改造为突破，通过技术活用、集成、完善、创新，最终形成多项技术配套与高效应用，使试验区产量上得去、稳得住。较同期吞吐井比，单井日产油量提升3.3倍；年产油量提高7.6倍，采收率比持续吞吐提高20个百分点，较方案设计提高6个百分点以上。

依托先导试验经验，分别于 2013 年 7 月、2017 年 3 月两次扩大应用规模，形成目前总计 24 井组，控制含油面积近 1.3km²，地质储量 663×10⁴t，产油能力 10×10⁴t/a，日产油量 230t。

　　锦 45 块蒸汽驱于 2008 年 6 月投产了 9 个井组的先导试验，经历了热连通、驱替和突破三个阶段后，现处于第四阶段剥蚀调整阶段。日产油量由转驱前的 60t 上升至驱替阶段 193t 达到高峰，保持 4.5 年稳产后蒸汽突破，进入突破阶段，日产油量开始快速下降至 100t，进入剥蚀调整阶段，又经过 3 年产量的缓慢递减，日产油量下降至 84t。随着产量的下降调整注汽量，日注汽量由高峰的 1156t 下调至 430t，截至 2020 年 12 月，区块蒸汽驱阶段采注比为 1.21，油汽比为 0.12，采油速度为 1.3%。

　　图 1-5-3 显示了锦 45 块蒸汽驱生产曲线。

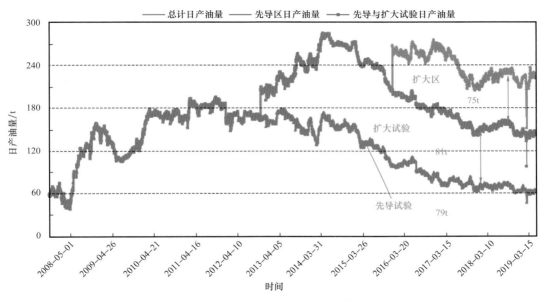

图 1-5-3　锦 45 块蒸汽驱生产曲线

2. 蒸汽驱示范区实施效果

　　锦 45 块蒸汽驱在开发整个过程中通过控制采注比把油藏压力始终控制在 2～3MPa 的合理低水平，注汽压力为 4～5MPa，既能保持蒸汽腔有效形成与扩张，又能保证地层的供液水平。控制采注比的主要手段主要为分采开采、压裂引效、吞吐引效和生产参数调控等，后期又采取化学辅助蒸汽驱技术，增大了蒸汽平面和纵向的波及范围，改善了纵向动用程度差异的矛盾，观察井的实时温度剖面显示，高温区在横向和纵向的范围不断扩展。数值模拟温度场跟踪主体部位蒸汽腔范围达到 67% 以上。较同期吞吐井比，单井日产油量提升 3.3 倍；年产油量提高 7.6 倍，阶段采出程度为 22.3%，总采出程度达 60.3%，较方案设计提高 6 个百分点以上。

　　图 1-5-4 显示了锦 45 块蒸汽驱产量规模曲线。

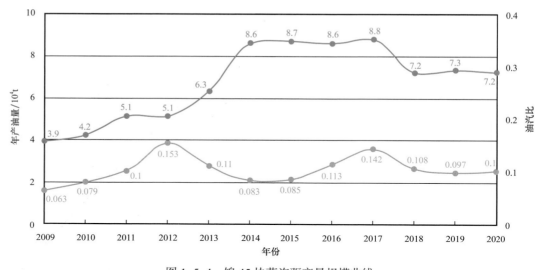

图 1-5-4　锦 45 块蒸汽驱产量规模曲线

三、杜 229 块超稠油蒸汽驱矿场实例

1. 概况

1）地质概况

杜 229 块构造上位于辽河断陷盆地西部凹陷西斜坡中段，是辽河油田"九五"期间重点产能建设区块之一，区块含油面积为 2.5km²，地质储量为 2061×10⁴t。开发目的层为古近系沙河街组兴隆台油层。构造上为一向北东南东倾伏的断鼻构造，地层倾角为 3°～10°，受构造及沉积环境的制约，兴隆台油层各组平面变化大，纵向上油水关系较为清楚，兴 I 组主要为水层，兴 II 组至兴 IV 组基本上为纯油藏，兴 V 组为边水油藏，兴 VI 组为边、底水油藏，油藏类型为中—厚状边底水油藏。已转蒸汽驱开发目的层为兴 III₃、兴 IV 及兴 V₁，油藏埋深为 900～1050m，储层平均孔隙度为 28.1%～33.5%，渗透率为 988.5～2509mD，属高孔隙度、高渗透率储层。单井平均有效厚度为 38.6m，单层平均厚度为 2～8m，50℃时地面脱气原油黏度为 54000～130000mPa·s，为薄—互层状超稠油油藏。含油面积为 0.76km²，探明石油地质储量为 341.5×10⁴t。杜 229 块原始地层压力为 9.56MPa，原始地层温度为 48.2℃。开发至 2020 年 12 月底地层压力为 3～5MPa，平均为 3.5MPa；地层温度为 70～240℃，平均为 135℃。

2）开发历程

杜 229 块 1998 年投入试采，采用两套层系、正方形井网、100m 井距、直井蒸汽吞吐开发。通过 2 年产能建设实现区块快速上产，2001 年产量达到高峰 83.2×10⁴t，由于没有新井投入，稳产时间短，产量递减快，断块总递减 20%，2007 年产量下降到 26.5×10⁴t，采出程度为 21.1%（当时标定采收率为 23.4%），进入吞吐开发后期。2007 年后，通过以加密水平井、蒸汽驱及 SAGD 的多元化二次开发实现区块重新上产稳产。

2007 年，断块采出程度达到 21.1%，可采储量采出程度高达 90.13%，区块开发进入直井蒸汽吞吐末期。为探索超稠油蒸汽吞吐后期接替技术，在杜 229 块实施了蒸汽驱先导试验井组并获得成功，开辟了超稠油提高采收率的新途径，该区块累计转入 20 个蒸汽驱井组，其中包括 12 个反九点井组和 8 个回字形井组。

截至 2020 年 12 月底，杜 229 块蒸汽驱开发 14 年，经历了热连通和蒸汽驱替阶段，共有注汽井 20 口，开井 20 口，日注汽 1350t，日产油 235t，日产液 1880t（图 1-5-5），瞬时油汽比为 0.18，采注比为 1.35，采油速度为 2.52%，阶段采出程度为 33.9%，总采出程度达到 69.5%。

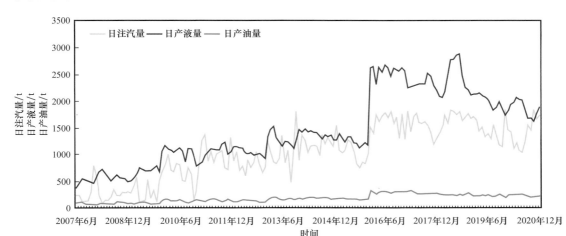

图 1-5-5　杜 229 块蒸汽驱生产曲线

2. 蒸汽驱示范区实施效果

按照以采为先、以产定注、以液牵汽的蒸汽驱替开发原则，为了更好地使蒸汽驱井组维持注采平衡，提高油层纵向动用程度，使蒸汽沿各个方向生产井均衡推进，促使各生产井均匀受效，开展泡沫辅助蒸汽调驱技术，对蒸汽驱替前缘动态调控，有效控制或预防蒸汽窜流，提高蒸汽驱替效率，保证蒸汽驱开发平稳有序进行。累计实施调驱技术 8 个井组 13 井次，调驱效果明显提高，注汽井注汽压力平均提高 0.72MPa，各井组内不同生产井的温度及含水率都有不同程度的提高或降低，其中井温最高降低 13.7℃，含水率最高降低 11.2 个百分点，有效延缓了蒸汽突破，避免了油井抽喷的发生。从部分注汽井吸汽剖面监测资料对比发现，油层纵向动用程度提高了 17.8 个百分点。井组有效期内累计增油 1.1×10^4t，油汽比平均提高 0.093，有效改善了各个实施井组的回采效果，总体年产油量维持在 10×10^4t 左右（图 1-5-6）。

自 2016 年以来，杜 229 块超稠油蒸汽驱开发达到 20 个井组，通过开展泡沫辅助蒸汽调驱技术，产量规模持续维持稳定，年产油量维持在 11×10^4t 以上，油汽比在 0.21 以上，采注比在 1.3 以上。

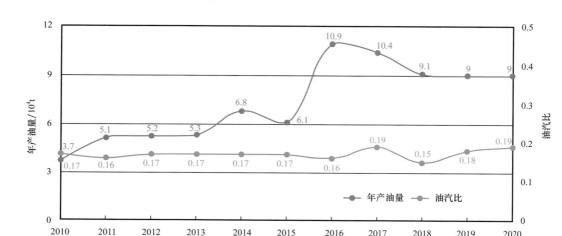

图 1-5-6　杜 229 块蒸汽驱产量规模曲线

第二章　超稠油改善 SAGD 开发效果技术

超稠油是指黏度大于 50000mPa·s 的稠油，又称为沥青。具有黏度大，胶质、沥青质含量高，密度大，流动性差的特点。超稠油全球地质储量约为 460×10^8t，主要分布在加拿大、委内瑞拉、美国、俄罗斯、中国以及印度尼西亚等国家，中国超稠油地质储量为 10.4×10^8t（2011 年资料）。目前，开采超稠油的方法主要是热力采油法［蒸汽吞吐、蒸汽驱、蒸汽辅助重力泄油（SAGD）］。其中，SAGD 是目前效率最高、采收率最大的方法。自 20 世纪 90 年代 SAGD 由加拿大引入中国以来，历经 30 年的探索和研究，辽河油田及新疆油田成功实现了 SAGD 开发，并在调控过程中，形成了非烃气辅助 SAGD 技术、直井辅助双水平井 SAGD 技术，以及配套的高温电潜泵举升工艺和污水旋流预处理技术，极大地改善了 SAGD 开发效果，丰富了 SAGD 技术系列。

第一节　非烃气辅助 SAGD 技术

辽河油田 SAGD 技术目前已形成 72 个井组、年产油 100×10^4t 的工业化应用规模。但是随着开发的不断深入，SAGD 井组逐渐暴露出蒸汽腔扩展不均的问题，物性夹层形成的渗流屏障影响了蒸汽腔纵向扩展，导致蒸汽腔压力上升，热效率降低，开发效果变差。最早实施 SAGD 的馆陶先导试验井组蒸汽腔已接近油层顶部，加剧了顶水下泄的风险（Butler，1994）。为解决这些问题，研发并实施了非烃气辅助 SAGD 技术，改善了 SAGD 的开采效果，进一步提高了经济效益，实现了 SAGD 的平稳开发。

一、氮气辅助 SAGD 技术

1. 氮气辅助 SAGD 开发机理

1）氮气特性

在常温常压下，氮气为无色无臭的气体。氮气是化学性质极不活泼的气体，在常态下表现为很强的惰性（表 2-1-1）。

表 2-1-1　氮气特性

参数	分子量	沸点 /℃	熔点 /℃	临界温度 /℃	临界压力 /MPa	压缩系数
数值	28.01	−196	−210	−147	3.398	0.291

（1）在常用的注入天然气和非烃类气体的采油方法中，氮气的压缩系数较大，其压缩系数（0.291）是二氧化碳的 3 倍，也高于天然气和烟道气的压缩系数，因此其较大的

膨胀性有利于驱油。氮气受温度的影响较小，原因是氮气的临界温度较低。

（2）氮气在淡水和盐水中的溶解性都很微弱。二氧化碳和天然气比氮气易溶于水，该特性对于注氮气保持油藏压力开采十分重要。

（3）在相同的油层压力和温度条件下，氮气的黏度比二氧化碳和天然气低，在压力接近 6000psi❶ 时，氮气和甲烷的黏度相近。这一特性有利于重力驱的气顶油藏注氮气开采。

（4）在相同的温度压力条件下，氮气的密度比二氧化碳和烟道气小，比甲烷密度大，但比其他烃类气体的密度低得多。一般情况下，氮气的密度低于气顶气的密度，这一特性有利于注氮气重力驱替和开发凝析气田。

（5）氮气不同于理想气体。氮气的地层体积系数随着压力的增加而均匀地下降。在相同的温度条件下，氮气的体积系数比二氧化碳和烟道气大；注入相同体积的气体，氮气可驱替更多的油气，因而注氮气比较优越。

（6）氮气是惰性气体，不易燃、干燥、无爆炸性、无毒和无腐蚀性。

2）形成隔热层，降低热损失

氮气分布在蒸汽腔上部，形成隔热层，减少蒸汽向上覆岩层的传热速度，提高热效率。当蒸汽干度分别为 60% 和 70% 时，氮气的密度小于蒸汽的密度；当与干蒸汽对比时，只有当温度高于 320℃ 或压力高于 12MPa 时，氮气的密度才小于蒸汽的密度（图 2-1-1）。因此，蒸汽遇冷凝析特性是氮气分布在蒸汽腔顶部的主要依据。

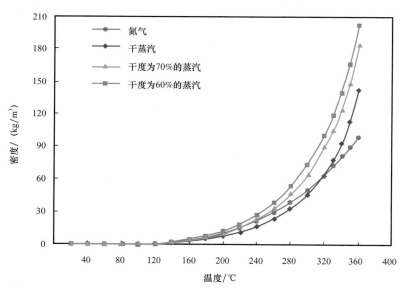

图 2-1-1　不同条件下氮气密度与不同干度蒸汽密度对比

此外，物质的 3 种状态的导热系数由大到小的排序依次为固体、液体、气体。根据 GB 4272—1992《设备及管道保温技术通则》规定，平均温度不高于 350℃、导热系数小于 0.12W/（m·K）的材料称为隔热材料。由氮气在不同温度及压力下的导热系数可知，氮气属于隔热材料的范畴，能够起到很好的隔热作用（罗健等，2014）。

---

❶　1psi=6894.76Pa。

3）维持系统压力，改善流度比

气体的压缩系数和膨胀系数均较大，分布在蒸汽腔上部的氮气能够起到维持系统压力、向下驱替原油的作用，从而提高油藏的泄油能力。由不同温度下蒸汽黏度与氮气黏度对比曲线可知，氮气的黏度大于蒸汽的黏度；温度越高，黏度差越大。上述特点能减弱黏性指进，使驱替前缘均匀，提高波及体积和驱油效率（王连刚，2018）。

4）降低原油黏度，提高流动能力

驱油效率实验结果表明，随着温度增加，残余油饱和度降低，驱油效率提高；温度升高后，氮气驱、二氧化碳驱具有与蒸汽驱基本相同的驱油效率（表 2-1-2），且克服了蒸汽冷凝的不利影响。

表 2-1-2　不同温度下氮气、二氧化碳、蒸汽驱油效率对比表

驱替方式	束缚水饱和度 /%	原始油饱和度 /%	残余油饱和度 /%	驱油效率 /%
150℃水驱	24.5	75.5	37.7	50.3
200℃水驱	29.7	70.3	30.3	56.9
150℃氮气驱	24.7	75.3	35.4	53
200℃氮气驱	28.1	71.9	22	69.4
150℃二氧化碳驱	24.7	75.3	32.4	57
200℃二氧化碳驱	29.2	70.8	18.9	73.3
200℃蒸汽驱	29.6	70.4	20.7	70.6

5）对蒸汽干度影响较小

在注入非凝析气体过程中，气体本身也将从蒸汽中吸收热量，降低蒸汽温度，降低蒸汽干度，这对蒸汽腔的发展极为不利。经室内实验证明不同气体的热容特点得知，氮气热容较小［29.5kJ/（kmol·℃）］，二氧化碳次之［43.7kJ/（kmol·℃）］，甲烷最大［68.5kJ/（kmol·℃）］。经过计算，在 SAGD 操作环境下，200℃时，$1m^3$ 氮气吸收的热量为 1317.0J；$1m^3$ 二氧化碳吸收的热量为 1950.0J，是氮气的 1.5 倍；$1m^3$ 甲烷吸收的热量为 3055.0J，是氮气的 2.3 倍；而 $1m^3$ 水吸收的热量为 $4.2×10^6$J，是氮气的 3189 倍。这说明升高相同的温度，氮气吸热量最少，这样注入氮气不至于损失更多的热量来升高气体温度，因此有利于提高蒸汽热效率（高永荣等，2003）。

2. 氮气辅助 SAGD 操作参数优选

1）注氮比例优选

氮气与蒸汽比是气体辅助 SAGD 开发过程的重要参数，主要影响蒸汽腔的形成、扩展速度，从而影响泄油范围。二者保持一个合适的比例，既可以使蒸汽腔正常形成与扩展，又可以逐渐发挥氮气隔热层的作用，使该技术取得更好的采油效果（赵法军等，2012）。图 2-1-2 显示了氮气与蒸汽比与采油量和油汽比的关系曲线。综合采油量和油汽比两个指标，最佳氮气与蒸汽比范围为 0.4～0.6。

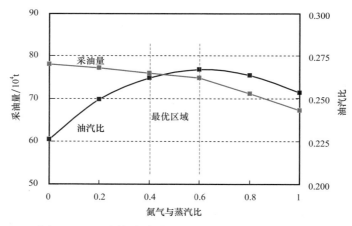

图 2-1-2　不同氮气与蒸汽比同采油量和油汽比关系

2）注氮方式优选

模拟研究了氮气随蒸汽连续注入与段塞式注入两种方式的效果。研究结果表明，与连续注入相比，段塞式注入缩短了生产时间，提高了油汽比。而当段塞尺寸为 4 个月时，油汽比最高。综合考虑各项开发指标，推荐注氮气的最佳段塞尺寸为 4 个月（图 2-1-3）（李玉君，2013）。

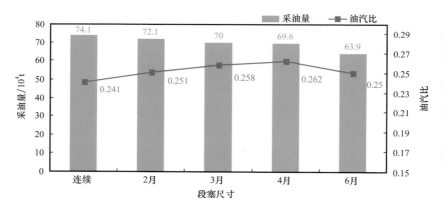

图 2-1-3　不同段塞方式与采油量、油汽比关系

二、烟道气辅助 SAGD 技术

1. 烟道气辅助 SAGD 开发机理

烟道气辅助 SAGD 是改善 SAGD 开发效果的一个新思路，主要原理是在 SAGD 的注入蒸汽中添加烟道气，注入气体聚集在油层顶部，降低注入井上方蒸汽腔的温度（徐振华等，2017）。只有在注入井附近以及注入井和采油井之间的区域被加热至饱和蒸汽温度。由于蒸汽腔的温度降低，加热盖层和地层岩石所导致的热损失有所降低，过程中所用的蒸汽量有所减少，降低了技术成本（Al-Murayri et al.，2016）。SAGD 和烟道气辅助 SAGD 蒸汽腔的对比情况如图 2-1-4 所示。

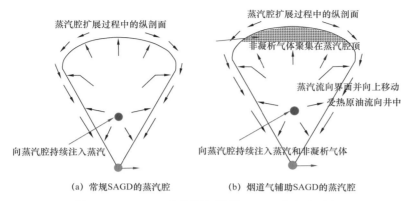

(a) 常规SAGD的蒸汽腔　　　　　　　(b) 烟道气辅助SAGD的蒸汽腔

图 2-1-4　SAGD 和烟道气辅助 SAGD 蒸汽腔对比

烟道气通常含有 80%～85% 的氮气和 15%～20% 的二氧化碳以及少量杂质，也称排出气体，处理过的烟道气可用作驱油剂。烟道气具有可压缩性、溶解性、可混相性及腐蚀性。

1）顶部隔热机理

烟道气大部分分布在油层上部，降低蒸汽向上覆岩层的传热速度，提高热效率。从数值模拟计算 SAGD 与烟道气辅助 SAGD（简称 SAGP）两种方式的同一时间温度场图（图 2-1-5）中可以看出，注入烟道气后，油层顶部某区域温度由 SAGD 的 250℃降至 48℃，同时将该点温度升至 250℃的时间向后推迟了 1 年左右（图 2-1-6）（王大为等，2018）。

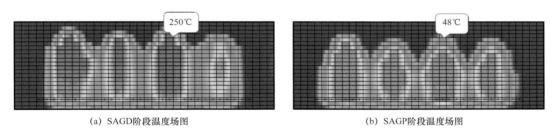

(a) SAGD阶段温度场图　　　　　　　(b) SAGP阶段温度场图

图 2-1-5　SAGD 阶段温度场图和 SAGP 阶段温度场图

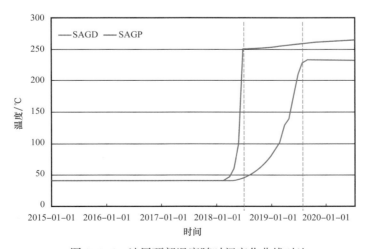

图 2-1-6　油层顶部温度随时间变化曲线对比

2）横向扩展机理

注入烟道气后有利于蒸汽腔侧向扩展，增加蒸汽横向波及体积。开展 SAGP 后，蒸汽腔横向扩展速度增加，与 SAGD 相比，蒸汽腔横向波及体积增大。

3）降黏作用

气体溶解于原油，降低原油黏度，增加流动性，提高驱油效率（贾江涛等，2014）。由不同注入气体的原油黏度变化曲线（图 2-1-7）中可以看出，注入二氧化碳后，原油黏度降低，从而在同一温度条件下流动性增加，进一步提高了驱油效率。

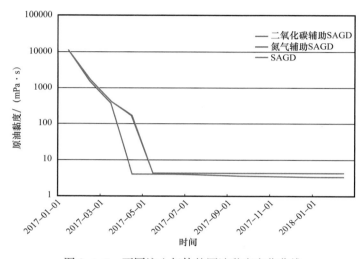

图 2-1-7　不同注入气体的原油黏度变化曲线

2. 烟道气辅助 SAGD 驱替特征

1）温度场发育特征

（1）温度场变化特点。

直井—水平井 SAGD，根据不同阶段蒸汽腔的形态将蒸汽腔发育过程分蒸汽腔上升阶段、蒸汽腔扩展阶段和蒸汽腔下降阶段 3 个阶段（Souraki et al.，2016）。整体特点是蒸汽腔上升阶段时间短，蒸汽腔横向扩展、下降时间长。蒸汽腔发育过程中，由于蒸汽的超覆特性，蒸汽腔发育上部油藏优于下部油藏（孙晓娜等，2015）。

蒸汽腔形成阶段：随着注汽井蒸汽注入，蒸汽在超覆作用下向油藏上方发展，在注入井上方形成蒸汽腔［图 2-1-8（a）］。

蒸汽腔扩展阶段：当蒸汽腔达到油藏顶部，蒸汽腔开始横向扩展［图 2-1-8（b）］。蒸汽腔通过热传导作用将周围油藏加热，原油黏度迅速降低。蒸汽区周围油层中的原油由于重力作用而沿蒸汽腔与原油交界面向下流动进入水平生产井，与界面处蒸汽冷凝水一起被采出。

蒸汽腔下降阶段：当蒸汽腔横向扩展至油层顶部两侧边界时，随着蒸汽的继续注入，蒸汽腔开始缓慢向下发展［图 2-1-8（c）］。最后下水平生产井上方基本都被蒸汽腔充满，大量蒸汽从生产井采出，产油量急剧下降，含水率急剧上升，SAGD 过程结束。

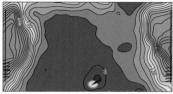

（a）蒸汽腔形成阶段（10min）　　（b）蒸汽腔扩展阶段（45min）　　（c）蒸汽腔下降阶段（结束）

图 2-1-8　SAGD 温度场图

烟道气辅助 SAGD 蒸汽腔形态与 SAGD 蒸汽腔形态类似（图 2-1-9），注入烟道气后，蒸汽腔纵向超覆减缓，横向扩展速度加快。SAGD 蒸汽腔上升速度由 2.58cm/min 减缓至 2.05cm/min，减缓约 21%，横向扩展速度由 0.247cm/min 升高至 0.285cm/min，加快 15.4%。

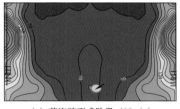

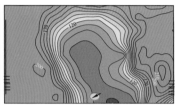

（a）蒸汽腔形成阶段（10min）　　（b）蒸汽腔扩展阶段（45min）　　（c）蒸汽腔下降阶段（结束）

图 2-1-9　烟道气辅助 SAGD 温度场图

（2）蒸汽腔温度变化特点。

提取了模型中蒸汽腔内部 T53 号热电偶的温度变化（图 2-1-10）。从图中可以看出，SAGD 过程中蒸汽腔温度为 230~240℃，波动较小，且长期保持这一高温。添加烟道气后，蒸汽腔整体温度降低，同比 SAGD 降低 30~40℃。一是由于注入蒸汽速度降低了 10%；二是由于烟道气注入后，吸收热量，导致了蒸汽腔温度的降低。同时也可以看出，注入烟道气并未使得蒸汽腔坍塌，因此 SAGD 过程中伴注烟道气是可行的（Ardali，2011）。

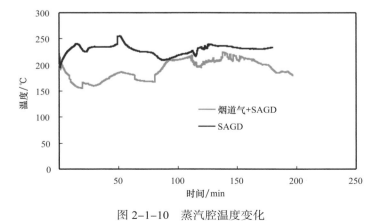

图 2-1-10　蒸汽腔温度变化

（3）蒸汽腔压力变化特点。

图 2-1-11 显示了蒸汽腔压力的变化情况。从图中可以看出，注入烟道气后蒸汽腔压力有所降低，降低幅度为 0.1～0.4MPa，较低的蒸汽腔压力下，蒸汽汽化热值更高，用于加热蒸汽腔内原油的热量更充足，因此注入烟道气后，提高了蒸汽热利用率。

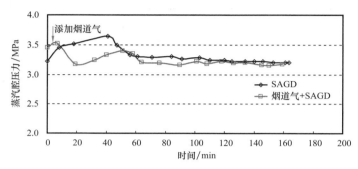

图 2-1-11　蒸汽腔压力变化曲线

2）生产特征

（1）产油速度和含水率。

根据生产特征，结合温度场发育，将生产阶段划分为蒸汽腔形成阶段、蒸汽腔扩展阶段及蒸汽腔下降阶段（图 2-1-12）。

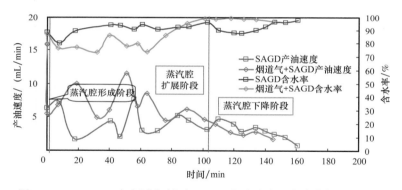

图 2-1-12　SAGD 与烟道气辅助 SAGD 产油速度、含水率与时间关系

蒸汽腔形成阶段：SAGD 蒸汽腔形成阶段的主要生产特点是含水率快速下降，由初期的 87% 下降到 75%，产油速度增加，该阶段的采出程度为 6.55%。

蒸汽腔扩展阶段：当蒸汽超覆到油层顶界后，开始横向扩展直至油层顶部两侧边界，加热降黏后的原油在重力作用下，流向水平生产井。蒸汽腔扩展阶段的含水率主要在 70% 左右波动，阶段采出程度为 36.1%。注入烟道气后，产油速度增加，含水率下降，该阶段产油速度较为平稳，为 SAGD 的主要产油阶段。

蒸汽腔下降阶段：当蒸汽腔横向扩展至油层顶部两侧边界时，随着蒸汽的继续注入，蒸汽腔开始缓慢向下发展，进入蒸汽腔下降阶段。蒸汽腔下降阶段的含水率由 70% 逐渐上升至 90% 左右，该阶段采收率为 7.5%。

（2）采出程度。

图 2-1-13 显示了纯蒸汽 SAGD、烟道气辅助 SAGD 采出程度与时间的关系。从图中可以看出，烟道气辅助 SAGD 的采出程度在时间 100min 以前高于 SAGD，后续阶段都能达到 50%，总采出程度都能达到 70% 左右。表 2-1-3 中列出了不同方式采出程度对比情况。

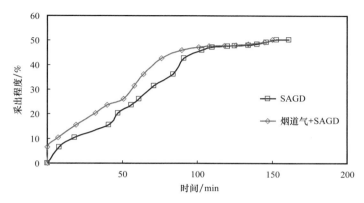

图 2-1-13　采出程度与时间关系曲线

表 2-1-3　不同方式采出程度对比

方式	采出程度 /%		
	吞吐预热阶段	重力泄油阶段	总采出程度
蒸汽 SAGD	22.8	46.3	69.1
烟道气 +SAGD	20.5	50.1	70.6

（3）油汽比。

图 2-1-14 为 SAGD 生产累计油汽比曲线。截止含水率为 98%，SAGD 累计油汽比为 0.16，烟道气辅助 SAGD 累计油汽比为 0.21，注烟道气后累计油汽比提高了 0.05。

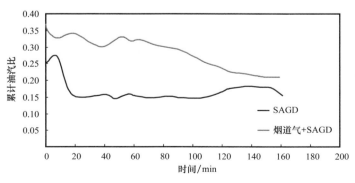

图 2-1-14　累计油汽（汽 + 气）比曲线

3. 烟道气辅助 SAGD 操作参数优化

烟道气辅助 SAGD 开发是在 SAGD 基础上注入辅助介质（赵法军等，2012），其井网井距仍采用原 SAGD 方式，即采用直井与水平井组合布井方式；水平井位于注汽井（直井）的侧下方，注采井距为 35m。

1）注气方式

通过数值模拟，分别对连续注入、段塞式注入两种不同注气方式进行了研究，研究结果表明：从日产油量曲线上看，虽然初期连续注入要高于段塞式注入，但段塞式日产油量递减慢，后期高于连续注入，同时段塞式注入生产时间明显长于连续注入，最终造成累计产油量及油汽比均高于连续注入，因此选择段塞式注入方式。

2）段塞时间

模拟了烟道气以段塞方式注入，共计算了段塞尺寸分别为 6 个月、9 个月、12 个月 3 个方案。研究结果表明，随着段塞尺寸的增加，累计产油量逐渐减少，油汽比逐渐变小（Ayodele，2009）。分析表明，段塞尺寸越小，注入的烟道气量越多，蒸汽腔波及体积越大，SAGD 有效生产时间就越长，但是注入过多的烟道气，就会增加烟道气占据油藏孔隙体积的空间，相应地减少了蒸汽腔扩展空间和蒸汽加热油藏体积，虽然生产时间延长，但是采油速度、油汽比均有所降低。

综上，推荐段塞尺寸为 6 个月。

3）气汽比

在保证蒸汽和烟道气注入总量不变的条件下，设计了不同烟道气/蒸汽值进行数值模拟优选，烟道气/蒸汽值分别为 0.015、0.02、0.03、0.035。从计算结果可以看出：烟道气/蒸汽值不同，相应生产时间不同，随着烟道气在伴注混合物中所占比例增大，累计产油量增加，油汽比增加，但是当烟道气/蒸汽值大于 0.02 后，累计产油量下降，油汽比也随之降低（Souraki，2013）。

分析表明，随着烟道气比例增加，蒸汽腔波及体积越大，累计产油量呈增加趋势，但是当气汽比较大时，蒸汽减少过多，注入油藏的热量减少，对于稠油特别是超稠油油藏，在没有充足热量供应的条件下，仅注入烟道气无法起到热力采油的开发效果。

综上，推荐最佳气汽比为 0.02。

4）日注汽量

通过数值模拟计算了不同注汽量下的生产效果。从计算结果可以看出：随着日注汽量增加，累计产油量增加，油汽比提高，但是当注汽量提高到 90t/d 之后，累计产油量和油汽比反而有所降低。因此，推荐注汽量为 90t/d。

5）烟道气注入量

通过数值模拟计算了不同烟道气注入总量对开发效果的影响，即注入烟道气占 PV 的 0.05、0.1、0.15 和 0.2。从计算结果可以看出：随着烟道气注入总量的增加，累计产油量增加，油汽比提高，但是当注入总量提高到 0.1PV 后，累计产油量逐渐减少，油汽比反而有所降低。因此，推荐烟道气注入总量为 0.1PV。

第二节　直井辅助双水平井 SAGD 技术

直井辅助双水平井 SAGD 技术是在双水平井 SAGD 井组间适当位置加密直井或利用已有直井进行辅助生产的增产提效方法。通过直井蒸汽吞吐，形成新的热场，随着热场前缘的扩展，井间剩余油被逐渐采出，并形成蒸汽腔，最终与双水平井 SAGD 井组原有蒸汽腔逐渐连通融合（李玉君等，2013）。这种方式可以快速增加蒸汽腔体积，同时增加了 SAGD 井组的可调注汽点；在引入新的驱动力作用下，重力泄油与侧向蒸汽驱动力发挥双重作用，采油速度显著提高，剩余油富集区得到有效动用（王江涛等，2019）。

一、直井辅助双水平井 SAGD 技术原理

孙启冀等（2017）从压力梯度分布的角度对直井辅助 SAGD 水平井生产机理进行了分析（图 2-2-1），认为直井—水平井复合井网条件更有利于蒸汽腔的扩展。在靠近注汽直井射孔段下方，压力梯度方向直接指向水平生产井，水平生产井呈现出拖拽的作用；在靠近注汽直井射孔段顶端，压力梯度方向垂直于注汽直井，呈现水平驱替作用；在截面中部远离注汽直井间的区域，压力梯度方向与重力方向的夹角逐渐减小，在截面对称轴区域压力梯度方向与重力方向平行并逐渐变为竖直向下的方向，呈现向下泄流的状态。结论认为，蒸汽腔的扩大有利于油层中压力驱替方向逐渐向水平生产井波及延伸。

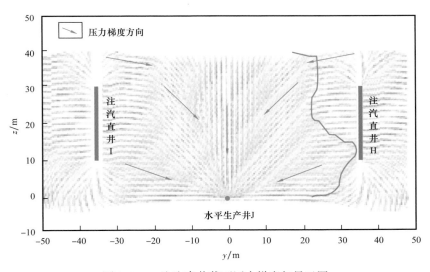

图 2-2-1　注汽直井截面压力梯度矢量云图

根据直井操作模式和主导驱油机理，将直井辅助双水平井 SAGD 生产过程划分为 3 个阶段（唐愈轩等，2019）：（1）吞吐预热阶段。直井蒸汽吞吐，建立独立温度场，直至与 SAGD 井组连通，形成统一蒸汽腔。（2）驱替泄油阶段。直井与水平井蒸汽腔连通后，直井由吞吐模式转为连续生产或间歇式轮换注采。（3）稳定泄油阶段。驱替泄油阶段维

持一定时间后，辅助直井转为连续注汽模式，直至生产结束（图2-2-2）。总体来说，直井辅助SAGD生产具有以下技术优势：（1）通过原位产生新蒸汽腔，加快井组间蒸汽腔的发育，提前采出局部高含油饱和度区域内的原油，提高采油速度及采收率。（2）通过增加新注入点，对蒸汽腔发育较弱部分持续注入蒸汽作为补充，重新平衡沿水平井段压差分布，并提高SAGD井组操作灵活性。（3）通过引入横侧向驱动力，促进局部水平段不动用区域的蒸汽腔发育（井间夹层影响不连通区、夹层上方未动用及弱动用区），提高水平段动用率和储量利用率，大幅改善开发效果。

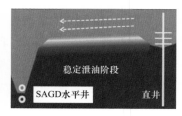

图2-2-2　直井辅助双水平井SAGD生产过程划分

二、直井辅助双水平井SAGD技术适应条件

与加拿大双水平井SAGD应用相比，国内新疆油田风城超稠油油藏储层属陆相辫状河流相沉积，非均质性强，夹层普遍发育，给SAGD开发效果带来影响。加之SAGD开采举升方式的制约，SAGD水平段动用和蒸汽腔发育多不均衡，井组水平段动用率一般在50%～70%，剩余油潜力较大，SAGD开发效果仍有改善空间。

根据重32井区SAGD开发示范区储层精细描述成果，直井辅助双水平井SAGD技术适用于蒸汽腔未发育区或发育较差区域（剩余油未动用或弱动用区域）。

1. 隔夹层上方无法动用区

观察井测温、取心井观察、生产动态数据及跟踪数值模拟结果均显示，隔夹层上方是剩余油主要发育区域。

2. 水平段未动用段蒸汽腔不发育区

根据双水平井SAGD生产基本原理，井间形成连通是水平段有效动用和蒸汽腔发育的基础。一方面，受储层非均质性的影响，水平段在预热期间连通会有所差异，物性较差区域连通较弱，在转生产后很可能转变为不动用或弱动用区；另一方面，注汽井、生产井间夹层阻挡注采井间的泄油通道，注汽井上方夹层阻碍蒸汽腔垂向发育。SAGD井组蒸汽腔不连续发育，呈串珠状分布，表现出局部到顶、局部上升、横向缓慢扩展的复合发育特点。此外，由于单点举升采油的固有弊端，转生产后水平段后端也会出现不动用或弱动用，其上方蒸汽腔也难以发育，成为剩余油滞留区。

3. 井组间蒸汽腔未波及区

SAGD蒸汽腔扩展至井组边界后，全生命周期生产过程基本结束，井间会形成剩余油三角区。该区域常规井网无法波及，也是双水平井方式开采的剩余油潜力区。

　　针对以上剩余油分布特点和存在问题，提出采用 SAGD 水平井组间的直井观察井（探井、评价井、观察井等）辅助注汽生产的改善开发效果技术，以实现双水平井 SAGD 大幅提高水平段动用率、促进蒸汽腔快速发育、提高整体采收率的目的。

三、直井辅助双水平井 SAGD 关键参数优化

　　根据直井辅助 SAGD 生产阶段划分，直井辅助双水平井 SAGD 关键参数优化主要包括直井辅助启动时机、直井辅助井网优化、射孔井段优化、分阶段操作参数优化等方面。

1. 直井辅助启动时机

　　SAGD 蒸汽腔发育分为蒸汽腔垂向上升、蒸汽腔横向扩展及蒸汽腔下降阶段，因此直井辅助 SAGD 的时机尤为重要。根据新疆油田风城超稠油 SAGD 典型井数值模拟研究对比发现，在井组蒸汽腔上升阶段实施直井辅助生产 10 年，最终累计产油量为 95000t，在横向扩展阶段实施直井辅助生产累计产油量为 90000t，相差较少，但在蒸汽腔上升阶段实施直井辅助比在蒸汽腔横向扩展阶段提前两年达到日产油量高峰（图 2-2-3）。不同蒸汽腔发育阶段实施时温度场（图 2-2-4）表明，蒸汽腔上升阶段比横向扩展阶段吞吐热连通时间长，蒸汽腔上升阶段直井吞吐 6 轮形成热连通，蒸汽腔横向扩展阶段只要 3 轮就可形成热连通，但转蒸汽驱后相同时间内，蒸汽腔发育基本一致，不影响最终产油量（何万军等，2015）。

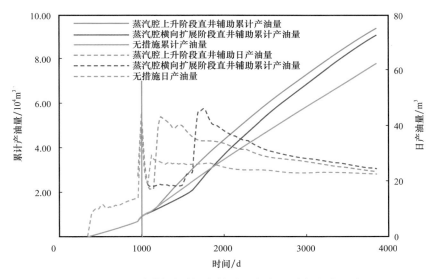

图 2-2-3　不同辅助时机条件下日产油和累产油对比图

　　总体来看，直井辅助实施早晚对最终采收率影响不大，但在井组蒸汽腔发育规模小时实施，蒸汽腔形成连通时间较长，不易连通，见效慢。而井组蒸汽腔横向扩展后，存在钻井风险。综合来看，建议井组蒸汽腔发育到顶，水平段动用状况明确后，尽早实施，降低钻井的风险。

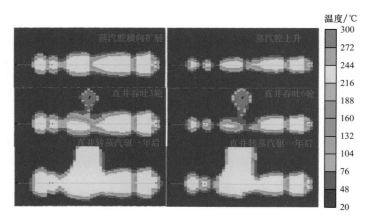

图 2-2-4 不同蒸汽腔发育阶段实施时温度场对比图

2. 直井辅助井网优化

直井辅助井网优化的实质是，在综合考虑剩余油分布特征的基础上，通过已有井的筛选或新部署井位优化，实现最低投入条件下最大限度地动用储量，在保障生产稳定性和操作灵活性的同时，建立改善开发效果的最优井网条件。通过数值模拟从直井与水平井平面距离、直井与直井距离、直井布井方式三方面进行优化，从而提高辅助效果（王江涛，2019）。

1）直井与水平井平面距离

直井和水平井连通与平面距离密切相关。数值模拟研究表明，在水平井蒸汽腔不发育的条件下，直井与 SAGD 水平段平面距离小于 20m 时易形成连通，但波及范围小，易形成汽窜，当平面距离大于 40m 时，则难以形成热连通。从不同直井与 SAGD 水平井距离下直井辅助 SAGD 连通吞吐轮次和累计产油量曲线及温度场（图 2-2-5 和图 2-2-6）可以看出，直井与 SAGD 水平井平面距离越大，实现有效连通的吞吐轮次越高。距离 40m以上，吞吐需要 5 轮以上，连通时间较长，直井与 SAGD 水平井平面距离在 20~40m 时，直井扩腔作用明显，能够在较短时间内形成有效连通，尽早发挥直井辅助生产的效果。

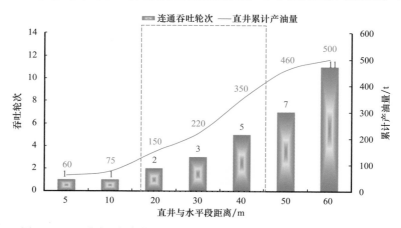

图 2-2-5 不同距离直井辅助 SAGD 连通吞吐轮次和累计产油量曲线

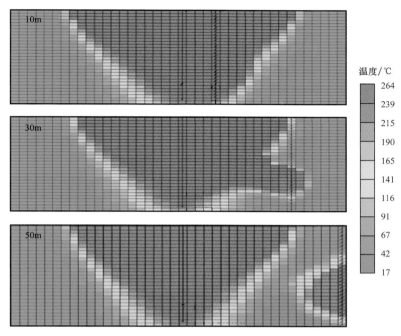

图 2-2-6　不同距离直井辅助 SAGD 吞吐 5 轮温度场对比图

在目前 SAGD 开发井距为 80m 条件下，直井部署在两对 SAGD 井组之间时，应考虑 SAGD 井组蒸汽腔发育情况，当两侧 SAGD 井组蒸汽腔都发育或都不发育时，直井应部署在两井中间位置，两侧井距各 40m；当一侧 SAGD 井组蒸汽腔不发育而另一侧发育时，直井应靠向蒸汽腔不发育的井组，距水平段平面距离小于 40m。

2）直井与直井距离

现场调研及分析发现，SAGD 井组普遍存在部分水平段不动用情况，且不动用长度和位置也各不相同。为探索多个直井辅助的合理部署界限，分别建立了 SAGD 井组未动用段长度为 50m、100m、150m、200m、250m 时的单井辅助 SAGD 模型。

模拟结果显示，未连通段在 50～250m 时单井辅助波及范围基本一致，直井蒸汽腔最大仅能波及 100m 水平段，因此采用直井辅助在未连通段长度小于 100m 时效果最佳。综合来看，SAGD 井组未动用段长度 100m 以内可采用单直井辅助，超过 100m 可采用多井进行辅助，多个辅助直井间距以 100m 为宜（图 2-2-7 至图 2-2-9）。

3）直井布井方式

由于 SAGD 采油点长期位于脚跟附近，水平段压差分布往往不均衡，易出现水平段后端动用较差的问题。从现场生产情况看，此类井占比在 70% 以上，因此直井辅助井主要位于水平段中后段，以增加后端生产压差，平衡水平段压差分布和提高动用程度。在布井方式上，考虑平行布井和对角布井两种模式，模拟结果显示，当辅助直井交错分布在水平井两侧时，水平段控制程度更高，且生产效果略好于平行布井方式。平行布井方式下，由于两侧直井针对同一水平段位置，不利于压差控制和供汽平衡。从辅助效果对比和操作灵活性角度考虑，建议多井辅助的布井方式下优先选择平行交错布井。

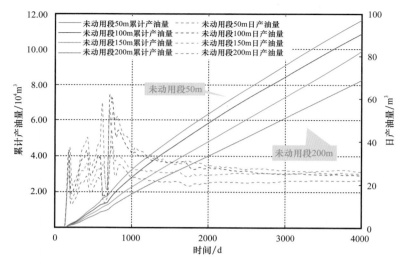

图 2-2-7　不同未动用段长度下日产油量和累计产油量对比图

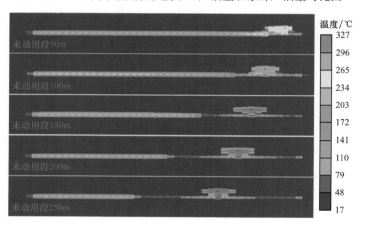

图 2-2-8　不同未动用段长度连通时温度场示意图

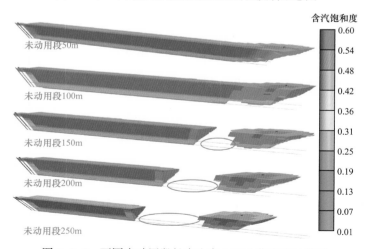

图 2-2-9　不同未动用段长度生产 2000d 蒸汽腔示意图

3. 射孔井段优化

1）射孔位置

为了优化直井射孔位置，分别将直井射孔位置（最下方射孔点）设置在 P 井（生产井）处、I 井（注汽井）与 P 井之间、I 井处以及 I 井上方。从图 2-2-10 中可以看出，当直井尾端深度处于 P 井处时，两个 SAGD 井组间直井辅助的蒸汽腔范围最大，井间原油动用程度最高，可以取得最好的生产效果（唐宇轩等，2019）。

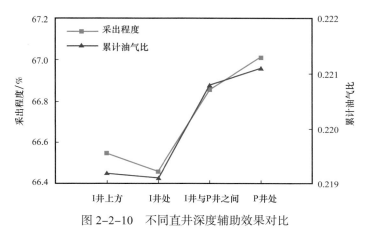

图 2-2-10　不同直井深度辅助效果对比

数模模拟了不同射孔高度下的井间连通时间和增油量（图 2-2-11）。模拟结果显示：射孔高度在 I 井以下，容易发生汽窜，射孔段形成蒸汽腔过程中，容易与生产井间产生较大压差，在横向压力梯度作用下，蒸汽直接流向生产井的概率较大。在 I 井以上射孔，射孔高度在 0～4m 时，随着射孔高度的增加，连通时间变短，日增油量增加；超过 4m，连通时间基本趋于稳定，日增油量降低。分析认为，射孔高度过大，越早与上部蒸汽腔连通，横向驱替作用逐渐减小直至消失，难以完全发挥早期吞吐快速造腔和驱泄复合驱油机理。因此，射孔高度应不高于 I 井以上 4m。

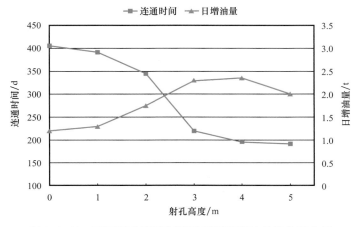

图 2-2-11　不同射孔高度与连通时间和增油量的关系曲线

在此认识基础上，进一步分析了 I 井避射距离的影响。根据不同避射距离下油汽比变化曲线（图 2-2-12），可知避射厚度为 2～4m，油汽比较大，热损失较小；避射厚度大于 4m 后，油汽比趋于稳定，但存在部分油层无法动用。综合考虑，设计避射距离为 2～4m。现场应用中，应具体按照每口井储层情况进行单井组射孔优化，如遇夹层需分段射孔，如无夹层则连续射孔。

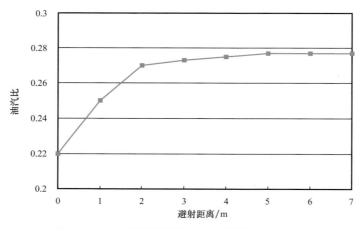

图 2-2-12　不同避射距离条件下措施油汽比对比

2）射孔厚度

模拟了直井的射开程度为 1m、3m、5m、7m、10m、15m、20m 和 25m 情形下的生产情况（生产井位置开始自下而上）（唐愈轩等，2019），发现当直井射开程度越高，由于顶部蒸汽量增多，蒸汽腔的连通时间会略提前。但由于直井底部的蒸汽注入量较少，蒸汽腔连通后，射开程度为 25m 时蒸汽腔逐渐转变为"双峰"形态，而射开程度为 5m 情况下蒸汽腔依然保持在"三峰"形态（图 2-2-13）。当直井射开程度过小时，直井上部蒸汽腔发育较缓，影响辅助效果；而当射开程度过大时，单位射孔段注入蒸汽减少，导致蒸汽腔连通后地层底部蒸汽腔温度不足，影响开发效果。研究结论认为，当射开程度为 5m 时，采出程度与累计油汽比均取得最优值。实践来看，射开程度还取决于油层厚度，应根据油层厚度相应进行调整，实现快速连通、供汽均匀和快速扩腔。

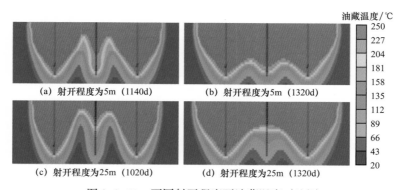

图 2-2-13　不同射开程度下油藏温度对比图

　　根据风城油田机理模型，进一步优化了风城 SAGD 开发区典型井组的射孔厚度。模拟结果显示，射孔厚度 5m 以上易形成热连通（图 2-2-14）。根据不同射孔厚度下直井受效范围可知，射孔厚度越大，受效范围越大，但当射孔厚度大于 9m 后，在吞吐轮次相同的情况下直井受效范围基本稳定，因此设计直井射孔厚度为 5～9m（图 2-2-15 和图 2-2-16）。

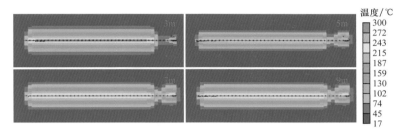

图 2-2-14　不同射孔厚度下温度场对比图

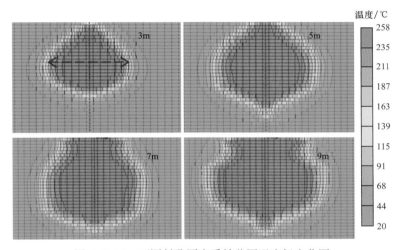

图 2-2-15　不同射孔厚度受效范围温度场变化图

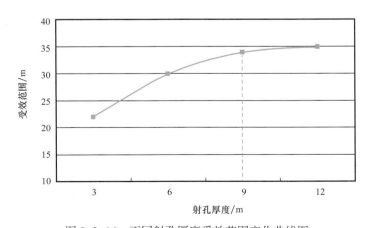

图 2-2-16　不同射孔厚度受效范围变化曲线图

4. 分阶段操作参数优化

1）直井吞吐预热连通阶段

在直井吞吐预热阶段，SAGD井组为保持生产稳定，按当时注采参数生产。该阶段主要对直井注汽压力、注汽强度、注汽速度、焖井时间、吞吐轮次、热连通判断、直井注汽速度进行优化。

（1）注汽压力。

注汽压力越高，直井和水平井的连通时间越短。注汽压力过低，将导致直井吸汽能力下降，延长直井与水平井的连通时间；注汽压力过高，易压破顶部盖层，增大地表汽窜风险。一般而言，为避免压破盖层，注汽压力应比破裂压力小0.5MPa。

（2）注汽强度。

注汽强度越高，轮产油量越高；注汽强度过高将导致油汽比降低。逐轮增加注汽强度，有利于提高热扩散半径，从轮产油量和油汽比两方面考虑，优化吞吐1轮至4轮注汽强度（图2-2-17）。

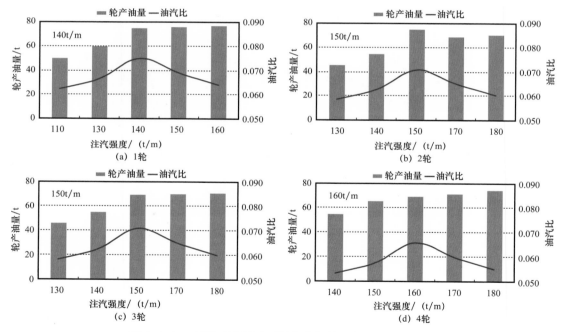

图2-2-17 辅助直井吞吐不同轮次条件下注汽强度优选图

（3）注汽速度。

模拟不同注汽速度下轮产油量变化。结果表明，随着注汽速度的增加，轮产油量增加。当注汽速度大于150t/d后，轮产油量不再增加。注汽速度过大，一方面，容易造成地层破裂汽窜；另一方面，容易与SAGD生产井组间产生过大压差，导致生产井汽窜和直井与SAGD井组间的窜通性连通。对于风城油田超稠油油藏，在不超破裂压力的情况下，推荐注汽速度为130～150t/d（图2-2-18）。

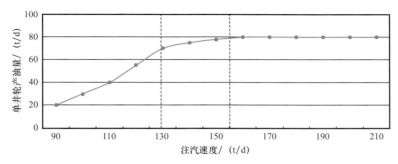

图 2-2-18　SAGD 辅助直井吞吐注汽速度优选

（4）焖井时间。

辅助直井的焖井时间确定与常规直井吞吐焖井相似，目的在于充分扩散注入蒸汽热能和提高热能利用率。随着焖井时间的增加，累计产油量略有增加，当焖井时间大于 3 天时，轮产油量减少，因此确定焖井时间为 3 天（图 2-2-19）。

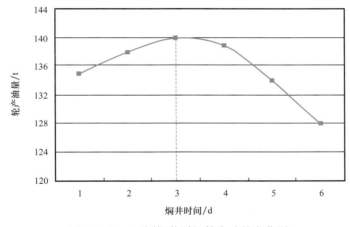

图 2-2-19　不同焖井时间轮产油量变化图

（5）吞吐轮次。

以不超过破裂压力为限，设计直井每轮注汽 15 天，直井吞吐注汽量逐轮递增，以保证直井与水平井形成热连通为目标设计吞吐轮次，以达到注采平衡为标志设定转轮时机。模拟结果表明：分别需要吞吐 3 轮、5 轮、7 轮，井间温度才可达到 100℃，原油流动性显著提高，井口温度持续大于 75℃。对于风城油田超稠油油藏，一般 3～4 轮即可形成热连通。

（6）热连通判断。

直井与水平井建立热连通，实质是直井通过吞吐造腔，直井蒸汽腔不断扩展，蒸汽腔前缘逐步向水平井蒸汽腔前移，在井间建立温度场加热原油，最终实现井间高黏度原油流动性显著增强的过程。根据物质、能量守恒定律，直井吞吐生产阶段井口压力、温度及产液量为一个持续下降过程。若出现直井油压、出液温度、产液量上升，含水率下降，而相邻水平井操作压力联动下降，则判断直井与相邻 SAGD 井组连通（王江涛等，2019）。

2）直井注汽驱替泄油复合阶段

驱替泄油阶段，直井与水平井蒸汽腔未完全并聚，直井周围剩余油量高，该阶段以驱替泄油复合作用为主，井间剩余油随着蒸汽腔前缘的不断推移逐渐被采出。该阶段直井和 SAGD 注汽井同时注汽，直井驱替和重力泄油两项机理同时发挥作用，主要对直井注汽速度和 SAGD 井组生产参数进行优化设计。

（1）生产方式。

对直井持续注汽、持续生产和轮换注采 3 种方式的效果进行模拟，结果表明，轮换注采效果明显优于持续注汽和持续生产。轮换注采条件下，吞吐井周围热油可以被及时采出，同时利于平衡压力场，保持直井与 SAGD 井组的统一压力场和整体注采平衡。采用此种方式，直井与水平井蒸汽腔均匀连通，且连通程度高，开发效果好，经济效益高。

（2）SAGD 井注汽速度。

直井转注汽后，SAGD 生产井继续保持生产，SAGD 注汽井继续保持注汽。SAGD 井仍以稳定生产为目标，因此尽量保持当时注汽速度、操作压力及生产井底流压对应的饱和蒸汽温度与流体实际温度的差值（Subcool），避免生产波动。此时应以控制 SAGD 井组蒸汽腔压力与直井注汽压力保持一致为基本原则。

（3）直井与 SAGD 井操作压差。

直井轮换注采注汽阶段，直井与 SAGD 井注汽压差为 0.5MPa 的条件下，蒸汽腔并聚后发育均匀，且不易发生汽窜，因此驱替泄油阶段须控制直井与 SAGD 井注汽压差不大于 0.5MPa（图 2-2-20）；直井轮换注采采油阶段，以相态控制为核心，控制井口压力、温度，保证井口产出物为液相，驱替泄油阶段井口压力一般长期小于 2.5MPa，温度小于 120℃（王江涛等，2019）。

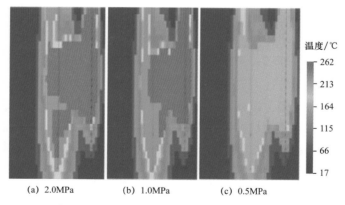

（a）2.0MPa （b）1.0MPa （c）0.5MPa

图 2-2-20 驱替泄油阶段压差与连通程度关系

（4）注采点优化。

针对水平井注采点优化，根据 SAGD 水平段动用情况，将其精细划分为 4 种动用模式，以"避开优势通道注汽、实现未动用点采油"为原则，分类优化调整水平井注采点，以达到高效开发的效果，现场实施时，可进一步根据 SAGD 井生产指标进行优化调整；针对直井注采点优化，根据 SAGD 井组水平段动用情况以及直井生产指标调整直井注采点，形成 3 项标准（表 2-2-1）。

表 2-2-1　驱替泄油阶段注采点优化标准

类别	模式	水平段动用模式	注采点优化
水平井	Ⅰ	均衡动用	两点注汽、两点采液
	Ⅱ	整段动用、散点汽窜	B 点注汽、A 点采液
	Ⅲ	前段未动用、后段汽窜	A 点注汽、A 点采液
	Ⅳ	前段汽窜、后段未动用	B 点注汽、两点采液
直井	Ⅰ	水平段动用较好，易发生汽窜	采油
	Ⅱ	水平段动用较好，温度稳定	注汽
	Ⅲ	水平段动用较差或不动用	注汽

　　通过直井和水平井注采点组合优化调整方式，可改变注采井间压差分布形态，提高弱泄油点泄油能力，实现均匀泄油。

　　以风城油田 A 井组为例，辅助前，长管注汽、短管采液，前段为强泄油点，后段为弱泄油点；辅助后，生产井开始两点采液，但蒸汽腔供液能力不足，又调回单点采液生产，最后应用直井—水平井注采点组合优化调整技术。注汽井 B 点注汽，生产井 A、B 两点采液，前端强泄油点部署 1 口直井辅助采油，中后端各部署 1 口直井辅助注汽，生产井 A、B 点低压，中段高压，注汽井 B 点高压，在压差作用下，后段泄油能力显著增强（图 2-2-21）。

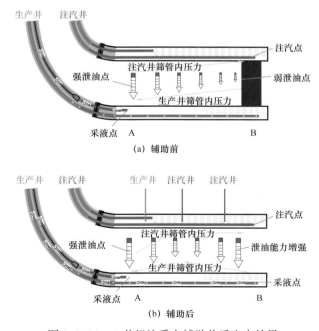

图 2-2-21　A 井组注采点辅助前后生产效果

结合动态分析与数值模拟优化结果，确定直井辅助 SAGD 注采参数优化结果（表 2-2-2）。实际操作中，可根据储层地质条件和油藏工程设计进一步优化，以获得最佳的增产提效效果。

表 2-2-2　直井辅助 SAGD 注采参数优化设计表

直井吞吐预热阶段			直井注汽驱替泄油复合阶段	
注汽强度 /（t/m）	注汽速度 /（t/d）	焖井时间 /d	直井注汽速度 /（t/d）	SAGD 井组操作条件
140、140、150、160	130、140、140、150（至少≥100）	3	30～40	Subcool 为 20～35℃；注采平衡

第三节　超稠油改善 SAGD 开发效果配套工艺技术

针对 SAGD 开采过程中排量大的特点，配套了耐高温电潜泵、长冲程大泵径有杆泵的举升工艺；针对油井频繁杆脱问题，配套了连续抽油杆技术；为提高预转井的生产效果，配套了二氧化碳辅助吞吐技术。这些技术的研发与应用，改善了 SAGD 开发效果。

一、中深层超稠油 SAGD 耐高温电潜泵举升技术

1. 技术原理

高温电潜泵的设计目标如下：设计一台大排量高温电潜泵，验证其应用于 SAGD 井的可行性、可靠性和技术先进性，为大排量高温电潜泵大规模应用于辽河 SAGD 油井提供理论依据。具体参数指标如下：（1）井深为 800m；（2）井液温度为 250℃；（3）井下压力为 2～4MPa；（4）排量为 500m³/d。最后根据所选 SAGD 井的具体环境条件和掌握的资料，对高温电潜泵的相关技术参数略做调整。针对耐高温电潜泵关键技术，制定了研究技术路线（图 2-3-1）。

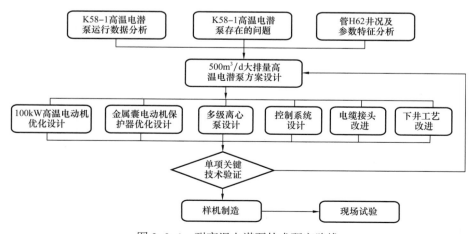

图 2-3-1　耐高温电潜泵技术研究路线

2. 方案设计

1）泵和电动机的优选

为了选择合适的电潜泵，根据杜××井原始资料及生产数据进行了泵设计。表 2-3-1 中列出了杜××井相关数据。

表 2-3-1　杜××井相关数据

井深 /m	斜度 /（°）	方位 /（°）	垂直深度 /m	全角变化率 /（°）
607.79	42.983	235.333	585.13	8.03
617.43	45.033	234.433	592.06	5.33
627.05	47.333	233.433	598.72	6.15
636.71	48.2	232.733	605.22	2.36
646.3	49.35	232.533	611.54	3.01
655.93	50.017	231.933	617.77	2.05
667.66	51.767	232.133	625.16	3.44
677.37	51.767	232.333	631.17	0.24
686.99	52.867	232.233	637.05	2.51
696.66	54.883	232.533	642.76	5.15

根据井况，该井下泵垂直深度（简称垂深）为 655m，含水率约为 76%。再根据标准 SY/T 5904—2004《潜油电泵选井原则及选泵设计方法》、GB/T 16750—2015《潜油电泵机组》和 Q/GDT·20—2017《高温电潜泵机组》，电潜泵的有效举升高度可按下式计算：

$$H = H_d + \frac{p_0}{\rho g} + L_f - \frac{p_w}{\rho g} \qquad （2-3-1）$$

式中　H_d——从井口到动液面的垂深，m，本书为 617.77m；

　　　p_0——井口油压，Pa，协商数据为 1MPa；

　　　p_w——油井套管压力（简称套压），Pa，实际井况约为 0.8MPa；

　　　ρ——液体密度，kg/m³；

　　　g——重力加速度，m/s²；

　　　L_f——油管摩擦阻力，m。

经过计算，在下泵位置，产量达到 500m³/d 后，油管摩擦阻力产生扬程影响为 3.06m，产生压力影响为 0.029MPa。可得泵轴输入功率：

$$N = QH\rho / （8800\eta） \qquad （2-3-2）$$

式中　N——泵轴输入功率，kW；

　　　η——泵效；

　　　Q——排量，m³/d，额定 500m³/d，最大 800m³/d。

根据式（2-3-1）和式（2-3-2）可计算出泵的扬程为额定，最大排量时泵轴输入功率 N 为 87kW，所设计的多级离心泵的特性曲线如图 2-3-2 所示。考虑保护器和分离器的消耗功率 P_P 为 6.5kW，再根据电动机输出功率和电动机特性曲线，选用负载率接近 90% 的电动机配置。设计的高温电动机功率最大计算公式如下：

$$P=1.1（N+P_\mathrm{P}）\tag{2-3-3}$$

方案中设计的高温电动机功率最大为 $1.1×（87+65）≈100\mathrm{kW}$。

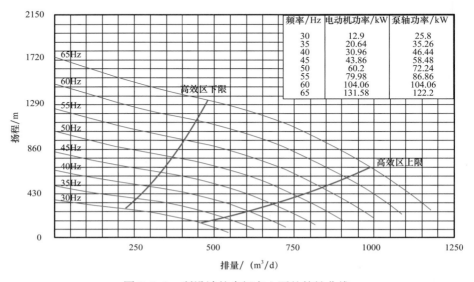

图 2-3-2　所设计的多级离心泵的特性曲线

通过上述计算，结合该井杆式泵在 2018 年前 9 个月的油气生产情况，可初步得到所选电动机和泵的相关参数（表 2-3-2）。

表 2-3-2　电动机和泵的关键参数

电动机		泵	
功率 /kW	100	额定扬程 /m	800
额定电流 /A	50.5	额定排量 /（m³/d）	500
额定电压 /V	1500	最高效率 /%	67.5
额定频率 /Hz	50	级数	96
耐温 /℃	250	耐温 /℃	250
外径 /mm	143	外径 /mm	130

2）供电装置的选择

（1）潜油电缆选择。

根据井底温度为 250℃、电动机功率为 100kW、电动机电压为 1500V、电动机电流为 50.5A，以及相关标准要求，电缆参数选择见表 2-3-3。

表 2-3-3　电缆参数

参数	数值	选择依据
电压等级 /kV	6	技术协议
载流面积 /mm²	3×25	SY/T 5904—2004《潜油电泵选井原则及选泵设计方法》
耐温 /℃	270	GB/T 17386—2009《潜油电泵装置的规格选用》
直流电阻（250℃）/Ω	1.037	$R_{250℃} = \dfrac{235+250}{235+20} R_{20℃}$
电缆压降（50.5A）/V	52.3	欧姆定律
铠装材质	316L 不锈钢	GB/T 17389—1998《潜油电泵电缆系统的应用》

（2）变压器选择。

根据电动机技术要求（功率为 100kW、电动机电压为 1500V、电动机电流为 50.5A），由于电动机的电压需求较大，升压变压器通常放在控制柜和井下电动机之间，在这种情况下，变频控制柜输入输出是低压（380V），特殊的升压变压器被用于变频控制柜与电动机之间，将电压提升到电动机的需求值，参数选择见表 2-3-4。

表 2-3-4　变压器参数

参数	数值	选择依据
容量 /（kV·A）	200	根据电动机功率
电压 /kV	1.5～1.9	说明：共 5 个抽头，每个抽头间电压差依次为 100V
频率 /Hz	30～60	满足宽频运行范围
连接方式	Dyn11	防止污染电网

（3）控制柜选择。

变频控制柜是通过改变频率来调整电潜泵的转速，实现改变排量、扬程、功率的目的，扩大电潜泵的应用范围。变频控制柜的频率变化，使电潜泵性能改变符合"相似定律"：

$$排量：\frac{Q_{n_2}}{Q_{n_1}} = \frac{n_2}{n_1} = \frac{f_2}{f_1}$$

$$扬程：\frac{H_{n_2}}{H_{n_1}} = \left(\frac{n_2}{n_1}\right)^2 = \left(\frac{f_2}{f_1}\right)^2 \qquad (2\text{-}3\text{-}4)$$

$$轴功率：\frac{P_{n_2}}{P_{n_1}} = \left(\frac{n_2}{n_1}\right)^3 = \left(\frac{f_2}{f_1}\right)^3$$

由电潜泵的"相似定律"可以看出，变频驱动具有很多柔性，排量 Q 与转速 n（频率 f）成正比，扬程 H 与转速 n（频率 f）的平方成正比，轴功率 P 与转速 n（频率 f）的立方成正比。使用变频控制柜，在频率变化和交直流转换过程中，会出现"谐波"现象，造成变压器、电动机、电缆的发热现象，甚至破坏变压器、电动机、电缆的绝缘，在实际应用中采用滤波器可以消除。控制柜的参数选择见表2-3-5。

表 2-3-5　控制柜参数

参数	数值	选择依据
容量 /kW	132	根据电动机功率和变频器的规格
电压 /V	380/0～380	输入电压为电网电压，输出为电压频率（V/f）变换
频率 /Hz	30～60	满足宽频运行范围
滤波方式	无源滤波	变频范围和变频器载波频率

3）监测装置（测温、测压）的选择

高温电潜泵温度、压力动态测试系统是保证电潜泵安全、运行效率和使用寿命的关键设备。该设备与高温电潜泵一起作业放置到井下，可连续地将泵口、泵体及产出液流体的温度和压力参数随时传输给位于地面的电潜泵控制系统，这些信号可以随时反映井下的温度、压力、液位等关键技术参数，可以有效保证电潜泵不致发生空抽、贫液等危险工作状况，防止潜油泵因闪蒸发生汽蚀损害，有效地保证电动机和潜油泵的安全；也可以将这些参数扩展进电潜泵的控制策略中，通过反馈闭环操作，使电潜泵自动在最优化效率下安全运行。该测温、测压装置能够测量电动机表面及井液的温度，以及测量液面高度，参数选择见表2-3-6。

表 2-3-6　测温、测压装置参数

测温缆		测压缆	
传感器类型	K 型热电偶	直径	4.9mm
点数	三点阶梯	材质	316L 不锈钢
直径	6.35mm		
材质	316L 不锈钢		

3. 关键部件优选

根据要求，确定研发的重点为高温潜油电动机、高温电动机保护器、控制系统、电缆接头、其他系统和地面模拟试验等。

1）高温潜油电动机

高温潜油电动机是整个电潜泵机组的动力源，也是发热源，属于电潜泵系统中温度最高的关键部件。耐高温、高可靠性、高效是高温潜油电动机设计和制造的关键。从零部件来分，潜油电动机主要由定子、转子、止推轴承、上下连接头、电动机油、金属盒引线等部件组成；从功能来分，潜油电动机主要由扭矩系统、电气系统、径向支撑系统、轴向支撑系统、电气绝缘系统、散热系统、密封系统和机械连接系统等组成。

转子采用异形槽和异形转子导条（图 2-3-3）的设计技术提高了电动机功率密度，本书技术所用电动机（馆平 14 电动机）与馆平 15 电动机参数比较情况见表 2-3-7。从表中可以看出，馆平 14 电动机长度比馆平 15 电动机短，耐温更高，根据额定工况数据计算，国产电潜泵馆平 14 功率因数 $\cos\varphi=0.7622$，而斯伦贝谢电潜泵馆平 14 功率因数为 0.7221，可见国产电潜泵电动机更为节能。

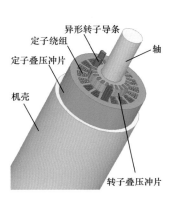

（a）圆形导条　　　　　　　　（b）异形导条　　　　　　　　（c）电动机结构

图 2-3-3　馆平 14ESP 感应电动机结构

表 2-3-7　馆平 14 电动机参数

项目	馆平 14	斯伦贝谢（馆平 15）
外径 /mm	143	143
长度 /m	5.504	6.2484
质量 /kg	545	672.828
耐温 /℃	250	218
电压 /V	1500	1930
电流 /A	50.5	43.5
功率 /kW	100	105
频率 /Hz	50	50
功率因数	0.7622	0.7221

（1）温度场计算和结构设计。

耐温 300℃、耐电压 4000V 的复合有机绝缘与无机绝缘的电磁线提升了电动机的热、电、机械应力；新型结构的陶瓷推力轴承和扶正轴承耐温更强、磨损更小，提升了机组的寿命；电—磁—流体—热耦合计算方法的采用优化了电动机的磁路和散热结构、准确预测电动机的温升状况，提高了电动机的可靠性。所设计的电动机如图 2-3-4 所示。

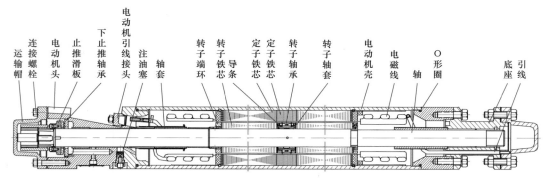

(a) 电动机总装图

(b) 电动机装配实景图

图 2-3-4 高温潜油电动机

（2）电动机试验结果。

根据电潜泵的企业标准 Q/GDT·20—2017《高温电潜泵机组》和国家标准 GB/T 16750—2015《潜油电泵机组》进行了电动机的试验。主要完成了空载试验和负载试验。

空载试验数据见表 2-3-8 和表 2-3-9，得到了电动机的机械耗和铁耗，检验了电动机电流不平衡率满足标准要求。电动机空载机械耗和铁耗曲线如图 2-3-5 所示。

表 2-3-8 空载实验记录

	测试记录					数据处理		
电压 /V	A 相电流 /A	B 相电流 /A	C 相电流 /A	平均值 /A	空载损耗 /W	输出电压与额定电压比的平方	铜损耗 /W	铁损耗 + 机械损耗 /W
1802.4	18.3	18.1	19.1	18.5	1710.4	1.20	1.44	701.27
1655.6	13.6	13.5	14.6	13.9	1198.4	1.10	1.22	395.89
1578.1	11.3	11.3	12.5	11.7	987.2	1.05	1.11	280.49

续表

测试记录						数据处理		
电压 /V	A 相 电流 /A	B 相 电流 /A	C 相 电流 /A	平均值 / A	空载损耗 / W	输出电压与 额定电压比 的平方	铜损耗 / W	铁损耗 + 机械损耗 /W
1500.7	10.3	9.9	11.0	10.4	843.1	1.00	1.00	221.62
1320.4	8.8	8.4	9.5	8.9	620.9	0.88	0.77	162.30
1156.6	7.4	8.3	8.6	8.1	466.4	0.77	0.59	134.43
1008.3	7.6	7.1	7.8	7.5	368.4	0.67	0.45	115.26
803.5	6.8	6.6	7.3	6.9	248.9	0.54	0.29	97.55

表 2-3-9 三相电流不平衡率

项目	A 相	B 相	C 相	平均值
电阻 /Ω	1.371	1.367	1.362	1.367
电流 /A	10.3	9.9	11.0	—
不平衡率 /%	1.0	4.8	5.8	—

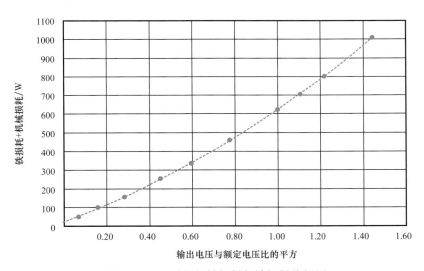

图 2-3-5 电动机机械损耗与铁损耗分析图

负载试验测试数据及计算结果见表 2-3-10。以输出功率为横坐标，绘制出电动机电流、功率因数、效率、转差率曲线（图 2-3-6）。根据测试数据和拟合曲线，得到效率为84.4%，电流为 50.1A，功率因数为 0.9089，转速为 2783r/min，转差率为 0.07。

表 2-3-10 工作特性测试数据

测试数据						计算数据		
转矩 / N·m	转速 / r/min	电压 / V	电流 / A	输入功率 / kW	功率因数	输出功率 / kW	效率 / %	转差率
445.9	2685	1498.7	65.5	151.80	0.8928	125.37	82.6	0.11
343.4	2784	1499.8	50.8	119.94	0.9089	100.11	83.5	0.07
343.1	2783	1500.3	50.1	118.49	0.9101	99.98	84.4	0.07
300.5	2824	1501.9	44.9	104.57	0.8953	88.86	85.0	0.06
244.6	2850	1502.5	39.5	90.44	0.8798	73.00	80.7	0.05
159.1	2895	1502.7	31.7	67.95	0.8236	48.23	71.0	0.04
98.9	2910	1503.2	26.6	52.09	0.7521	30.14	57.9	0.03
54.7	2938	1503.5	25	44.17	0.6784	16.83	38.1	0.02

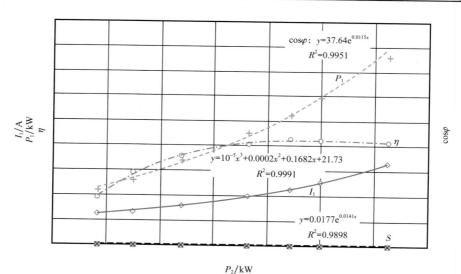

图 2-3-6 负载工作特性曲线

2）高温电动机保护器

SAGD 高温井多为水平井或者斜井，井温高达 200℃以上，而传统沉淀式保护器不适用于水平放置或倾斜放置，胶囊式保护器的弹性囊没有足够的抗拉强度和耐温性，因此这两种保护器都不适用于高温井。针对以上两种保护器的缺陷和局限性，提出了耐高温多级模块化金属囊高温电动机保护器（图 2-3-7），研制了高温绝缘、润滑电动机油，其中高温电动机保护器已申请了发明专利。该保护器的基本工作原理如下：

（1）保护器腔与电动机腔体互相连通，并用机械密封封闭起来，腔体上端设有一个安全阀，当腔体内压力超过设定值时，安全阀开启，泄放出部分电动机油，使腔内压力保持在安全值以下。

（2）当电动机油膨胀、波纹管组件被压缩时，夹层空间的井液从呼吸孔排出；收缩时波纹管被拉长，井液从呼吸孔进入夹层空间，从而使机组内外压力平衡。

（3）护轴管组件可使保护器的工作寿命延长。在波纹管放松到自由长度状态以后，护轴管组件可使从机械密封摩擦副渗入的井液沉落到保护器腔底部。随着时间的推延，井液液面逐渐升高，直到升至护轴管上端的通油孔，保护器寿命结束。

（4）甩沙器组件通过甩沙轮的离心力作用净化井液，使机械密封和波纹管组件不受泥沙损害。

（5）根据电动机的功率等级、工作温度和运行寿命，电动机可以安装单级保护器和两级保护器，当安装两级保护器时，保护器分别安装于电动机头部和尾部。

图 2-3-7　金属囊高温电动机保护器

3）控制系统

电潜泵机组下井结束后，其启泵和停机及运行过程中的一系列控制，都需要由电潜泵控制柜（简称控制柜）来完成。该控制系统用于控制电潜泵交流异步电动机的运行，可实现对机组的平稳启动、停止，根据负载情况手动调节输出频率，进而调节电动机的转速，使设备达到生产能力自由可调、节能及延长机组使用寿命的目的。

系统采用低压变频然后升压的方式来满足高压电动机的使用要求。变压器能够有效地滤掉高频部分，使其输出的电流波形达到较好的正弦度，满足电动机供电要求，提高了电动机的使用寿命。交流传动系统由交流变频器装置以及配套的降压变压器、升压变压器、电动机、电动机信号采集箱、电缆等组成。

该系统使用变频供电（图 2-3-8）。该系统的核心设备——变频器采用施耐德产品，极大地增加了系统的可靠性。

该控制系统可提供多种功能：

（1）保护功能（欠载、过载、缺相、短路）。

保护功能包括电源欠压、过流保护、过压保护、干扰保护、电动机过载保护、短路保护、输入电源异常保护、输出电源缺相保护，故障模式以代码的形式显示在变频器的显示屏上，通过查阅变频器说明书的代码即可知道何种故障。

（2）参数设置。

通过设置变频器参数设置压频比曲线，调整电动机额定频率和负载下的供电电压。设置电潜泵的软启动时间和停机时间。设置电动机过载、欠载保护电流。设置动液面过低压力参数。

（3）参数检测。

检测电动机的电流、电压、功率、功率因数、电动机的温升、电潜泵吸入口的压力和温度。

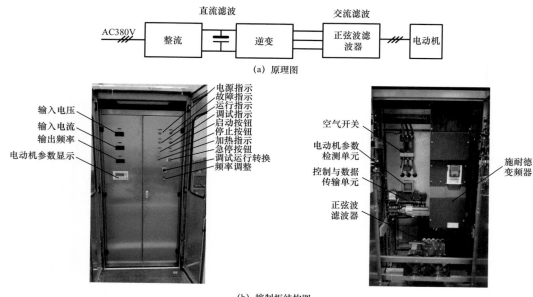

(a) 原理图

(b) 控制柜结构图

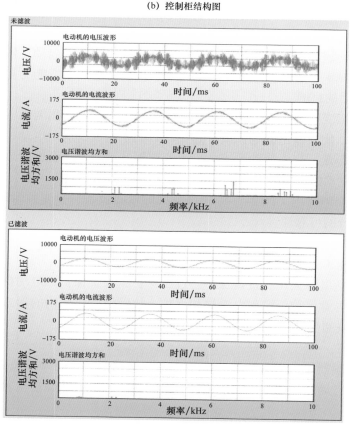

(c) 输出电压、电流波形

图 2-3-8 变频控制柜

（4）数据存储与导出。

存储电机的电流、电压、功率、功率因数、电动机的温升、电潜泵吸入口的压力和温度参数，保存时间为 30 天，数据存储时间可以设置，以 s 为单位。可将数据导入 U 盘。

（5）急停。

遇到井喷、雷电等紧急情况可实现紧急停车。

4）电缆接头

传统"三孔橡胶垫环套挤压塑性变形密封"的电缆密封方法，在高、低温转变过程中，在塑料护层表面形成沟痕，从而在塑料护层与橡胶垫之间产生缝隙，密封性能减弱甚至失效。本书技术采用"差压自补偿密封技术及配套结构"实现高温密封的方法，弥补温度变化在动力电缆上引起的残留环形沟痕。

该方法的理论基础是，温度变化引起密封体内的电动机油膨胀或收缩，从而导致内外产生压差，当内压大于外压时，弹簧收缩，波纹管环形密封套蠕动收缩，产生弹性力补偿差压；反之，弹簧伸长，波纹管环形密封套蠕动释放，补偿密封体内的电动机油膨胀收缩留下的空间，消除差压，有效消除了高温挤压变形在电缆上引起的环形沟痕，实现了可靠密封。利用该技术设计了电动机引出线与电缆密封盒和电缆接头密封盒。电缆接头密封装置的技术指标如下：（1）耐温 250℃；（2）耐压 0.5MPa；（3）寿命为 4 年。

5）其他系统

（1）潜油泵。

潜油泵是一种多级离心泵，由上下泵头、泵轴、泵壳、叶轮、导壳、轴承支架及连接系统组成，每一级都由一个旋转的叶轮和一个固定的导壳组成，叶轮串装在泵轴上，每级叶轮上下都装有减磨垫，每节泵的两端各有一个轴承支架。叶轮为全浮式。传统导壳和叶轮之间减磨垫材料已不能满足高温要求，该电泵采用改性聚醚醚酮材料制作而成，有极好的耐磨、耐温和摩擦系数小的特点（图 2-3-9）。

图 2-3-9　多级离心泵实物图

（2）测温、测压系统。

该系统有温度、压力监测功能，系统能够监测电动机温度和吸入口温度，以及吸入口压力。温度、压力信号传给变频控制系统，实现电动机保护；CS3000 电力监测仪中的信号通过 RS-485 通信传给该装置。

控制柜可以配置有线或无线传输模块，达到数据远传的目的。通过位于远方的数据接收装置，可以完成数据的进一步管理，实现数据的查询、打印等功能。数据采集柜内部结构如图 2-3-10 所示。

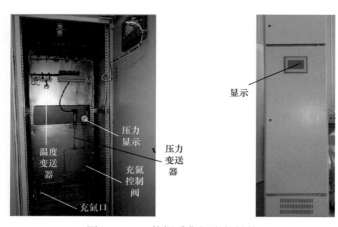

图 2-3-10　数据采集柜内部结构

在设备正常工作状态下毛细管的控制阀门是打开的，充氮的阀门是关闭的。在系统需要充氮时，先将控制柜旁的氮气瓶打开，经减压阀后压力控制在 6MPa 以内，然后打开充氮口及上面的充氮控制阀门，大多数情况下可以听到气体在管内流动的声音，充氮时间一般在 2min 左右即可，然后关闭上面充氮控制阀门，打开下面的充氮控制阀门开始充另一路。两路都充好后关闭充氮控制阀门及充氮口阀门，最后关闭氮气瓶阀门。

充氮完成后关好柜门到控制柜前面注意观察压力变化，正常情况下压力会一点点地下降，如果压力没有变化，仔细检查毛细管控制阀门是否为打开状态，确认管路正常后压力还是没有变化，则管路可能存在堵塞现象，可以将压力提高到 8MPa 再充一次，并注意观察压力是否变化，如果经过长时间等待还是没有变化，联系维护人员。如果压力下降很快，则可能存在氮气泄漏的情况。仔细检查充氮口及充氮控制阀门是否关严，确认管路正常后再试一次，如果故障仍然存在，联系维护人员。

6）地面模拟试验

（1）试验装置。

在高温潜油电动机研制及出厂过程中，需要对其形式进行检测或进行出厂试验（如效率、温升、振动、密封、绝缘等方面的测试）。通过高温模拟井测试和性能试验，不仅可以杜绝出厂前的质量隐患，还对高温潜油电动机的改进及重新设计有很大的帮助。国际上，斯伦贝谢公司、贝克休斯公司、哈里伯顿公司、威德福公司、GE 公司以及英国的伍德集团（Wood Group）等都有一套完整的 ESP 测试系统。其中，最为著名的为贝克休斯公司在俄克拉荷马州建立的 ESP 测试装置，该装置包括一个钻井液回路、一个气体测试回路、两个高黏度液体测试回路和两个高温回路，其中的一个高温回路为垂直方向，可以提供高达 464℉（240℃）的测试流体，最新的高温测试回路中 ESP 采用水平放置，测试温度可高达 572℉（300℃）。高温电潜泵综合试验台如图 2-3-11 所示。

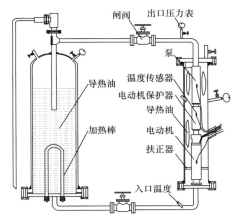

（a）高温电潜泵综合试验台原理图

（b）高温电潜泵综合试验台实物图

图 2-3-11　高温电潜泵综合试验台

基于电潜泵的技术参数，结合现场套管内径 ϕ224mm（外径 ϕ245mm），搭建了 250℃ 高温电潜泵试验台，其主要功能如下：通过控制泵出口的闸阀来模拟电潜泵的举升压差（扬程），同时记录瞬时流量；当变频控制电动机转速时，可以通过传感器记录电动机的电流、电压、功率及功率因数等参数。使用该实验台能够研究高温电潜泵的额定负载特性、空载特性及超速性能。

（2）220℃工况试验。

图 2-3-12 显示了 220℃电潜泵的温升试验情况。该试验所测的压力代表扬程，由于高温导热油的密度约为 0.7g/cm³，折算到水（水的密度为 1g/cm³）的扬程时，需要除以 0.7。从图中可以看出，电动机中部温度最高，与泵入口温度（环境温度）相比，温升为 9℃，其他机械摩擦部位的温升为 3~9℃，各部位的温升基本稳定，由于电动机中部散热条件最为恶劣，因此系统中电动机中部温度较其他部位高；系统的扬程约为 800m、排量约为 552m³/d，电动机的功率非常平稳。试验完毕后，将电潜泵系统拆解，各关键部件无损坏和磨损现象。总体来说，在 220℃环境温度下运行时，该电潜泵运行非常平稳，系统的机械可靠性、电气可靠性极高。

（3）250℃工况试验。

图 2-3-13 显示了 250℃电潜泵的温升试验情况。从图中可以看出，电动机中部温度最高，与泵入口温度（环境温度）相比，温升为 9℃，其他机械摩擦部位的温升为 3~9℃，各部位的温升基本稳定，说明电动机中部散热条件最为恶劣；系统的扬程约为 810m、排量约为 528m³/d、电动机的功率约为 63kW，各项参数都非常平稳。试验完毕后，将电潜泵系统拆解，各关键部件无损坏和磨损现象。总体来说，在 250℃环境温度下运行时，该电潜泵运行非常平稳，系统的机械可靠性、电气可靠性极高。

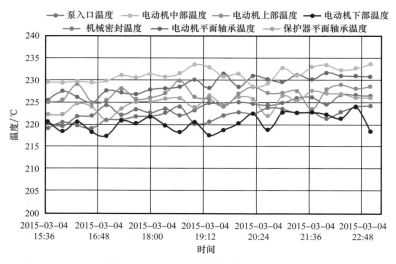

图 2-3-12　220℃电潜泵的温升试验

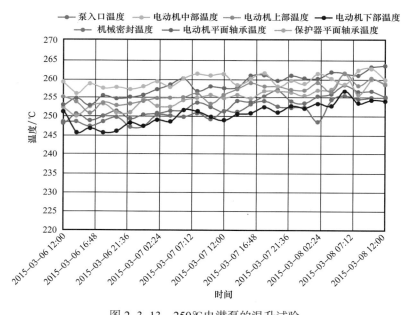

图 2-3-13　250℃电潜泵的温升试验

二、中深层超稠油长冲程大泵径有杆泵举升技术

1. 技术原理

为了有效提高稠油开发效果，在稠油开发中大量采用水平井，深度较大，由于静载荷的作用，使抽油杆和油管产生静变形，引起抽油泵柱塞的冲程损失。为了提高采油效率，需要增加悬点的冲程长度；为了提高抽油泵的充满系数，需要降低冲次。对存在问题的部分进行系统分析，最后形成总体方案：

（1）采用链条 + 钢丝绳的传动方式。链条传动可靠、效率高，钢丝绳作为连接柔性件，可以减小迎风面积，从而可以减轻光杆摆动。

（2）采用重力平衡方式。可以根据井深不同、油黏度不同增加或减少平衡箱里的重量。

（3）采用天轮让位方式。简单易操作，不需大型机械设备配合。

（4）双侧异型减速器。

（5）设置失载过载保护。当抽油杆或钢丝绳突然断裂，可有效保护抽油机不受损坏。

（6）超载保护功能。当瞬时悬点载荷超过额定载荷一定比例，系统停止工作，避免机、杆、泵损坏。

图 2-3-14 为 10m 冲程抽油机研究技术路线图。

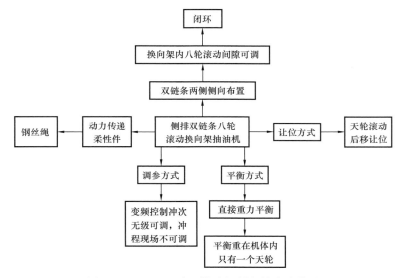

图 2-3-14　10m 冲程抽油机研究技术路线图

2.构成及工作原理

整机由 13 部分组成：（1）机架部分；（2）减速器；（3）换向架总成；（4）平衡箱总成；（5）从动链轮总成；（6）悬绳器总成；（7）天轮总成；（8）天轮罩总成；（9）电动机总成；（10）小底座；（11）刹车总成；（12）电控箱；（13）活动基础。

工作原理：抽油机的机架为方形封闭式整体，顶部安装一个天轮，下置电动机、减速机，中间为重载链条传动机构。由电动机传递功率，经减速器减速后驱动主动链轮旋转，使垂直分布的闭环链条在主动链轮、从动链轮之间运转。工作执行机构主要是传动链条、平衡箱、换向架、两根钢丝绳。换向机构为链条带动特殊链节在垂直面内运动，与特殊链节相连接的换向轮在换向架内做水平往复运动，以此来带动平衡箱在垂直面内做上下往复运动，由平衡箱上连接的钢丝绳绕过天轮带动抽油杆做往复抽油运动，从而使旋转运动转变为直线往复运动。当特殊链节向下运行时为抽油行程，反之特殊链节向上运行则是非抽油行程；可根据上下行电流或示功图载荷的大小来调整配重块，使其达到完全平衡。

3. 模拟试验

上井之前需要在厂内进行模拟试验，检测各项技术指标是否达到标准要求。在模拟试验台上安装好抽油机，各部分坚固好后，将电控箱连接好。

1）轻载、低冲次试运转

挂额定载荷的一半配重（100kN），低冲次运转。运转 2h 后，检查以下项目：两根钢丝绳松紧是否保持一致；各运转部件是否运行平稳，有无卡、碰、磨等异常现象；各个润滑部位是否润滑充分，各密封处是否漏油；特殊链节带动配重箱是否有明显抖动现象；减速机声音是否正常，有无异常声音；运转时机体是否平稳，各连接件是否拧紧、牢固；刹车装置是否灵活可靠；双链条松紧是否一致；试运转检查无异常。

2）正常运转

挂额定载荷 200kN，冲次分别为 1 次 /min、2 次 /min 和 3 次 /min 检测各项技术，并测试超载保护功能。

经检测，两台抽油机各项技术指标均达到标准要求。

三、连续抽油杆技术

SAGD 油井频繁出现的杆脱问题是造成检泵的主要原因之一。为了解决杆脱问题，引进了连续抽油杆技术。

1. 连续抽油杆参数及性能

钢结构连续抽油杆（简称钢质连续杆）是一种具有圆截面或者半椭圆截面的连续抽油杆。钢质连续杆的截面相对应制成 7 种规格的半椭圆截面杆和 8 种圆截面杆，其技术规范见表 2-3-11。

表 2-3-11　钢质连续杆技术参数

杆体代号	杆体规格 /mm	短轴直径 /mm	长轴直径 /mm	横截面积 /mm²	质量 /（kg/m）
LG2	19.1	15.2	22.1	285	2.2
LG3	20.6	16.5	23.9	334	2.6
LG4	22.2	17.8	25.5	388	3.1
LG5	23.8	18.5	28.3	445	3.5
LG6	25.4	18.8	32.0	507	4.0
LG7	27.0	18.9	36.3	572	4.5
LG8	28.6	18.9	39.9	642	5.0
LG19	19.1	19.1	19.1	285	2.2
LG20	20.6	20.6	20.6	334	2.6
LG22	22.2	22.2	22.2	388	3.1

杆体代号	杆体规格 /mm	短轴直径 /mm	长轴直径 /mm	横截面积 /mm²	质量 /（kg/m）
LG23	23.0	23.0	23.0	415	3.3
LG25	25.4	25.4	25.4	507	4.0
LG28	28.0	28.0	28.0	615	4.8
LG30	30.0	30.0	30.0	706	5.3
LG32	32.0	32.0	32.0	803	6.3

钢质连续杆选用优质铬钼合金钢，采用先进的冶炼方法，使母材的硫、磷含量降到很低（硫含量≤0.01%，磷含量≤0.015%），通过高温变形处理技术，使钢材具有高强度、高柔韧性和良好的可焊性。杆柱组合部位采用闪光对焊技术，消除了螺纹连接而引起的断脱事故。焊接部位经力学试验表明，其性能与母体相同，抗拉强度可达 1060MPa，疲劳寿命可达 107h。材料的材质及机械性能见表 2-3-12。

表 2-3-12　材料的材质及机械性能

等级	材质	机械性能		
		抗拉强度 /MPa	屈服强度 /MPa	最小伸长率 /%
D	铬钼合金钢	≥793	≥690	≥18
H	铬钼合金钢	≥910	≥793	≥15

与普通的抽油杆相比，钢质连续杆具有优越的使用性能。

2. 连续抽油杆优势

连续抽油杆的优势如下：

（1）减少了杆柱和油管的磨损。抽油杆与油管之间的摩擦主要集中在接箍上，连续抽油杆无接箍，大大减少了对油管的磨损（图 2-3-15）。

（2）可连续起下作业，简化了作业工序，作业速度快，节省作业时间，从而减少停产时间和起下作业的劳动量；同时由于失效频率的减少，作业次数也相应减少，作业费用大大降低。图 2-3-16 为连续抽油杆作业图。

（3）减少了杆柱的失效频率。由于普通抽油杆连接部分（接箍、螺纹接头、锻造部分和锻造加热过渡区）的失效总数占总失效数的 65%～80%，特别是接箍在长期承受交变、冲击和振动载荷的工作条件下往往发生脱螺纹，以致断裂。而连续抽油杆的设计取消了连接件，从而可以大大减少抽油杆的失效频率。

（4）减少抽油机的负荷。连续抽油杆由于没有接箍，从而消除了多级活塞效应（接箍直径为杆的 2～3 倍）使抽油杆柱在油液中运动时产生的摩擦力，加上连续抽油杆本身重量轻，可减少抽油机的载荷，因此总体能耗减少；同等情况下，连续抽油杆的下井深度也较普通抽油杆深。

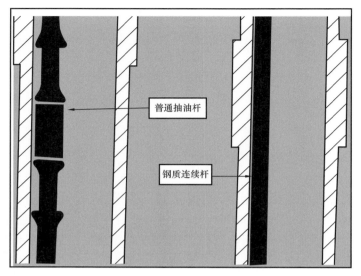

图 2-3-15　普通抽油杆与连续抽油杆对比图

图 2-3-16　连续抽油杆作业图

（5）连续抽油杆弹性模量小，冲程损失小，可提高泵效，增加产能。

（6）由于抽油杆柱是连续的，没有突变截面，杆柱结蜡现象大大减轻。

3. 连续抽油杆种类选择

根据中华人民共和国石油天然气行业 2013 年的最新标准，连续抽油杆可大体分为两类：钢质连续抽油杆和碳纤维复合材料连续抽油杆。碳纤维复合材料连续抽油杆有 3 种类型，3 种连续抽油杆的最高工作温度分别为 90℃、120℃和 150℃。辽河油田部分 SAGD 水平生产井井口温度可达 170～180℃，碳纤维复合材料连续抽油杆无法满足生产需要，因此应采取钢质连续抽油杆代替普通抽油杆配合大排量泵进行 SAGD 采油生产。

1）ϕ160mm 管式泵与不同型号的连续抽油杆强度校核

表 2-3-13 为 ϕ160mm 管式泵与连续抽油杆强度校核表。

表 2-3-13　ϕ160mm 管式泵与连续抽油杆强度校核表

杆型号	材料等级	抗拉强度 / MPa	最大应力 / MPa	最小应力 / MPa	许用应力 / MPa	应用范围比
LGY25	HL	997	360.70	35.65	269.30	1.16
LGY28	HL	981	258.48	35.61	265.28	0.97
LGY30	HL	987	228.32	34.49	266.15	0.84

由计算结果可以看出，型号为 ϕ25mm 的钢质连续抽油杆不满足 ϕ160mm 泵的强度要求，增大连续抽油杆直径重新进行强度校核计算，当杆直径为 28mm 或 30mm 时，配套 ϕ160mm 大泵均满足强度校核。选用 ϕ28mm 连续抽油杆时，应用范围比最接近理想值，因此 ϕ28mm 连续抽油杆配套 ϕ160mm 管式泵为最佳组合（图 2-3-17）。

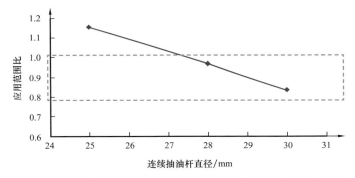

图 2-3-17　ϕ160mm 管式泵连续抽油杆直径与应用范围比关系图

2）ϕ140mm 管式泵与不同型号的连续抽油杆强度校核

截至 2020 年 11 月，辽河油田杜 84 块下入 ϕ140mm 管式泵的 SAGD 井的共有 6 井次，在杆泵强度校核计算中取平均下泵深度为 640m。表 2-3-14 为 ϕ140mm 管式泵与连续抽油杆强度校核表。图 2-3-18 为 ϕ140mm 管式泵连续抽油杆直径与应用范围比关系图。

表 2-3-14　ϕ140mm 管式泵与连续抽油杆强度校核表

杆型号	材料等级	抗拉强度 / MPa	最大应力 / MPa	最小应力 / MPa	许用应力 / MPa	应用范围比
LGY22	HL	1020	319.72	37.44	276.06	1.18
LGY25	HL	997	258.23	38.94	271.15	0.94
LGY28	HL	981	213.33	38.29	266.79	0.77
LGY30	HL	987	189.21	36.83	267.47	0.66

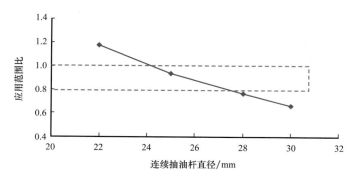

图 2-3-18 ϕ140mm 管式泵连续抽油杆直径与应用范围比关系图

通过强度校核计算，结合连续抽油杆型号与应用范围比的关系曲线，ϕ140mm 大排量管式泵与 ϕ25mm 的连续抽油杆配套使用满足要求，使用效果最好。

3）ϕ120mm 管式泵与不同型号的连续抽油杆强度校核

取平均下泵深度为 725m。表 2-3-15 为 ϕ120mm 管式泵与连续抽油杆强度校核表。图 2-3-19 为 ϕ120mm 管式泵连续抽油杆直径与应用范围比关系图。

表 2-3-15 ϕ120mm 管式泵与连续抽油杆强度校核表

杆型号	材料等级	抗拉强度 / MPa	最大应力 / MPa	最小应力 / MPa	许用应力 / MPa	应用范围比
LGY20	HL	982	323.62	40.31	268.17	1.24
LGY22	HL	1020	278.02	43.02	279.20	0.98
LGY25	HL	997	220.01	43.1	273.55	0.77
LGY28	HL	981	189.75	43.75	269.86	0.65
LGY30	HL	987	169.12	42.06	270.41	0.56

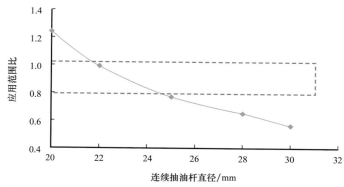

图 2-3-19 ϕ120mm 管式泵连续抽油杆直径与应用范围比关系图

分别对 5 种不同型号的连续抽油杆与 ϕ120mm 泵配套进行强度校核计算，得出如下 4 点结论：

（1）杆径为 ϕ20mm 的连续抽油杆不能与 ϕ120mm 泵配套使用。

（2）ϕ22mm、ϕ25mm、ϕ28mm、ϕ30mm 4 种型号的连续抽油杆可与 ϕ120mm 泵配套，均满足强度要求。

（3）为了更有效地使用抽油杆柱，提高抽油杆的利用率，应选择 ϕ22mm、ϕ25mm 两种型号的连续抽油杆与 ϕ120mm 泵配合。

（4）ϕ22mm 的连续抽油杆与 ϕ120mm 泵为最佳配套组合，应用范围比最高。

四、提高 SAGD 预转井生产效果技术

1. 室内实验及机理

按照 SAGD 吞吐预热阶段"腾空间、降压力、热连通"的技术要求，创新开展表面活性剂与气态二氧化碳的复合应用示范，并按照"先均衡水平段动用、后培育井间热连通"的技术路线，对目标井进行针对性治理。

在高温发泡剂的适用性选型方面，进行室内实验评价，具体如下：

（1）发泡剂的合成。

① 主剂 A 的合成。

将 0.7mol 正辛醇置于干燥的 500mL 三口烧瓶中，水浴加热至 60℃，在搅拌下加入 3mL TTA 催化剂，然后滴加 0.735mol 环氧氯丙烷，通过控制滴加速度使体系温度保持在 60℃左右。滴加完毕，继续在 60℃下反应 2h，得到中间产物氯代醇醚。将氯代醇醚升温至 85℃，在快速搅拌下加入一定量 25% 的 NaOH 溶液，发生环氯化反应生成中间产物烷基缩水甘油基醚（位于溶液上层，下层主要为反应中生成的过饱和 NaCl 溶液）。将上层烷基缩水甘油基醚与适当过量的亚硫酸氢钠饱和溶液一起放入滚子炉，在 170℃下反应 1h，得到浅黄色膏状的 A 粗产品。

② 主剂 B 的合成。

将苯酚置于三口烧瓶中，加入甲醛，用 NaOH 调节 pH 值至 6.5～5.5，在 85～95℃ 下反应 1～2h，即得到酚醛树脂。在酚醛树脂溶液中加入 PCl_3，PCl_3 水解并与甲醛结合生成羟甲基膦液，用 NaOH 调至合适的 pH 值，在一定温度下反应适当时间得到发泡剂 PMP-1。

③ 发泡剂动态性能测定。

采用一维驱替实验评价发泡剂动态性能。人造石英砂岩心模型长度为 60cm、直径为 3cm，目数 50～220，渗透率为 0.5～12D，可通过改变不同目数石英砂的比例进行调节。用平流泵注入发泡剂溶液，用 ISCO 泵向氮气容器底部注入水将氮气注入岩心模型。注入流体通过加热盘管在岩心入口前混合后，再进入岩心。使用压力传感器测量岩心进出口端的压力。

④ 发泡剂耐温性。

配制质量分数为 0.5% 的发泡剂溶液，将其装入可密封的不锈钢罐中，放入高温烘箱，分别在 200～300℃下老化 5 天后，采用 Waring-Blender 法测定室温下的初始发泡体积和半衰期，结果见表 2-3-16 和表 2-3-17，随着老化温度的升高，各发泡剂的发泡体

积和泡沫半衰期降低，发泡性能变差，但下降趋势较平缓。相比较，在200～280℃高温范围内，F240B、A和B的发泡量和半衰期较大，280℃时的发泡体积大于650mL，而泡沫半衰期大于190min。

表2-3-16 老化温度对发泡剂发泡体积的影响

发泡剂	发泡剂发泡体积 /mL				
	老化温度为200℃	老化温度为220℃	老化温度为240℃	老化温度为260℃	老化温度为280℃
LD–Foam	590	585	570	560	555
AS2024	480	470	425	405	385
Suntech Ⅳ	560	535	590	575	560
ATS	490	475	430	435	420
F240B	680	685	695	685	660
A	690	690	685	660	670
B	680	675	670	655	680

表2-3-17 老化温度对发泡剂泡沫半衰期的影响

发泡剂	发泡剂泡沫半衰期 /min				
	老化温度为200℃	老化温度为220℃	老化温度为240℃	老化温度为260℃	老化温度为280℃
LD–Foam	184	171	168	138	110
AS2024	142	133	118	103	93
Suntech Ⅳ	191	172	155	147	114
ATS	165	158	142	133	109
F240B	350	342	326	313	305
A	429	418	406	393	385
B	250	239	228	217	208

⑤ 发泡剂抗盐性。

改变NaCl加量，在60℃时用搅拌法测定0.5%发泡剂溶液的发泡体积和半衰期，结果见表2-3-18和表2-3-19，随着NaCl质量分数的增加，各发泡剂溶液的发泡体积和泡沫半衰期降低。NaCl强电解质的加入，导致液膜表面扩散双电层被压缩，Zeta电位降低，泡沫稳定性变差。从综合发泡体积和半衰期两项指标可以看出，7种发泡剂的耐盐性均较好，在高浓度NaCl加量下仍表现出较好的起泡能力。其中，A、B和F240B的效果最好，NaCl质量分数为7%时的发泡体积大于760mL，泡沫半衰期大于170min。

表 2-3-18　NaCl 质量分数对发泡剂发泡体积的影响

发泡剂	发泡剂发泡体积 /mL					
	NaCl 质量分数为 0	NaCl 质量分数为 2%	NaCl 质量分数为 4%	NaCl 质量分数为 5%	NaCl 质量分数为 6%	NaCl 质量分数为 7%
LD–Foam	850	835	820	785	760	735
AS2024	520	515	495	475	460	435
Suntech Ⅳ	880	865	845	810	780	765
ATS	540	525	495	470	445	430
F240B	910	890	865	840	805	770
A	900	850	835	810	775	760
B	890	860	840	820	805	780

表 2-3-19　NaCl 质量分数对发泡剂泡沫半衰期的影响

发泡剂	发泡剂泡沫半衰期 /min					
	NaCl 质量分数为 0	NaCl 质量分数为 2%	NaCl 质量分数为 4%	NaCl 质量分数为 5%	NaCl 质量分数为 6%	NaCl 质量分数为 7%
LD–Foam	196	188	177	154	131	106
AS2024	153	143	132	116	110	106
Suntech Ⅳ	201	191	179	167	152	139
ATS	179	163	145	133	124	108
F240B	354	228	214	203	187	171
A	437	418	410	385	380	374
B	260	248	240	234	224	218

（2）发泡剂动态性能。

① 发泡剂流度控制性。

相同流量下，驱替流体中添加发泡剂在岩心两端形成的压差与不加发泡剂形成的基础压差之比即为阻力因子。蒸汽泡沫在填砂模型中产生的压降越大，表明泡沫降低蒸汽流度的能力越强。实验采用的填砂岩心模型渗透率为 5D，不含油，发泡剂质量分数为 0.5%，气液体积比为 2∶3。150℃、250℃、280℃下的发泡剂阻力因子见表 2-3-20。从表中可以看出，ATS 发泡剂的封堵能力最弱，250℃时的阻力因子仅为 3.35，此时泡沫控制蒸汽流度的作用很小；AS2024、LD–Foam 的阻力因子较小；Suntech Ⅳ 发泡剂在 150℃时的阻力因子较大，但随着温度的升高，阻力因子降低较快；F240B、A 及 B 发泡剂的阻力因子较大，且随温度的升高降幅较小，表明这 3 种发泡剂的耐高温性能良好，在高温下的蒸汽流度控制效果良好（表 2-3-20）。

表 2-3-20 发泡剂阻力因子随温度的变化

发泡剂	阻力因子		
	温度为 150℃	温度为 250℃	温度为 280℃
LD-Foam	19.45	18.62	15.46
AS2024	15.21	14.51	10.21
Suntech Ⅳ	50.02	33.52	23.07
ATS	16.08	3.35	1.79
F240B	53.33	49.83	47.61
A	52.04	47.63	44.02
B	49.12	46.23	43.81

② 发泡剂驱油性。

采用渗透率为 5D 的填砂岩心模型开展了蒸汽驱（空白）及不同蒸汽泡沫的驱油实验。发泡剂质量分数为 0.5%，气液体积比为 2∶3，实验温度为 250℃，驱油效率随注入量的变化如图 2-3-20 所示。注入量为 0.5PV 时，A 和 B 的驱油效率分别为 58.9% 和 51.6%，远高于蒸汽驱的驱油效率（16.3%）。

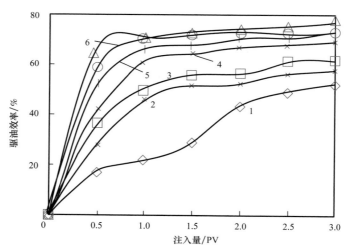

图 2-3-20 发泡剂注入量与驱油效率的关系

1—空白；2—LD-Foam；3—AS2024；4—Suntech Ⅳ；5—B；6—A；7—F240B

③ 泡沫控制蒸汽流度敏感因素研究。

在 280℃下考察岩心含油饱和度、发泡剂浓度、岩心渗透率及气液比对泡沫控制蒸汽流度的影响。

a. 含油饱和度的影响。

A 发泡剂质量分数为 0.5%，填砂岩心渗透率为 5D，发泡剂溶液和气体的注入速度分别为 3mL/min 和 2mL/min，岩心含油饱和度取 0～30%，实验结果见表 2-3-21。岩心含油饱和度对泡沫控制蒸汽流度能力的影响很大，含油饱和度小于 15% 时，随着含油饱和度的增加，泡沫控制蒸汽流度能力缓慢减小；含油饱和度超过 15% 时，随着含油饱和度的增大，泡沫控制蒸汽流度的能力急剧降低。可见，现场泡沫注入时机的选择很重要。在蒸汽吞吐阶段或蒸汽驱前期，含油饱和度较高，高温发泡剂的注入不会取得理想的流度控制效果。在蒸汽驱晚期或蒸汽突破时，汽窜孔道含油饱和度降至一定程度，注入高温发泡剂对已发生汽窜的层段应能取得较好的控制蒸汽流度效果。

表 2-3-21　含油饱和度对泡沫控制蒸汽流度的影响

含油饱和度 /%	0	10	15	20	30
阻力因子	47.6	45.2	40.9	7.6	2.3

　　b. 发泡剂加量的影响。

　　发泡剂为 F240B、A 和 B，填砂岩心渗透率为 5D。为消除含油饱和度的影响，岩心不含油，只改变发泡剂的质量分数（0.1%～1.0%）。每次实验的发泡剂溶液和气体注入速度均相同，分别为 3mL/min 和 2mL/min，实验结果如图 2-3-21 所示。可见，当发泡剂浓度较低时，阻力因子随浓度增大而迅速增大；当发泡剂质量分数超过 0.5% 以后，随着发泡剂浓度的增加，阻力因子增幅减缓。

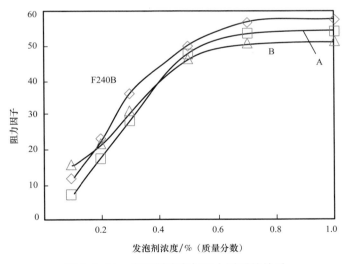

图 2-3-21　发泡剂浓度与阻力因子的关系

　　可从泡沫液膜稳定性因素分析发泡剂浓度对控制流度能力的影响。浓度增大，表面张力迅速降低，表面黏度和液膜强度增大，泡沫稳定性增强。泡沫在多孔介质中的运移过程是一个气泡在孔隙喉道处不断变形破裂和通过喉道后不断再生的过程。液膜强度增大，则需要更大的作用力才能使喉道的泡沫变形破裂并通过喉道，这些作用力迭加起来就表现为泡沫增大流动阻力、控制蒸汽流度的能力。浓度达到一定值后，表面张力变化很小，泡沫的阻力因子增加趋势减缓。因此，如不考虑其他因素的影响，0.5% 高温发泡剂加量是比较合适的。但在现场应用时，需要考虑热降解、岩石表面吸附等造成的发泡剂损失，因此其加量应相应提高，需大于0.5%。

c.岩心渗透率的影响。

A发泡剂质量分数为0.5%，发泡剂溶液和气体的注入速度分别为3mL/min和2mL/min，改变填砂岩心渗透率（0.512D），岩心不含油，实验结果如图2-3-22所示。阻力因子随渗透率的增大而增大，控制蒸汽流度的能力增强，渗透率高于8D后的阻力因子基本不变。由此可知，泡沫在高渗透率层中具有良好的流度控制性能。

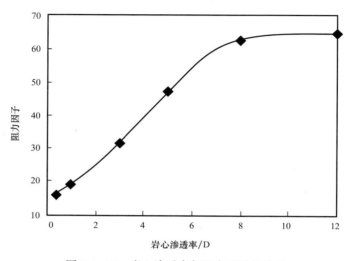

图 2-3-22 岩心渗透率与阻力因子的关系

d.气液比的影响。

A发泡剂质量分数为0.5%，填砂岩心渗透率为5D，岩心不含油，发泡剂溶液注入速度为3mL/min，而氮气的注入速度分别为0mL/min、1mL/min、1.5mL/min、2mL/min、3mL/min、5mL/min、8mL/min、12mL/min，实验结果如图2-3-23所示。气液比过高或

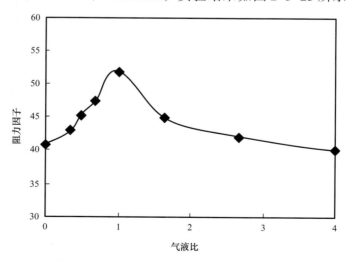

图 2-3-23 气液比对泡沫控制蒸汽流度的影响

过低均不利于泡沫体系在多孔介质中发挥流度控制作用。气液比在 0.5～1.5 的阻力因子较高，因此在现场施工中应尽量将气液比控制在 0.5～1.5 之间。

2. 室内实验结论

室内实验得出结论如下：

（1）阴离子型表面活性剂 A、B 与商业发泡剂 F240B 的耐温和抗盐性能良好；3 种发泡剂阻力因子较大，且随温度的升高降幅较小，蒸汽流度控制效果良好；注入量为 0.5PV 时，发泡剂 F240B、A 和 B 的驱油效率分别达到 65.3%、58.9% 和 51.6%。

（2）如不考虑其他因素的影响，高温发泡剂的最佳加量为 0.5%。但在现场应用时，需要考虑热降解、岩石表面吸附等造成的发泡剂损失，因此其加量应大于 0.5%。

（3）现场泡沫注入时机的选择很重要，当含油饱和度超过 15% 时，泡沫控制蒸汽流度的能力急剧降低；泡沫在高渗透率层中控制蒸汽流度的能力良好；气液比在 0.5～1.5 范围内的阻力因子较高，在现场施工中应尽量将气液比控制在此范围内。

（4）二氧化碳是非凝析气体，压缩系数较大，在油层条件下能够储存较大的弹性能，回采过程中能够提供较强的增压助排作用，缓解地层压力降低问题。同时原油溶解二氧化碳后黏度大幅度下降，并且在表面活性剂的配合下，能后形成丰富、稳定泡沫，减缓二氧化碳释放，产生贾敏效应，封堵高渗透率层。

在数值模拟过程中发现单一蒸汽吞吐与二氧化碳辅助蒸汽吞吐在油藏压力、盖层热损失以及流体分布上存在巨大差异。在此研究的基础上结合现场实践结果，初步摸清了"二氧化碳辅助蒸汽吞吐"技术增能、调剖为主，减少热损失及提高流动性为辅的开发机理，主要体现为以下方面（图 2-3-24）：

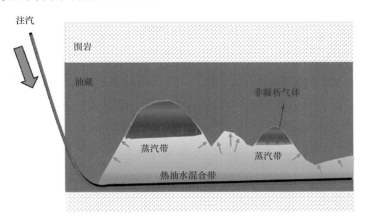

图 2-3-24 气体辅助 SAGD 吞吐引效示意图

① 补充地层能量，气体弹性能力提高流体返排能力。当液态二氧化碳注入油层中时，受地层温度、压力条件的影响转变为气态二氧化碳，其在油层条件下的压缩系数为 $0.8～1.2MPa^{-1}$，远高于一般流体，因此当再次注入蒸汽时会产生较大的弹性能量。焖井结束回采过程中，能够增强流体的返排能力。

② 占据地层亏空区域，提高动用程度。由于油层中亏空程度较大、动用程度较高的

区域普遍低压，因此气体进入油层中会首先占据亏空较大的低压区域，注汽过程中会迫使蒸汽流向动用程度较低区域的油层，起到改善油层动用程度的作用。

③ 减少热量损失，减缓注入蒸汽同上部隔层热交换速度。由于气态二氧化碳的密度远小于油层中其他流体的密度，受重力分异作用的影响会占据在油层中的顶部，并且由于二氧化碳在油层中的导热系数在 0.0137W/（m·K）左右，远低于地层水及岩石的导热系数，能够有效减缓蒸汽热量向围岩的散失，提高热能利用率。

④ 提高原油流动性，二氧化碳溶于原油后可起到一定的降黏作用。通过物理模拟实验结果可以看出，二氧化碳在油层条件下溶解度为 10%～15%，在此条件下二氧化碳降黏幅度在 10.2% 左右，能够有效地提高原油的流动性。

（5）在二氧化碳气体注入量设计上，根据理想气体状态方程：

$$\frac{p_1V_1}{T_1} = \frac{p_2V_2}{T_2} \qquad (2-3-5)$$

推导出注入气态体积公式：

$$Q = \frac{2935 \times \Delta p \times V}{T} \qquad (2-3-6)$$

以及注入液态质量公式：

$$M = \frac{5.3 \times \Delta p \times V}{T} \qquad (2-3-7)$$

式中　Q——地面注入量（气态），m^3；

p——注入压力，MPa；

M——地面注入量（液态），t；

Δp——注入压力提高值，MPa；

V——地层亏空体积，m^3；

T——周期结束后地层温度，K。

注入参数的设计过程如下：水平井产出液压力变化如图 2-3-25 所示，油藏流体经油层流入泵筒需要 2～3MPa 的流动压力，因此将提高注入压力 Δp 设定在 2～3MPa 之间，并结合地层亏空体积 V 及周期结束后地层温度 T，代入式（2-3-6）计算出二氧化碳气体注入量。

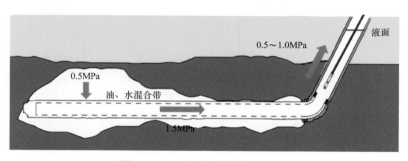

图 2-3-25　出液压力变化示意图

第四节　超稠油污水旋流预处理技术

SAGD 污水处理是超稠油地面处理工艺的关键过程，SAGD 开采液中的污水具有石油类及悬浮物含量高、乳化程度严重、乳化形态复杂等特点。传统的大罐除油工艺存在药剂用量大、老化油量大、产生污泥量大等突出问题，亟须改进 SAGD 污水处理工艺。超稠油污水旋流预处理技术就是在该背景下形成的工艺简短、流程密闭、油泥减量的新工艺。

一、国内外旋流分离技术进展

旋流分离技术作为一种高效的多相分析技术，是在离心力场的作用下利用两相或多相间的密度差实现相间分离。

1886 年，Marse 制造出第一台旋粉圆锥形旋风分离器。20 世纪 60 年代末，英国南安普敦大学 Martin Thew 开始除油型液—液旋流器的研究，并于 1980 年的旋流器国际会议上首次发表了水力旋流器用于液—液分离的研究成果，提出了液—液旋流分离可行性的观点并公布了除油旋流器结构参数。随后，CONOCO 公司迅速将此成果转化为污水除油设备，1984 年这种旋流器在海洋平台上试验成功。次年，在英国北海油田和澳大利亚 BASS 海峡的 ESSO/BHP 合资海上石油开采平台使用。液—液水力旋流器在发达国家含油污水处理特别是海上石油开采平台上已成为不可替代的分离设备（张千东，2019）。

在美国的柯恩油田和加拿大的冷湖油田，液—液旋流器已应用于稠油污水处理。现场应用结果表明：水力旋流器可代替沉降罐作为油水分离设备，作为过滤、软化和蒸汽发生器前的油水分离把关设备，并且具有更大的经济性。

加拿大泛加石油公司（Pan Canadian Petroleum）在水脱油型水力旋流器的基础上设计出一套井口旋流处理系统，并在 Amisk 油田试验应用。该系统在井口现场可将含 95% 底部杂质和水的钻井产出液分离成含油量小于 75mg/L 净水和含 20% 油的浓缩油乳液。该系统使大部分水在生产井附近除去，不必输送到油田处理厂做进一步处理，大大节省了运行成本。

在国内，中国石油大学（华东）、江汉机械研究所、胜利油田设计院等单位对液—液旋流器的研究开发较早（倪玲英等，2002），前期多是对国外同种旋流器类型的仿造与模仿。中国南海流花油田曾从澳大利亚墨尔本 B.W.N 有限公司引进过一套 125m³/h 的液—液旋流分离装置，处理后污水含油量平均在 35mg/L 以下。

随着国内旋流分离技术研究和应用的不断深入，在旋流分离理论研究、流场特性分析、流场模拟、旋流管结构的筛选、结构优化设计等方面均取得了一定成果（陈磊等，2018）。

近年来，以试验为基础的物理和数学模型得到了发展，旋流分离模型、溢流理论及分离过程随机性公式已经被推导出来。相关研究成果对旋流分离技术在中国的工业化应用起到了推动作用（张为人等，2004）。旋流分离技术已被广泛应用于石油、化工、食品、造纸等行业，分离器产品性能已接近国际同类产品水平（马尧等，2018）。

二、超稠油采出液基础物性

1. 超稠油基础物性分析

SAGD 超稠油采出液及污水难以处理的本质问题在于油、水密度差小，超稠油黏度高。

虽然经典的 Stockes 沉降速度公式是在静水、20℃恒温、介质的黏度不变、球形颗粒、密度相同、表面光滑、颗粒互不碰撞的实验室理想条件下获得的，但仍是实践中形成的各种沉降速度经验公式的理论依据。

液—液旋流设备可产生相比于普通重力场 800～3000 倍的旋流离心力场，但不足以产生完全的分离（王尊策等，2003）。原因之一是介质在旋流设备内停留时间短（仅几秒钟）；原因之二是小颗粒或微滴仍然缓慢地在流体中移动，一部分把向内移动的液体带到溢流口，另一部分由于降低旋流器性能的结构缺陷等，造成颗粒从外壁返回，进入内部涡流。这些因素均与油、水两相的密度差相关。此外，作为旋流器的重要结构参数之一，旋流器锥角与含水超稠油的黏度密切相关，锥角是影响设备分离效果的重要因素（袁惠新等，2002）。

为从介质物性方面判断旋流分离技术对超稠油污水预处理的可行性，对不同含水率超稠油温度—密度、黏度—密度关系进行了分析，结果见表 2-4-1 和表 2-4-2。

表 2-4-1　含水率为 22% 的超稠油温度—密度、温度—黏度分析数据

温度/℃	密度/（g/cm³）	黏度/（mPa·s）
70	0.9760	6945
75	0.9701	5200
80	0.9630	3800
90	0.9534	2381
95	0.9495	1130

表 2-4-2　含水率为 45% 的超稠油温度—密度、温度—黏度分析数据

温度/℃	密度/（g/cm³）	黏度/（mPa·s）
70	0.9740	33450
75	0.9685	20883
80	0.9652	8707
90	0.9605	4924
95	0.9550	4435

分析结果表明:

(1) 在 70～95℃实验测量范围内,含水超稠油的密度为 0.9760～0.9495g/cm³。密度随温度升高逐渐减小,基本呈线性关系。

(2) 70℃超稠油污水的密度为 0.9780g/cm³,与含水超稠油的密度差为 0.002～0.004g/cm³,是超稠油污水可以采用液—旋流分离装置进行油、水快速分离的物性基础条件。

(3) 含水超稠油的黏度高,在旋流管结构设计时,应充分考虑锥角、小锥段及小圆柱尾管等结构尺寸,在满足分离效果的同时,避免堵塞等事故发生。

2. 超稠油污水悬浮物组分及粒度分析

出水含油量(或除油率)是超稠油污水的预处理指标之一,另一个重要指标为出水悬浮物含量。GB 11901—89《水质 悬浮物的测定 重量法》中对水质中的悬浮物进行了定义,即水质中的悬浮物是指水样通过孔径为 0.45μm 的滤膜,截留在滤膜上并于 103～105℃烘干至恒重的固体物质。

国内外的研究成果均表明,旋流分离是不完全分离过程,悬浮物组成及其粒径是影响分离效率的关键因素之一。因此,研究超稠油污水中悬浮物的粒径及分布具有重要意义(胡纪军,2007)。

典型的超稠油污水悬浮物组成及粒度分析结果见表 2-4-3。

表 2-4-3 超稠油采出液不加药分离出的游离水悬浮物组成分析结果

序号	总悬浮物 /%	油分 /%	强极性组分 /%	有机分(可灰化)/%	无机灰分 /%	水不溶无机分 /%	水可溶无机分 /%
1	7.10	5.56	1.54	1.48	0.0607	0.0461	0.0146
2	6.85	5.32	1.53	1.47	0.0629	0.0450	0.0179
3	6.68	5.11	1.57	1.50	0.0685	0.0421	0.0264
4	6.71	5.21	1.50	1.43	0.0677	0.0473	0.0204
均值	6.84	5.30	1.53	1.47	0.0649	0.0451	0.0198

由分析结果可以看出:对超稠油采出液分离出的游离污水而言,其悬浮物主要来源于能被石油醚溶解的颗粒状油分,占总悬浮物的 76.50%～78.31% ;其次为强极性组分(石油醚不溶物),占总悬浮物的 21.69%～23.5%,这也是超稠油特性;无机灰分和水不溶无机分含量只在 0.11% 左右。

悬浮物绝大部分为粒径小于 100μm、中位粒径仅为 4μm 左右的细小"拟颗粒群",考虑到悬浮物的特殊性,"颗粒群"的绝大部分并非真实的机械杂质颗粒。

上述分析结果为选择与旋流设备配合使用的污水处理药剂指明了方向。

三、设备与配套技术研究

1.设备工作原理及功能

旋流处理技术的基本原理如下：旋流离心力场可以提供相比于普通重力场800～3000倍的力场加速油、水分离。旋流除油装置（图2-4-1）利用油、水密度差，在液流进行旋转时受到不等离心力的作用而实现油、水分离。该装置没有运动部件，可以避免阻塞和磨损的影响。

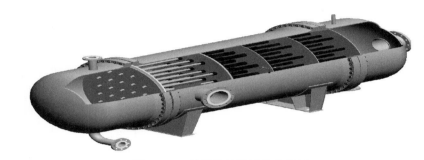

图2-4-1　旋流除油装置结构简图

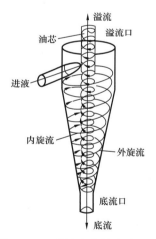

图2-4-2　单管水力旋流除油器
工作原理示意图

每一台旋流除油装置实际上由多根单管水力旋流除油器组装而成，水力旋流除油器能从连续液相中分离出其中的离散液相（樊玉新等，2014）。

单管水力旋流除油器工作原理示意如图2-4-2所示。

旋流器的入口是油水混合介质进入旋流器的首要通道，它的作用是使液流能在旋流腔内迅速形成稳定的流场（王升贵等，2005）。入口结构形式及加工精度的优劣是决定液—液分离水力旋流器分离性能及使用性能的关键因素之一。该装置的分离原理是利用导流叶片产生旋流，导流叶片起到使流体旋转加速的作用，使离散于水中的油滴在离心力作用下做径向移动，移向分离器的轴心。与切向入口旋流器相比，该类旋流器具有能耗低、操作弹性大等优点。

含油污水切向或螺旋向进入圆筒涡旋段，沿旋流管轴向螺旋态流动，在同心缩径段，由于圆锥截面的收缩，使流体增速，并促使已形成的螺旋流态向前流动，由于存在油、水密度差，水沿着管壁旋流，油珠移向中心，流体进入细锥段，截面不断收缩，流速继续增大，小油珠继续移到中心汇成油芯。流体进入平行尾段，由于流体恒速流动，对上段产生一定的回压，使低压油芯向溢流口排出。

当油、水混合物经导流叶片的导流作用进入锥段后，随着流道截面的缩小，产生较大的离心加速度，密度大的连续相离心力大，沿径向向外运动，到达锥体器壁向下运动，并由底流口排出；而密度小的分散相向压力较低的轴心处移动，然后由溢流口流出。

2. 分析与计算方法

1）除油效果分析方法

根据 SY/T 5329—2012《碎屑岩油藏注水水质指标及分析方法》的规定，污水含油量可采用分光光度法测定，该分析方法对不同油品均具有较强的适应性。

其原理如下：污水中的油质可以被石油醚、汽油、三氯甲烷等有机溶剂提取，提取液的颜色深浅度与含油量浓度呈线性关系，因此可以用比色的方法进行测定，特定的波长为 430nm。

可采用分析设备入口及底流水质含油量的方法判断设备除油效果，并根据式（2-4-1）计算除油效率。

$$E = \frac{(C_i - C_u)}{C_i} \times 100\% = \left(1 - \frac{C_u}{C_i}\right) \times 100\% \qquad （2-4-1）$$

式中　C_i，C_u——分别为入口、底流的样品中含油浓度，mg/L。

2）悬浮物去除效果分析方法

SY/T 5329—2012《碎屑岩油藏注水水质指标及分析方法》中规定了悬浮物含量的测定方法（重量法），SY/T 5523—2016《油田水分析方法》中规定了悬浮物含量的测定方法（浊度—分光光度法）。由于超稠油污水中含有高黏性的超稠油，在采用重量法进行分析过程中，滤膜上截留的超稠油难以有效去除；浊度—分光光度法也由于超稠油颗粒的存在，影响分析结果。上述两种方法的分析结果均严重偏高（许妍霞，2012）。

为快速测定超稠油污水中悬浮物含量，评价装置的悬浮物去除效果，在浊度—分光光度法的基础上，研究改进形成了可在现场快速测定的方法。其原理如下：超稠油污水中的油质可以被石油醚、汽油、三氯甲烷等有机溶剂提取，提取油质后的污水，可采用浊度—分光光度法，在 680nm 波长下测定悬浮物含量。主要优点如下：与测定含油量工作结合，快速、简便，能避免超稠油颗粒对分析结果的影响，提高了准确度。

3. 工业化试验装置设计与配套药剂

1）影响因素分析

影响液—液旋流器的因素很多，主要有物性参数、结构参数和操作参数。

在基础研究过程中，已对污水及含水超稠油的物性进行了分析，相关结论是装置设计的主要依据。

在工业化试验设备设计、制造过程中，基于理论研究及前期室内台架试验等基础研究结果，对管束间的流量均匀分配、入口结构形式、旋流腔直径、大小锥段的锥角及长度、尾管直径及长度等结构参数予以确定，并对影响效果的入口位置精度、内表面粗糙度、各段间同轴度等机械加工精度进行了要求（陈启东等，2014）。

对于超稠油污水，旋流设备入口的污水的含油量直接影响着旋流器内的油相浓度分布，入口含油量的增加将增大油相由溢流口流出的概率，但含油量过大反而会使部分油滴不能及时从溢流口排出，转而向下从底流口排出。超稠油污水来源于原油大罐沉降出水，污水含油量、悬浮物含量等参数随生产波动而发生变化，但波动上、下限是基本确定的（王振波等，2010）。

（1）流量对分离效果的影响。

在工业化试验的前期基础研究过程中，采用单根旋流管进行了流量对分离效果的影响考察，结果表明：旋流分离效率随流量变化的趋势是先增加后减小。分析原因如下：流量增大，油滴的破碎作用加强，聚结作用减弱，这与相关文献的结论相同。

典型的旋流分离效率随着流量的变化关系如图2-4-3所示。从图中可以看出，在其他结构参数不变的条件下，单根旋流管分离效率随着入口流量的增加而增加，但当入口流量增大到 $5m^3/h$ 时，分离效率达到最大值；流量继续增大，分离效率略有下降。流量过低时，污水在旋流器内部形成涡流的概率低，只有粒径较大的油滴才能分离出来，而小油滴难以与水分离，导致分离效率低。当入口流量达到一定数值时，水力旋流器进入高效区。当流量过高时，污水在旋流器内的旋转速度加快，分散相油滴受到过大的剪切应力作用导致破碎，流场紊流加剧，出现"返混"现象，分离效率下降。单根旋流管分离效率最高时对应的流量为 $4\sim5m^3/h$。该结果成为工业化设备设计制造的主要参数依据之一（陈建磊等，2013）。

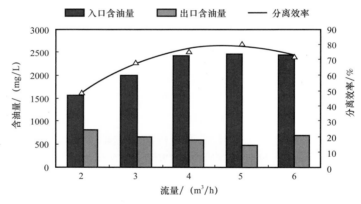

图 2-4-3　流量对分离效果的影响

（2）压降与流量关系。

压降随着入口流量的变化关系如图2-4-4所示。从图中可以看出，压降随入口流量的增加一直升高，而且增加呈加快的趋势，大致呈抛物线的形状。这是因为流量增大，在出口阀门开启程度相同的情况下，流速增加，流体与器壁、流体之间的摩擦加剧，压降也会升高。

（3）溢流比对分离效果的影响。

溢流比是影响旋流器性能的一个重要的操作参数。溢流比 R_f 又称分流比，定义为溢流流量与入口流量之比，是影响旋流器内油滴聚结与破碎作用的因素。

在一定范围内，分离效率随着溢流比的增加而增大，这和切入式旋流器所得的结论相似。

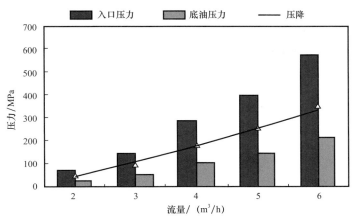

图 2-4-4　压降与流量关系

　　油和水在离心力的作用下分离，分离后的油滴聚并、汇集在旋流器的轴向中心部位，成为油芯，经溢流口流出旋流器；水在离心力的作用下沿旋流器内壁从底流口流出。油芯长度为油和水在分离器内分离的有效长度。溢流比增大，油芯长度增加，底流含油量降低，分离效果好；但溢流比过大，入口和溢流口之间将产生短路，即来液不经旋流分离而直接进入溢流，并且部分水也进入油芯，使溢流含水迅速增加，效果变差。同时分流比增大，速度梯度也增大，使液滴所受的剪切应力增大，可能会导致液滴的乳化，使分离效率降低。

　　2）工艺流程研究

　　针对辽河超稠油污水的特点，根据来液量和预处理出水指标要求，设计出一套两级旋流预处理工艺，工艺流程如图 2-4-5 所示。

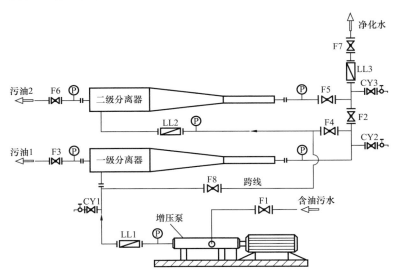

图 2-4-5　两级污水旋流预处理装置工艺流程图

LL—流量计；P—压力测试点；F—控制、调节阀门；CY—采样阀门

每一级分离器由多根单管水力旋流除油器组装而成，单管处理能力为 $4\sim5m^3/h$，总处理能力由管的根数与单管处理能力的乘积确定。

为保证流量稳定，流程前段设置了缓冲罐。为使各单管的流量相近，旋流分离器结构上设置了进液混合腔。为防止堵塞，在流程中设置了过滤器。

3）旋流管结构研究

旋流管结构为大圆柱段、大锥段、小锥段及小圆柱尾管4段式，并有进口、溢流口和底流口等。

旋流器可以通过改变单根旋流管的几何尺寸来满足实际工况的需要，其主要结构尺寸包括主直径 D_1、旋流腔长度 L_1、溢流口直径 D_u、溢流口伸入长度 L_u、锥角 α、底流口直径 D_d、底流口长度 L_2、入口截面尺寸（进口高 $b\times$ 进口宽 h）。

单根旋流管结构尺寸如图 2-4-6 所示。

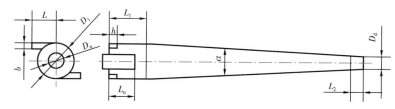

图 2-4-6　单根旋流管结构尺寸示意图

旋流器的操作参数溢流比（分流比）F 与油水混合物的含油质量浓度 C_i 有关［一般 F 值为 $(1.2\sim2.0)\,C_i$］。理论上讲，可以根据污水中含油质量浓度 C_i 确定溢流比 F，并根据操作经验及质量守恒原理来确定溢流口直径与底流口直径的比值。小直径的旋流管比大直径的旋流管分离油水更为有效，当污水含油质量浓度较大时，旋流管直径可适当增大（赵立新等，2014）。

4）配套药剂研究

超稠油 SAGD 污水乳化程度高是其重要特性之一。SAGD 超稠油在污水中存在形式为浮油、分散油、乳化油和溶解油。浮油：油滴粒径一般大于 $100\mu m$，以连续相漂浮于水面，形成油膜或油层。分散油：油滴粒径为 $10\sim100\mu m$，以微小油滴悬浮于水中，不稳定。乳化油：油滴粒径极微小，大部分为 $0.2\sim3.5\mu m$，很难实现油水分离。溶解油：油滴直径比乳化油还小，是一种以化学方式溶解的微粒分散油。超稠油 SAGD 污水中的原油以前 3 种为主要存在形式。

当使用旋流分离器处理含油污水时，油滴粒径对分离效率有较大影响。国内相关研究结果表明：当污水中的油滴粒径大于 $60\mu m$ 时，被分离的可能性在 99% 以上；当污水中的油滴粒径小于 $10\mu m$ 时，被分离的可能性则降至 50% 左右。因此，旋流分离器能有效去除污水中的浮油（粒径大于 $100\mu m$）及大部分分散油（粒径为 $10\sim100\mu m$）。

为获得较好的处理效果，在采用旋流工艺进行超稠油污水预处理时，也应辅以高效化学药剂，即采用化学药剂进行预破乳，利用旋流离心力场强化油滴聚并、分离，在有效去除浮油的基础上，提高分散油及部分乳化油的去除效果（马倩倩等，2016）。

工程实践表明，难以找到一种广谱高效的化学药剂。因此，必须根据旋流预处理的功能及指标需求，有针对性地筛选、投加污水处理化学剂。

根据相关经验，在单剂初选的基础上，对药剂进行复配。复配的原则如下：基于反相破乳，兼顾油滴聚并及悬浮物絮凝。

在评价配套药剂的效果时，采用室内杯瓶实验进行。典型复合配方的处理效果见表 2-4-4。

表 2-4-4　不同加药量复合配方对 T-1 联污水的处理结果

序号	复配药剂	加药量 /（mg/L）	破乳情况
1	A 剂 /B 剂	30/50	迅速破乳，水色较清
2	A 剂 /B 剂	25/40	迅速破乳，水色浅黄
3	A 剂 /B 剂	30/50	迅速破乳，水色较清
4	A 剂 /B 剂	25/40	迅速破乳，水色浅黄

从实验结果可以看出，在处理温度为 85℃、沉降 30min 的条件下，A 剂 /B 剂的适宜加药量为 30mg/L 和 50mg/L。

四、超稠油污水旋流预处理试验效果

2016 年，在 T-1 联开展了两级旋流工艺对超稠油 SAGD 污水预处理试验。

1. 溢流比对分离效果的影响

溢流比的大小通过调节入口流量和溢流口流量的大小来调节。不同溢流比典型试验结果如图 2-4-7 至图 2-4-10 所示。

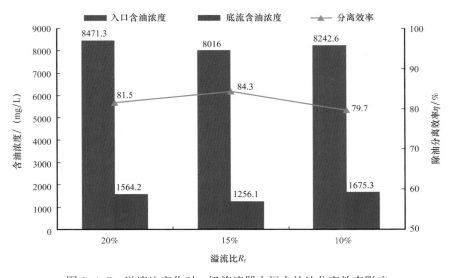

图 2-4-7　溢流比变化对一级旋流器中污水的油分离效率影响

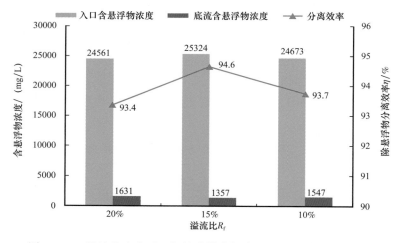

图 2-4-8　溢流比变化对一级旋流器中污水的悬浮物分离效率影响

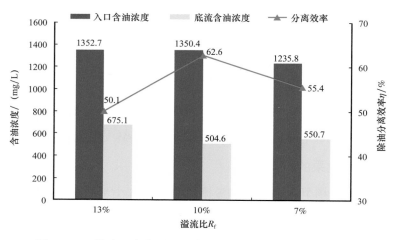

图 2-4-9　溢流比变化对二级旋流器中污水的油分离效率影响

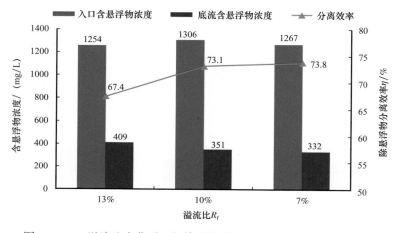

图 2-4-10　溢流比变化对二级旋流器中污水的悬浮物分离效率影响

通过试验，一级分离器溢流比为 15% 时，除油、除悬浮物的效率最高；二级分离器溢流比达到 10% 时，除油、除悬浮物的效率增加趋势趋于平缓。

2. 加药量对处理效果的影响

污水处理药剂的作用类似于油滴的吸附体，将油滴黏住、凝聚并集合在一起，使油滴变大而从污水中分离出来，由此产生的原油属于污染油。最大限度地降低化学药剂的用量是减少污染油及老化油的重要途径。

在室内研究过程中，按照基于反相破乳、兼顾油滴聚并及悬浮物絮凝的设计原则，形成了复合药剂配方体系，在现场试验中，重点考察了该配方体系与旋流设备的匹配性。

配套药剂加药量对处理效果的影响见表 2-4-5。

表 2-4-5　加药量对旋流出水指标的影响

入口油含量 / mg/L	入口悬浮物含量 / mg/L	A 剂加药量 / mg/L	B 剂加药量 / mg/L	底流油含量 / mg/L	底流悬浮物含量 / mg/L
8945.5	24671	20	30	1257.5	1064
8865.2	25786	25	40	1053.6	837
9021.7	23642	30	50	782.1	579
8632.5	28956	35	60	654.3	468

当 A 剂加药量为 30mg/L、B 剂加药量为 50mg/L 时，分离效果较好。如果继续提高加药量，虽然出口油含量及悬浮物含量下降，但下降趋势较平缓。药剂与设备匹配性较好。

3. 与大罐沉降除油出水水质对比

在进水油含量约为 8000mg/L、悬浮物含量约为 20000mg/L 的条件下，旋流预处理装置与现场除油罐（10000m³）出水油含量、悬浮物含量均可控制在 500～1100mg/L 以内，旋流预处理装置加药量降低 60% 左右（除油罐加药量为 250～350mg/L，旋流预处理装置加药量为 80～95mg/L）。加药量的降低，有利于降低老化油及污油泥处理量，具有积极意义。

五、稠油污水旋流预处理工业化应用试验

在超稠油 SAGD 污水旋流预处理试验的基础上，为进一步拓宽工艺技术的适用范围，开展了 W-1 联旋流预处理工艺现场试验。

W-1 联进站采出液为普通稠油、特稠油，以普通稠油为主，部分特稠油采用掺稀油开采，原油脱水工艺为两段热化学沉降脱水工艺。

1. W-1 联污水处理流程现状与现场试验流程

W-1 联污水除油处理工艺来水为站内原油脱出污水，除油后的污水一部分与 H-1 联

来水共同进入后段过滤、软化工艺，供注汽锅炉给水；另一部分除油后污水外输至外排处理厂，进行深度处理后外排。W-1联污水处理流程现状如图2-4-11所示。

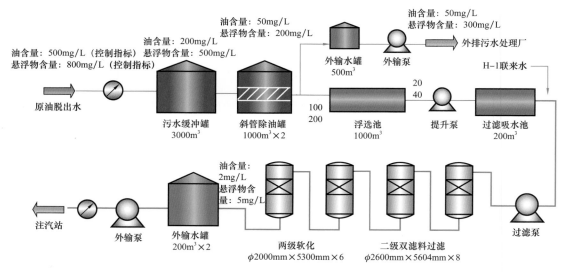

图2-4-11 W-1联污水处理流程现状

现场试验流程如图2-4-12所示。

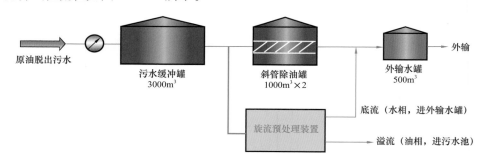

图2-4-12 装置现场试验流程图

W-1联污水处理各单元分段控制指标见表2-4-6。

表2-4-6 W-1联污水处理各单元分段控制指标

处理段		取样点	控制岗位	达标标准	
一段	斜板除油罐进口	斜板除油罐进口	输油岗	油含量/（mg/L）	≤200
				悬浮物含量/（mg/L）	≤500
二段	斜板除油罐出口	斜板除油罐出口	污水岗	油含量/（mg/L）	≤50
				悬浮物含量/（mg/L）	≤200
三段	气浮池出口	气浮池出口	污水岗	油含量/（mg/L）	≤20
				悬浮物含量/（mg/L）	≤40

续表

处理段		取样点	控制岗位	达标标准	
四段	除硅沉淀池出口	除硅沉淀池出口	污水岗	油含量 / (mg/L)	≤15
				悬浮物含量 / (mg/L)	≤15
				偏硅酸含量 / (mg/L)	≤100
五段	粗 + 精过滤出口	粗 + 精过滤出口	污水岗	油含量 / (mg/L)	≤2
				悬浮物含量 / (mg/L)	≤5
六段	软化罐出口	软化罐出口	污水岗	油含量 / (mg/L)	≤2
				悬浮物含量 / (mg/L)	≤5
				总硬度	未检出

2. 试验结果与分析

在生产稳定时，W–1 联污水油含量、悬浮物含量较低。在进行旋流预处理试验过程中，考察了不加药、加药两种工况，加药工况考察时的药剂类型分别为 PAM（聚丙烯酰胺，属于有机絮凝剂）、PAC（聚合氧化铝，属于无机混凝剂）和反相破乳剂。

1）旋流装置进水不加药处理效果

旋流装置进水不加药处理效果及其与斜板除油罐数据对比情况如图 2–4–13 所示。

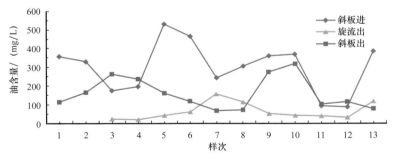

图 2–4–13　不加药进旋流设备与斜板罐加药处理效果对比

相比于斜板除油罐，二级旋流设备除油具有更加明显的效果，即使是在未加药的工况下，在来液较稳定且含油浓度不高时，虽然除油效果有一定程度的波动，但也可以保证平均除油效率在 80% 左右，而除油罐有时甚至会出现负效率的情况。

原因分析：斜板除油罐仅依靠重力进行油水的沉降分离，重力分离法的主要工作原理是依靠重力作用、油水两相的密度差和不相溶性，使含油污水中的油滴上浮，从而实现净化含油污水的效果，虽然结构简单、处理量大，但需要较长的沉降时间，而且斜板上黏附的污油及悬浮物只有积累到一定体积时，才与水一起排出。旋流装置分离油水主要是利用油水的密度差和高速旋转使油水两相所受到的离心力不同来迅速分离油与水，从而达到污水除油的目的，该过程是连续过程，与斜板除油罐相比，旋流分离速度更快、效率更高、占地面积更小。在不加药的情况下，旋流设备除油效果十分明显，且运行稳定性也好于斜板除油罐。

　　2）旋流装置进水加药处理效果

　　在进行旋流设备的现场试验时，选择了3种较为合适的不同种类的药剂进行筛选，根据实验结果选用效果最好的一种用于后面的现场试验。试验过程中分别加入了PAM、PAC和反相破乳剂，分别检测了使用这3种药剂后的设备进出口油含量并计算除油效率。同时为了保证破乳的效果，在试验中使用计量泵控制药剂连续注入设备，并将加药位置设置在入口的上游。

　　加药剂的设备进出口油含量如图2-4-14所示。从图中可以明显地看出，加入PAM的除油效果优于不加药以及其他两种药剂，除油效率最高（均能达到90%以上）；PAC以及反相破乳剂的效果波动较大，不稳定，反相破乳效率最低时仅有32.1%。

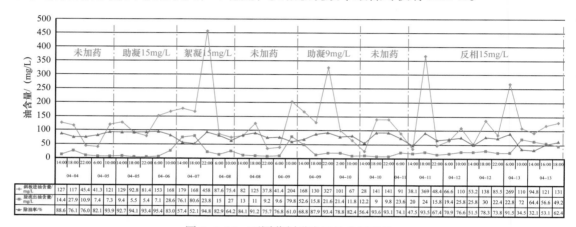

图 2-4-14　不同药剂进出口油含量对比

第五节　超稠油改善 SAGD 开发效果技术示范实例

　　在辽河油田曙一区超稠油SAGD开发过程中，陆续应用了氮气辅助SAGD、烟道气辅助SAGD技术以及耐高温电潜泵举升技术、预转SAGD改善效果技术，均见到较好的稳定效果。污水旋流预处理技术已形成工业化。在新疆油田重32井区开展了直井辅助双水平井SAGD试验，效果显著。

一、氮气辅助现场应用效果

　　在辽河油田曙一区馆陶SAGD先导试验井组中实施了两个井组的氮气辅助SAGD试验，验证了其隔热、补能的机理。

1. 试验区概况

　　1）地质特点

　　试验选定曙一区杜84块馆陶油组，该油层是一厚层，块状，边、底、顶水超稠油油藏，油藏埋深为 530～649m，平均有效厚度为 112m，油藏地层原始温度为 30℃，油藏原始压力为 6.02MPa，孔隙度平均值为 36.2%，渗透率平均值为 5539mD，油层与顶水之间为一沥青壳相隔，无泥岩隔层。

2）存在问题

曙一区杜 84 块馆陶组油藏自 2005 年开始进行 SAGD 的 4 个先导试验井组以来，截至 2020 年底，已经完成了全部一期工程共 25 个开发井组，在取得较好开发效果的同时，也暴露出以下几方面问题：

（1）热能消耗大，油汽比低。根据物理模拟实验及克拉伯龙方程（$pV=nRT$）可知，随着压力的升高以及蒸汽干度的下降，蒸汽体积逐渐减小。该区油藏埋藏较深，地层压力相对较大，与浅层油藏对比，采出同体积原油，所需要蒸汽体积较大，致使 SAGD 生产油汽比低，试验前先导试验区的油汽比仅在 0.20～0.22 之间。

（2）存在顶水下窜的潜在威胁。馆陶组油层是一个四周被水体包围的边、底、顶水油藏，油层与顶水之间无泥岩隔层，在 SAGD 生产过程中，一旦蒸汽腔达到顶水区域，将会引起顶水下泄，影响油藏的整体开发效果。

（3）受储层非均质性的影响，蒸汽腔发育不均衡。对比相邻井排之间的蒸汽腔，形态存在差异，主体蒸汽腔内仍有未被驱替的剩余油。

2. 注氮情况

注氮气辅助 SAGD 试验选择馆陶 SAGD 先导试验区中的馆平 11、馆平 12 井组。该井组投产时间最早，采出程度最高。井组在 SAGD 阶段累计注汽量为 122.7×10⁴t，累计产油量为 33.7×10⁴t，累计产水量为 88.5×10⁴t，累计油汽比为 0.27，累计采注比为 1.0，阶段采出程度为 27.1%；吞吐和 SAGD 阶段累计采出程度为 39.1%。从采出情况看，馆平 11、馆平 12 井组明显高于馆平 10、馆平 13 井组。在井组选择上，还主要考虑了以下条件：

（1）蒸汽腔较为发育，距顶水近；

（2）选择馆平 11、馆平 12 井组中间连通位置的杜 84-56-158 井作为注氮井，其射孔井段接近蒸汽腔的顶部位置，可抑制氮气的回采量。

试验累计注入氮气 134×10⁴m³，折算地下体积 4.9×10⁴m³（表 2-5-1）。

表 2-5-1　馆陶组氮气辅助 SAGD 试验统计

井号	段塞开注时间	周期结束时间	注氮量/10⁴m³	注气压力/MPa	地下体积/10⁴m³	生产天数/d
杜 84-56-158	2016-11-25	2017-12-02	134	3.1	4.9	329

3. 效果分析

1）氮气有效存于地层中

监测结果显示，注氮井较近的 4 口井氮气回采平均含量为 0.38%，总体回采量较少，能够留存于地层中（表 2-5-2）。

表 2-5-2　氮气回采量统计表

井别	气样源	氮气含量 /%
注氮井	56-158	99.8
周边生产井	馆平 12	0.71
	馆平 13	0.6
	馆平 14	0.11
	馆平 15	0.1

2）低物性段实现突破，蒸汽腔得到一定扩展

馆陶油层内部发育一套岩性以泥质粉砂岩为主的不连续低物性段（表 2-5-3），低物性段相对渗透率较低，形成的渗流屏障影响了蒸汽腔纵向扩展及上部原油的下泄速度，导致蒸汽腔压力上升，热效率降低，开发效果变差。

表 2-5-3　杜 84 块馆陶油层低物性参数统计表

区块	层位	埋深 / m	有效厚度 / m	粒度中值 / mm	孔隙度 / %	渗透率 / D	含油饱和度 / %
杜 84 块	馆陶组	530～680	106	0.42	36.3	5.54	75
	600m 低物性段	598～610	0.3～2	0.12	14.9	0.34	44.3
	640m 低物性段	635～645	0.1～1.5	0.12	20.8	0.28	40.2

在氮气辅助 SAGD 过程中，热量的传递方式与常规 SAGD 有重大区别：在常规 SAGD 中，潜热是由蒸汽携带到油藏顶部的，并且提供向下驱替原油的顶部压力；而在氮气辅助 SAGD 中，是依靠非凝析气体的指进作用运移到蒸汽腔的上方提供压力，氮气辅助 SAGD 中的非凝结气体（氮气）不会因遇冷而凝结，因而对于低物性段具有较强的穿透能力，氮气向低物性段上部及侧部穿透，把压力携带到原来蒸汽不能到达的孔隙内部，与蒸汽腔实现压力连通，增强了油藏的垂向驱油动力，从而加快了泄油速度，扩大了蒸汽腔体积。

3）井组开发指标得到一定改善

2016 年，在杜 84-56-158 井开始注氮，累计注氮 85 天 134×10⁴m³，折算地下体积 4.9×10⁴m³，从阶段效果来看，井组平均日产油量提高 8t，日均注汽量减少 103.9t，油汽比提高 0.03，效果较为明显。

表 2-5-4　氮气辅助 SAGD 试验阶段效果统计表

时间	日产液量 /t	日产油量 /t	含水率 /%	日注汽量 /t	油汽比
试验前（100d）	1079.6	306.8	71.6	1042.4	0.29
有效期（329d）	1072.2	298.8	72.1	938.5	0.32
对比	7.4	8.0	0.5	103.9	0.03

2017 年，由于 SAGD 生产区域内地表漏气井快速增多（馆陶及兴Ⅵ组区域边缘处共发现 36 口漏气井和 7 处漏点），决定在 SAGD 区域内停注气体。

在杜 84 区块馆陶组因地表漏气导致停注后，决定剩余 89×10⁴m³ 氮气在兴Ⅰ组杜84- 兴 H292 井复注，利用气体增压原理，抑制井组蒸汽外溢，改善双水平 SAGD 井组的生产效果。总体来看，虽然注气量较少，但仍然见到了一定的积极效果，注氮期间双水平井组整体增压 0.9MPa，井组平均日增油 2.15t（图 2-5-1）。

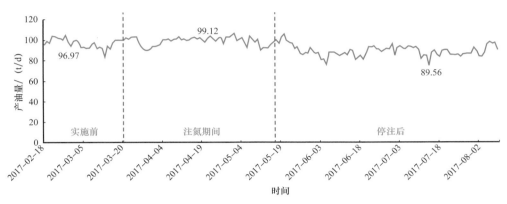

图 2-5-1　双水平 SAGD 井组产油量变化曲线

二、烟道气辅助 SAGD 技术现场应用效果

在杜 84 块兴Ⅵ组选取 38 个 SAGD 井组实施了烟道气辅助 SAGD 技术。

1. 先导试验区优选

试验井组选择重点应遵循以下几方面的原则：

（1）试验区的油层条件在油藏中要具有一定的代表性；

（2）试验区应未受边、底水等地层水侵入的影响；

（3）试验区井况良好，井网较完善；

（4）试验区比较独立，受其他井组影响较小，便于分析评价。

依据以上原则，在兴Ⅵ组 SAGD 一期工程实施区西部优选兴平 43 井至兴平 50 井组为烟道气辅助 SAGD 先导试验区，地质储量为 263×10⁴t。

试验区平均油层厚度为 50m，除局部区域存在连片的隔夹层外，其他区域未发育明显的隔夹层，油层较为连通。试验区于 2007 年陆续转入 SAGD 开发，生产时间较长，蒸汽腔已扩展到油层顶部，造成蒸汽利用率低，油汽比低。该区域目前共有各类井 92 口，其中水平生产井 8 口，井网完善程度较高；同时区域为兴Ⅵ组 SAGD 开发区域的边部，受其他井组影响较小。

注气井的部署要考虑蒸汽腔发育及油层连通情况，在蒸汽腔及油层发育较好的区域部署注气井，烟道气能够较快地扩展并形成隔热层，因此为保证烟道气在蒸汽腔内部均衡扩展分布及试验效果，依据当时试验区蒸汽腔形态及油层连通情况，共部署注气直井 3 口（杜 84-69-67、杜 84- 试观 3 和杜 84-68-72）。

试验区 1997 年 8 月投入蒸汽吞吐开发，开发目的层为兴Ⅵ组，2011 年 7 月转入 SAGD 开发。截至 2015 年底，共有各类井 92 口，其中水平生产井 8 口，注汽直井 35 口。日注汽量为 407t，日产液量为 753.1t，日产油量为 123.4t，含水率为 83.6%，瞬时油汽比为 0.24，瞬时采注比为 1.5，累计注汽量为 569.7×10⁴t，累计产油量为 137.4×10⁴t，累计油汽比为 0.3，采出程度为 52.3%。

2. 实施效果分析

2016 年 3 月在曙一区杜 84 块兴Ⅵ组 43—50 井组实施，累计实施 8 个井组，覆盖地质储量 220.4×10⁴t，累计注入烟道气 864.75×10⁴m³。截至 2018 年 7 月，平均日产油量由 161t 上升至 185t，含水率由 87% 下降至 84%，油汽比由 0.18 提高至 0.23。3 年累计增油 2.8492×10⁴t，减少注汽量 1.817×10⁴t，阶段创效 1385.7 万元，降本增效效果显著。

三、耐高温电潜泵现场应用效果

1. 方案及参数设计

首先对主要部件的配置参数进行优选。表 2-5-5 中列出了电潜泵部件参数。

表 2-5-5　电潜泵部件参数

序号	产品部件名称	配置参数
1	电动机	型号：GYQY143-100D　最大外径：143mm 电压：1500V　长度：5.5m　温度等级：250℃ 最大投影外径：147mm
2	保护器	型号：QYH130B-GW　最大外径：130mm 形式：金属囊式保护器　节数：1 节　长度：4.0m
3	分离器	型号：QYX130F-GX　最大外径：130mm 规格：单级　长度：1.2m
4	泵	型号：QYB130-500/800T-CY　转速：2850r/min 排量：500m³（2850r/min）　扬程：800m　长度：6.7m
5	小扁电缆	型号：QYYFFX6-3×20　耐压：6kV　导体根数：3　长度：30m 类型：3×20mm²　耐温：250℃　外形尺寸≤12.0mm×31.5mm
6	大扁电缆	型号：QYYFFX6-3×25　耐压：6kV　导体根数：3　长度：850m 类型：3×25mm²　耐温：250℃　外形尺寸≤12.6mm×32.3mm
7	三点式测温缆	规格：ϕ6.3mm×900m
8	测压缆	规格：ϕ4.0mm×900m
9	电缆护罩 -1	规格：90mm×48mm×630mm（井下附件）
10	电缆护罩 -2	规格：46mm×16mm×1220mm（井下附件）

序号	产品部件名称	配置参数
11	电缆卡子 –2 钢带	规格：15mm×1mm×700mm（井下附件）
12	$3\frac{1}{2}$in 电缆保护器	型号：TYESP114–00 规格：ϕ156mm×ϕ114mm×270mm（井下附件）
13	机组抱卡	规格：ϕ163mm×ϕ91mm×200mm（井下附件）
14	井下接线盒	型号：DLH114–2520 规格：ϕ173mm×ϕ114mm×220mm（井下附件）
15	井口穿越器	型号：JKC–2525–0　耐温：200℃　耐压：21MPa　耐电压：6kV

综合考虑油井实际产能、供液能力、井眼轨迹特征，在保证油井正常生产、电潜泵有合理的沉没度的基础上，优选了井眼变化率最小井段，作为设计泵深。电泵生产管柱设计如图 2-5-2 所示。

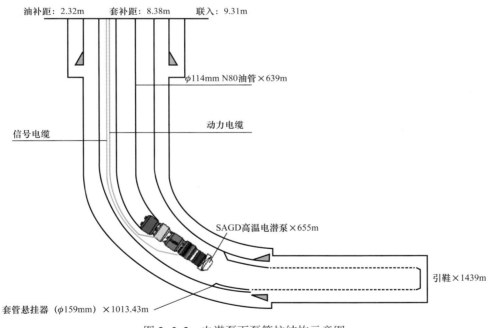

图 2-5-2　电潜泵下泵管柱结构示意图

2. 现场试验

从馆平 14 井的国产高温电潜泵的运行情况（图 2-5-3）来看，液面较为平稳，系统运行平稳。

统计国产耐高温电潜泵举升技术已现场应用情况，阶段增液量约为 $11.0×10^4$t，阶段增油量约为 $4.9×10^4$t，井组含水率下降明显，增产效果显著（表 2-5-6）。

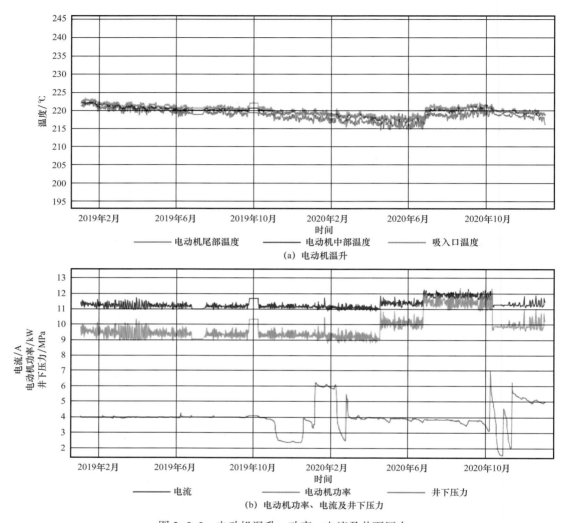

图 2-5-3　电动机温升、功率、电流及井下压力

表 2-5-6　SAGD 耐高温电潜泵举升应用井组效果统计表

序号	井口	下泵时间	排量/ m³/d	生产数据						对比增量		
				数据 类型	运行 天数/ d	日产 液量/ t	日产 油量/ t	含水 率/%	井口 温度/ ℃	含 水率/ 百分点	累计 增液 量/t	累计 增油 量/t
1	杜 84- 馆 H62	2016-10-06	500	平均	886	379	121.8	67.6	156	-4.6	28352	19315
2	杜 84- 馆 H62	2019-03-11	500	当前	298	430	167	61	167	-5.7	54345	21420
3	杜 84- 馆平 14	2018-10-31	500	当前	429	243	58	76.1	182	1.5	-8183	-2004
4	杜 84- 馆 H51	2018-08-11	500	当前	510	419	117	72	172	-4.3	7688	5208
5	杜 84- 馆 H54	2018-09-19	500	当前	471	415	74.9	3	175	-3.7	7315	3156

续表

序号	井口	下泵时间	排量 / m³/d	生产数据						对比增量		
				数据类型	运行天数 / d	日产液量 / t	日产油量 / t	含水率 /%	井口温度 / ℃	含水率 / 百分点	累计增液量 /t	累计增油量 /t
6	杜 84- 馆 H50	2019-04-02	500	当前	276	462	141.1	70	183	0	1778	420
7	杜 84- 馆 HK58-1	2018-12-29	500	当前	370	329.2	46.1	86	175	0	19224	2786
8	杜 84- 馆 H55	2019-04-24	500	当前	254	289	95.1	67	155	-4	-9102	-2460
9	杜 84- 馆 H22	2019-10-28	500	当前	67	324	75	77	172	-3	4200	1080
10	杜 84- 馆平 11	2019-05-18	500	当前	230	209	47.9	77.1	188	0	-2300	-189
11	杜 84- 馆 H19	2018-12-03	250	当前	396	260	56	78.5	172	4.2	5762	121
12	杜 84- 馆平 12	2019-04-22	250	当前	256	345	89	74.3	191	0.7	595	204
合计											109674	49057

3. 实施效果分析

实施效果分析如下：

（1）措施前后对比，电泵的日产液量偏低，主要原因是受地质状况的影响，供液量不足，机组工作在低效区（频率为 25Hz），但电泵的产液量很平稳。下一步可以继续通过增大注汽量和增大工作频率，提高油井产液量，预计可取得较好的提液增产效果。

（2）经过测试和计算对比，电泵对比有杆泵每天耗电量降低 320kW·h，对比抽油机节能 21%，取得一定的节能效果。

（3）电泵没有大型的地面举升设备，系统自动化程度高，一线员工管理工作量大幅度降低，劳动效率得到提高。

（4）根本上解决了抽油杆柱断脱问题，从技术角度可以大幅度延长油井检泵周期，提高油井生产时率，降低油井运行成本。

（5）电泵下深不受油井井眼斜度的影响，可根据 SAGD 实际井况，设计最佳的泵挂深度，配套注气井科学调控，动态调整生产参数，促使蒸汽腔合理扩散，有效泄油，最终改善和提升 SAGD 开发效果。

四、改善预转 SAGD 开采效果现场试验

1. 试验区概况

试验区经过近 20 年开发，区块已整体进入蒸汽吞吐开发后期阶段，为进一步提高采收率、保证油田稠油产能供给，自 2005 年起开始引进吸收再创新 SAGD 开发技术，取得了重大的开发效果及技术成果。但是随着 SAGD 规模的不断扩大，在部分 SAGD 开发区

域内，受地层压力下降、油藏动用不均等因素的综合制约，井间热连通性差、井组均衡动用程度较差等问题较为突出，为此对待转 SAGD 区域进行了气体辅助改善生产效果的专项示范工作，取得了较好的应用效果，并形成了较为完善的技术体系，为加快 SAGD 方式转换提供了有效的创新手段。

试验区位于曙一区东部，含油面积为 6.76km²，地质储量为 6735×10⁴t。所辖主力区块为杜 84 块及杜 229 块，其中杜 84 块兴隆台油层储层有效孔隙度为 32.6%，渗透率为 1.55D，50℃时原油黏度为 16.8×10⁴mPa·s；杜 229 块兴隆台油层储层有效孔隙度为 30.4%，渗透率为 1.32D，50℃时原油黏度为 13.1×10⁴mPa·s。两者均为高孔隙度、高渗透率储层，油品为超稠油（表 2-5-7）。

表 2-5-7　试验油层物性表

区块		杜 229 块	杜 84 块	
层位		兴隆台	兴隆台	馆陶组
储层物性	孔隙度 /%	30.4	32.6	36.3
	渗透率 /D	1.32	1.55	5.54
原油物性	20℃密度 / (g/cm³)	1.003	1.003	1.007
	50℃黏度 / (10⁴mPa·s)	13.1	16.8	23.2

2. 现场试验及效果

1）水平井上的应用（SAGD 生产井）

通过技术的辅助应用，增强了单井回采能力，进而改善了水平井整体预热效果。2016—2017 年共组织实施 7 井次，实施后，平均单井注汽压力提升 0.6MPa，排水期缩短 6.4 天，含水率下降 0.9 个百分点，油汽比提高 0.05，平均单井增油 498t（图 2-5-4）。

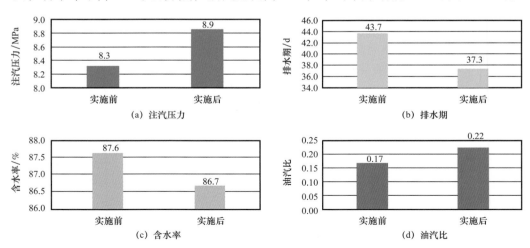

图 2-5-4　气体辅助 SAGD 水平井吞吐引效效果对比

通过措施实施，采出液量累计增加 2.1×10^4t，累计增油量为 0.3×10^4t，油藏孔隙空间得到进一步放大，利于后续蒸汽腔的发育扩展。试验后，井口平均温度上升了 $9℃$，井下热连通性趋好；井温监测资料显示，达到了转驱的压力要求，水平井转驱条件也已基本具备。

2）直井上的应用（SAGD 注汽及驱泄联合井）

为进一步加快待转 SAGD 井组的井温培养和降低油藏压力，2018 年起，在水平井已基本达到转驱条件的基础上，转换技术思路，对井组范围的注汽井和驱替泄油联合井进行规模吞吐预热，通过强化单井回采，达到降低油藏压力、扩大蒸汽波及体积的调整目的。累计实施 24 井次，累计增液量为 3×10^4t，累计增油量为 0.8×10^4t，油汽比提高 0.09，回采水率提高 41%，有效改善了区域内待转 SAGD 目标井的生产效果，为后续整体油藏调控奠定了基础。

3）试验效果

针对井组区域内直井与水平井间热连通性较差的问题，对曙 1-38-7030 井（驱替泄油联合井）进行气体泡沫辅助提高生产，利用高温发泡剂与气态二氧化碳复配发泡作用，对井下高渗透率层进行充能暂堵，改变后续蒸汽的驱扫方向，扩大蒸汽波及体积。该井设计提高采收率用表面活性剂磺酸盐类 70t，气态二氧化碳 83100m³。实施后，平均日产液量从 13.6 提高到 23.7t，日产油量从 1.9t 提高到 7.2t，平均含水率从 82.2% 下降到 72.2%，井口温度提高 20℃，累计增油量为 1173t，改善效果较为理想。

图 2-5-5　曙 1-38-7030 井措施后生产曲线对比图

五、超稠油污水旋流预处理工业化应用试验

曙一区超稠油污水深度处理站每天处理水量约 20000m³，在处理污水过程中，由于加入除油剂、絮凝剂及混凝剂，且加药量较高，每天会产生大量含油污泥。

污水站含油污泥因含有大量老化油、固体悬浮物、水处理药剂，其固液密度差小，沉降性较差，导致处理难度大。之前是直接通过离心机进行固液分离处理，分离后的含油污泥外运处理。该方法不但处理费用较高，而且对周边环境造成威胁，又造成资源的浪费。基于经济、社会和环境协调发展的需求，寻找一种新型的、环保经济的技术处理超稠油污水就成为亟待解决的问题。

利用壳装结构，对装置进行现场安装（图 2-5-6），并进行了应用试验，试验效果如图 2-5-7 和图 2-5-8 所示。

图 2-5-6　超稠油污水旋流预处理现场试验装置

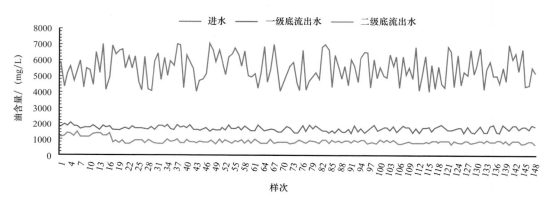

图 2-5-7　超稠油污水旋流预处理现场试验除油效果

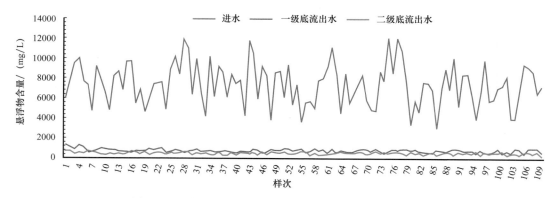

图 2-5-8　超稠油污水旋流预处理现场试验除悬浮物效果

　　取现场在用大罐处理出水（10000m³）与旋流处理装置的出水进行对比，也可以明显地看出旋流处理装置的分离效果优于大罐处理，且加药量较大罐处理少（大罐加药量为350mg/L，旋流处理工艺加药量为240mg/L）。对比情况如图 2-5-9 和图 2-5-10 所示。

图 2-5-9 现场大罐出水

图 2-5-10 旋流出水

六、直井辅助双水平井 SAGD 技术现场应用效果

在新疆油田重 32 井区实施了两个井组的直井辅助双水平井 SAGD 试验。

1. 直井辅助双水平井 SAGD 试验区概况

1）地质概况

重 32 井区 SAGD 开发区齐古组全区广泛分布。区内无断层发育，底部构造形态为一向东南缓倾的单斜，地层倾角为 3°～8°。储层岩性以中砂岩、细砂岩为主，该区油层平均孔隙度为 31.7%、平均渗透率为 2551.7mD、平均含油饱和度为 73.5%、平均油层厚度为 25.2m。目的层主要发育物性夹层及岩性夹层，夹层不连续发育，平均厚度为 0.6m。齐古组油藏中部埋深为 200m，原始地层温度为 19.63℃，原始地层压力为 2.12MPa，压力系数为 0.987；50℃时原油黏度为 13768mPa·s，黏温反应敏感，温度每上升 10℃，原油黏度降低 50%～70%；油藏类型为构造及岩性控制带边水的浅层断块超稠油油藏。

2）开发历程

重 32 井区 SAGD 先导试验区部署 4 对 SAGD 井组，井距为 100m，2009 年 1 月开始投产，当年 8 月全部转抽；开发区部署 22 对 SAGD 井组，井距为 80～100m，2012年 8 月开始投产，2013 年 9 月全部转抽。截至措施前，累计注汽量为 421.3×10⁴t，累计产液量为 362×10⁴t，累计产油量为 78.7×10⁴t，油汽比为 0.23，采注比为 0.925，采出程度为 17.48%（表 2-5-8）。

表 2-5-8 重 32 井区 SAGD 试验区及开发区累计生产数据表

区块	注汽量/ 10^4t	产液量/ 10^4t	产油量/ 10^4t	油汽比	采注比	综合含水率/ %	动用地质储量/ 10^4t	采出程度/ %
SAGD 试验区	101.6	96.5	26.1	0.27	0.97	72.17	106.7	24.46
开发区	319.7	265.5	52.6	0.19	0.88	78.43	343.6	15.32
合计	421.3	362	78.7	0.23	0.925	75.3	450.3	17.48

开发区内观察井采用预应力完井方式，满足热采需求。

2. 直井辅助双水平井SAGD试验设计

1）辅助直井筛选

选择关停直井实施直井辅助。为保证直井辅助效果，制定以下优选原则：（1）筛选SAGD井组未动用段周围的直井；（2）直井与SAGD井组的距离保持在20～40m之间；（3）依据SAGD水平井段未动用段的长度确定需要辅助的直井数（未动用段长度小于100m，需要一口辅助井，每增加100m，增加一口井辅助井）；（4）地面设施基本完备的直井。

统计重32井区SAGD老区井组水平段动用情况，存在弱动用段，长度为33～276m。最终优选4口直井辅助3对SAGD井组（表2-5-9）。

表2-5-9 重32井区SAGD开发区直井辅助最终筛选井数统计表

水平井	弱动用段长度/m	需要井数/口	油层厚度/m	对应直井	直井情况			
					平面垂向距离/m	地面设施	目前生产	备注
FHW112	30	1	17.8	F10078	20	完备	关井	直井由重32-4-4供汽
FHW113	55	1	19.6	F10240	39	完备	高含水	直井由重32-13-11供汽
FHW121	50	1	30.3	F10102	34	无抽油机无管线	未投产	管网受地势影响连接复杂，不选
FHW127	236	2～3	21.1	F10257	33	有抽油机无管线	未投产	与FHW12182管网连接由流化床供汽
				DF312	29	有抽油机无管线	未投产	与FHW12115管网连接由流化床供汽

2）射孔井段优化

根据数值模拟结果，兼顾拉扯蒸汽腔和油层动用，当油层厚度为10～15m时，射孔段底界与注汽井平行；当油层厚度在15m以上时，射孔段底界在注汽井上方2～5m处。同时，射孔井段与盖层避射距离应大于3～5m，可大幅度减少盖层热损失，提高油汽比。此外，射孔厚度一般情况下大于5m，保证直井辅助效果。

3）操作参数优化

直井辅助SAGD生产主要有两个阶段，分别为直井吞吐预热连通阶段和直井转蒸汽驱辅助阶段。

（1）直井吞吐预热连通阶段。

注汽压力：结合各区块地层破裂压力，确定重 32 井区注汽压力上限为 4MPa。

注汽速度：每轮注汽速度为 80t/d、90t/d 和 100t/d，达到压力上限即停止注汽。吞吐第 1～3 轮注汽量分别为 1100t、1200t 和 1300t。

焖井时间：推荐焖井时间为 2～3 天。

（2）直井转蒸汽驱辅助阶段。

直井与 SAGD 井组形成热连通后转为注汽井，即直井和 SAGD 注汽井同时注汽，SAGD 生产井继续保持生产。SAGD 水平井以稳定生产为目标，保持当前注汽速度、操作压力及 Subcool。控制注汽压力与被辅助 SAGD 井组蒸汽腔压力保持一致。推荐直井注汽速度为 50～75t/d，最终优化结果见表 2-5-10。

表 2-5-10　直井辅助拟上返井注采参数优化结果表

阶段	操作参数		技术标准	重 32 井区
预热连通阶段	注汽压力 /MPa		小于地层破裂压力，避免地表汽窜	≤4
	注汽速度 / (t/d)		逐轮增加控制压力不超过地层破裂压力	80，90，100
	轮注汽量 /t		逐轮增加，控制注汽强度	1100，1200，1300
	焖井时间 /d		提高热利用率	2～3
	吞吐轮次		保证直井与 SAGD 井热连通	3
注汽辅助阶段	注汽压力 /MPa		同一压力系统	与蒸汽腔操作压力一致
	注汽速度 / t/d	直井	蒸汽腔连通时间和日产油最优	50～75
		SAGD	稳定 SAGD 井生产	维持现有注汽速度，适当降汽

3. 直井辅助双水平井 SAGD 措施效果

根据措施井效果统计（表 2-5-11 和图 2-5-11）可知，直井辅助 SAGD 措施实例及效果显著。

表 2-5-11　FHW114 和 FHW115 井组辅助效果统计表

项目	FHW114 井组			FHW115 井组		
	日注汽量 /t	日产油量 /t	油汽比	日注汽量 /t	日产油量 /t	油汽比
辅助前	105	20	0.19	195	28	0.14
辅助后	96	30	0.31	153	50	0.33
对比	–9	10	0.12	–42	22	0.19

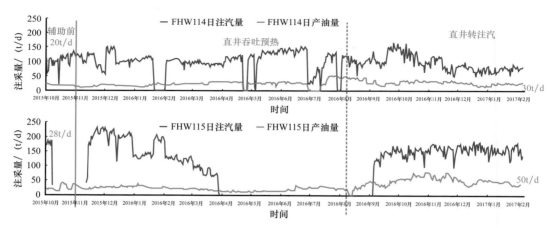

图 2-5-11 FHW114 和 FHW115 井组生产运行曲线

第三章 稠油火驱提高采收率技术

火驱（In-Situcombustion，又称火烧油层）是通过注入空气维持原油就地燃烧，将原油驱向生产井的提高原油采收率的热力采油技术。与其他热采方法相比，火驱最大的特点是在油层就地产生热量，优点在于能源利用率高、最终采收率高。按照具体工艺方法，火驱可分为干式正向火驱、反向火驱和联合热驱。

火驱采油技术在 1923 年由美国 Howard 正式提出并申请了专利，1947 年开始室内实验研究。从 1951 年起美国的各石油公司竞相开展试验，使得火驱技术得到了较快发展。加拿大从 1964 年起在艾伯塔省开展了各种火驱方式的试验，并取得了较好的效果。罗马尼亚于 1964 年在 Suplacu de Barcau 油田也成功地进行了火驱试验，并于 1969 年同法国合作，先后在 17 个油田进行了试验，其中有 4 个油田投入了大规模的工业生产。苏联于 1966 年在巴甫洛夫油田开始了第一个火驱现场试验。开展火驱试验的还有委内瑞拉、荷兰、德国、匈牙利、土耳其、日本和印度等 40 余个国家（王弥康等，1998）。

中国自 1958 年起，先后在新疆、玉门、胜利、吉林和辽河等油田开展了火驱试验研究，分别经历了探索阶段、先导试验阶段、扩大试验三个阶段。

稠油火驱提高采收率技术涉及的内容点多面广，本章从稠油火驱机理研究出发，分别介绍了油藏工程设计技术、点火工艺技术、动态跟踪评价及调控技术、火驱工业化技术、现场应用实例分析等方面内容。

第一节 稠油火驱开发机理

火驱采油具有油藏适应范围广、物源充足、成本低、采收率高的优势。但由于火驱技术的驱油机理十分复杂，包括高温裂解、热驱、冷凝蒸汽驱、混相驱以及气驱等多元物理和化学反应，在实际开发过程中火驱的驱油效果与储层物性、原油性质、注空气的通风强度、点火温度等因素都有密切的关联。因此，在决定对某油藏实施火驱现场试验之前，有必要开展火驱室内实验，认识火驱区带分布、富油区带聚集等作用机理，为现场试验提供技术支持，降低现场试验的成本与风险（王元基等，2012）。

一、稠油火驱作用机理及驱油特征

1. 火驱作用机理

1）增压机理

火驱过程中对压力产生影响的主要有低温氧化、热膨胀、裂解，以及高温氧化形成的结焦带与油墙。其中，低温氧化由于发生加氧反应（即更多的氧与原油反应生成醇、醛、酮等含氧基团），仅生成少量的二氧化碳、一氧化碳气体，气体总量减少，因此会产生减压的效果；热膨胀为物理变化，即气体受热膨胀，由于火驱高温作用，热膨胀产生增压效果；裂解反应一般发生在300℃以上温度，在该温度条件下，大分子原油组分发生键断裂产生气态物质，如甲烷、氢气等，因此也会产生增压效果；高温氧化形成的结焦带特别致密，降低了储层的有效渗透率，引起压力升高；油墙形成并不断移动过程中，含油饱和度逐渐增大，堵塞了燃烧尾气的通道，降低了气相渗透率，造成了压力升高。

火驱过程中热裂解与高温氧化为压力升高的主要影响因素。井间压力分布从注入井向生产井逐渐降低。总体趋势是压力随着火线与油墙向前推进而增加，当油墙推进至生产井时又开始降低（图3-1-1）。当油墙接近生产井时，油墙运移过程产生的阻力开始减小，井间压力开始下降（张方礼，2011）。

压力与产量同步升高，受井距位置影响，压力峰值先于产量峰值出现。油墙前缘接近生产井，压力出现峰值；火线接近生产井，产量出现峰值。

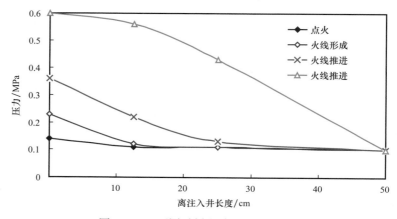

图3-1-1　不同时刻注采井间压力变化

2）富油区聚集机理

针对火驱地下油墙形成及运移规律不清的问题，利用自主研制的火驱物理模型，开展了天然岩心物理模拟实验，对比分析了含油饱和度与温度的关系，提出了油墙技术界限的判定方法，即油墙技术界限的上、下限分别为实验压力下饱和蒸汽温度与实验用油的拐点温度。火线形成后，原油在高温作用下聚集形成高饱和度油墙。随着火线推进，油墙范围不断增大，模型压力不断上升，当油墙接近生产井时范围达到最大、压力达到峰值，生产井进入稳产阶段。随着原油不断采出，模型压力下降，油墙范围逐渐减小直至消失，火线突破生产井。

实验结果表明，火驱过程中，点火注气阶段模型内压力缓慢小幅上升，气驱产油阶段驱油效率为5.9%；火线稳定推进阶段产量随压力升高逐渐增加，油墙接近生产井时模型压力达到峰值，火线接近生产井时产量达到峰值，随后二者均逐渐下降，油墙稳定产油阶段驱油效率为77%。

图3-1-2为天然岩心火驱一维实验后照片。

图 3-1-2　天然岩心火驱一维实验后照片

3）原油氧化机理

稠油在空气气氛中主要发生氧化、裂解反应，其中高温氧化剧烈表现为燃烧裂解反应，整个过程同时伴随部分缩合反应（杨钊，2015）。可以把稠油在空气气氛中随温度的升高划分为 4 个阶段进行讨论（图 3-1-3）。

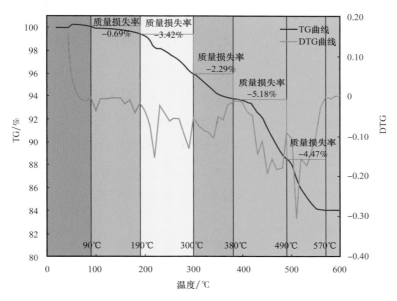

图 3-1-3　稠油不同反应区间划分

第一阶段为挥发蒸馏阶段（＜190℃）。主要表现为物理变化，DSC 曲线表明没有吸热和放热反应发生。TG 曲线显示 20～90℃段主要发生水分、轻组分的挥发与浮重波动影响；90～190℃段是以轻质组分挥发为主的蒸馏阶段。

第二阶段为低温氧化阶段（190～300℃）。空气气氛表观活化能平均值为 25.689kJ/mol，频率因子为 $10s^{-1}$。该阶段主要发生低温氧化反应，长链烃（C＞18）断裂形成短链烃（C＞6），自由基以及轻组分由于氧气的存在而形成过氧化物，过氧化物的分解放出大量热量进一步促进断链，一般认为此过程不发生燃烧反应，又由于断链的能量正比于组分分子量和沸点，因此活化能较低。

第三阶段为燃料沉积阶段（300～420℃）。空气气氛表观活化能平均值为 114.415kJ/mol，频率因子为 10^7s^{-1}。随着温度的继续升高，稠油中部分稠环及环链等强键大分子断裂成小分子烃类，部分因氧化产生二氧化碳、水分等进入气相而失重，强键的破坏需要较高的能量，该阶段主要发生胶质氧化，放出热量不高，因此活化能大。指前因子也较大，在一定程度上补偿了由于高活化能对反应速率的影响。

第四阶段为高温氧化燃烧阶段（420～570℃）。空气气氛表观活化能平均值为196.23kJ/mol，频率因子为$10^{11}s^{-1}$。达到燃点后，沥青质、胶质等重组分发生剧烈的燃烧反应，放出大量热量，促进碳氢键、碳氧键断裂成小分子（如醇、酚等），进一步加剧燃烧反应。当温度达到570℃后，质量热流量接近0，TG/DTG曲线均接近水平，说明氧化燃烧反应停止。

由于原油组分复杂，仔细划分反应过程很困难，通常归纳为以下几种反应：

（1）重质油受热裂解$\longrightarrow$轻质油 + 焦炭。

$$(0.375x-0.5)\,C_{24}H_3 \longrightarrow C_{12}H_2+(C_9H)_x\,(x\text{ 为焦炭缩合度，不确定})$$

（2）轻质油 + 氧气燃烧$\longrightarrow$水 + 惰性气体 + 能量。

$$C_{12}H_2+11.5O_2 \longrightarrow H_2O+10CO_2+2CO+Q\,(Q\text{ 为热量})$$

（3）重质油 + 氧气燃烧$\longrightarrow$水 + 惰性气体 + 能量。

$$C_{24}H_3+22.75O_2 \longrightarrow 1.5H_2O+20CO_2+4CO+Q$$

（4）焦炭 + 氧气燃烧$\longrightarrow$水 + 惰性气体 + 能量。

$$(C_9H)_x+8.5xO_2 \longrightarrow 0.5xH_2O+7.5xCO_2+1.5xCO+Q$$

以上研究给出了稠油可能的化学组成，并对各过程的反应动力学进行分析，给出了稠油的裂解反应机理，可为油藏数值模拟提供可靠的参数依据。

2. 火驱驱油特征

1）燃烧区带特征

根据温度及实验后岩心分析结果，火驱区带从注气井至生产井方向可以分为已燃区、燃烧前缘、结焦带、凝结区、油墙及原始油区（刘其成，2011），如图3-1-4所示。

已燃区：岩心中几乎看不到原油，含油饱和度小于2%，岩心孔隙为注入空气所饱和，砂粒温度较高，滞留大量的燃烧反应热。由于空气在多孔介质中的渗流阻力非常小，因此在实验过程中几乎测量不到压力降。该区域空气腔中的压力基本与注气井底压力保持一致，压力梯度很小。由于没有原油参与氧化反应，该区域氧气浓度为注入浓度。

燃烧前缘：即燃烧区，也称为火墙，是发生高温氧化反应（燃烧）的主要区域。在该区域内氧化反应最为剧烈，氧气饱和度迅速下降。区内温度最高，一般都在400℃以上，在实验过程中最高达到900℃，在该区域边界温度变化最为剧烈，温度梯度最大（李秋等，2018）。

结焦带：在燃烧带前缘一个小范围内，有结焦现象，在这个范围内灭火后的岩心呈现坚固的硬块，含油饱和度为5%～15%，该区域为燃烧前缘提供燃料，温度仅次于火墙，以裂解反应为主，即重质烃裂解成油焦（焦炭）和气态烃，油焦沉积在砂粒上，维持火

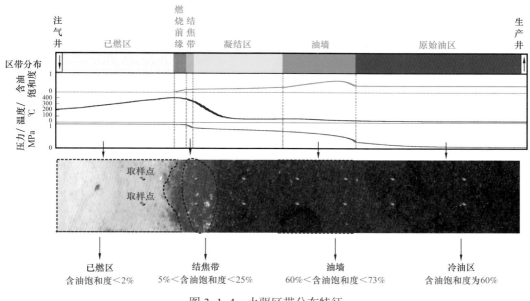

图 3-1-4　火驱区带分布特征

线前缘持续不断向前移动，气态烃和过热蒸汽在燃烧前缘前面移动，是火驱的一个主要驱油机理。

油墙：位于结焦带之前，油墙的主要成分为高温裂解生成的轻质原油，混合未发生明显化学变化的原始地层原油，也包含燃烧生成的水、二氧化碳以及空气中的氮气。由于该区含油饱和度高，含气饱和度相对较低，具有较大的渗流阻力。该区温度逐渐接近原始地层温度。

冷油区：位于油墙的下游，含油饱和度基本上没有变化。与其他补充地层能量的开采方式不同，火驱过程中自始至终都有烟道存在。烟道的主要作用是将火驱过程中产生的二氧化碳等气体排出地层，否则当二氧化碳的浓度达到一定程度就会导致中途灭火。从这个角度来看，剩余油区是受蒸汽和烟道气驱扫形成的。

2）火驱适应性

开展了油层厚度为 10m、20m、30m、40m、60m 的 5 组火驱比例模拟实验。图 3-1-5 为不同油层厚度直井火驱温度场图。实验结果表明，油层厚度对点火不存在影响，即均可实现高温氧化。当油层厚度小于 20m 时，火线推进较为均匀，油层厚度为 10m、20m 模拟实验中火线可以波及大部分区域。但随着油层厚度增大，火线在拓展过程中受气体超覆现象影响明显增大，火线前缘以一定倾角形式向生产井推进，且火线波及区域减少，特别是油层厚度为 60m 的模拟实验，火线最终在油层顶部发生突进，大部分油层并没有被波及，因此其采出程度很低。10m、20m、30m、40m 和 60m 不同油层厚度火驱实验的采出程度依次为 85.17%、64.7%、61.7%、45.6% 和 21.4%。因此，通过火驱室内实验探索认为火驱适宜油层厚度上限为 20m。

针对油层厚度较大储层火线波及效果差的问题，在实验中进行了适当调整，即当火线接近生产井时，通过对射孔井段进行调整，牵引火线向未波及区域拓展，可以扩大火线的波及范围，以油层厚度为 60m 为例，调整后，采出程度由 21.4% 提高至 59.97%。

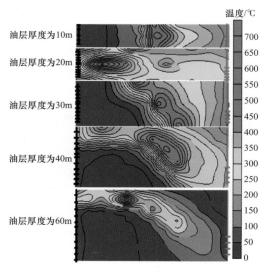

图 3-1-5　不同油层厚度直井火驱温度场图

在室内共开展了 5 组含油饱和度分别为 10%、15%、20%、30%、60% 的火驱模拟实验，图 3-1-6 显示了不同含油饱和度火驱实验岩心轴向燃烧最高温度监测结果。注气井处点火器温度均可达设定值 500℃，在含油饱和度为 10% 条件下，轴向温度逐渐降低，表明在该条件下难以形成有效向前推进的火线；当含油饱和度大于 15% 时，其轴向燃烧峰值温度为 550～650℃，对模型产出气体进行在线监测，其中二氧化碳含量为 9%～11%，氧气含量为 2.21%，从燃烧判识指标分析，视氢碳原子比为 1.213，氧气利用率为 91.47%，氧气转化率达到 87.57%，即实现了高温氧化燃烧，形成了向前稳定推进的火线。不同含油饱和度火驱模拟实验表明，实施火驱开发技术可行性含油饱和度下限为 15%。

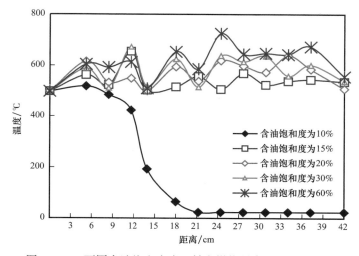

图 3-1-6　不同含油饱和度岩心轴向燃烧最高温度分布曲线

通过含油饱和度为 60% 和 20% 两组实验燃烧温度对比分析可以看出，含油饱和度为 20% 时的燃烧最高温度一直低于含油饱和度为 60% 时的燃烧最高温度，平均低 50～100℃（图 3-1-7）。说明含油饱和度为 20% 时可以保持稳定燃烧，但是与含油饱和度为 60% 条件相比，可以燃烧的燃料相对较少，导致整个燃烧过程中燃烧温度一直保持较低状态。

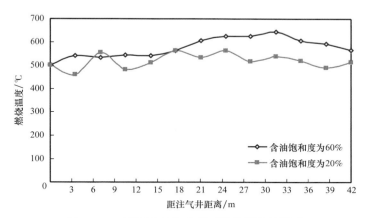

图 3-1-7　不同含油饱和度对燃烧温度的影响

3）火驱开发阶段

以室内实验为基础，综合国内外现场实例，综合分析各项指标变化规律，结合数值模拟研究，提出较全面的多层油藏火驱开发规律及驱油特征。

根据产出尾气、温度和压力监测资料、火驱单井和井组产量变化规律及物理模拟数值模拟研究结果，以地层压力、火驱燃烧指标（视氢碳原子比、气体 GI 指数）、燃烧温度及燃烧状态、火线推进速度及产量为基本评价参数，同时结合油砂热失重曲线特征和稠油氧化机理，将火驱分为 3 个主要开发阶段，即火线形成产量上升阶段、热效驱替产量平稳阶段、氧气突破产量下降阶段（关文龙等，2010）。

第一阶段：热量聚集，该阶段经历低温氧化前期（油藏温度为 70～240℃）、低温氧化后期（油藏温度为 240～355℃）和焦炭沉积阶段（油藏温度为 355～435℃）；油砂热失重的速率变化呈"不明显→明显→增加变缓"的趋势；同时反应生成的热量也迅速增加，火线推进注采井距的 20% 以内，含水率上升。

第二阶段：热量聚集形成高温氧化阶段（油藏温度为 435～545℃），该阶段发生强烈的氧化反应，放出大量的热，充分氧化，产物为二氧化碳、水和少量的氮氧化物，因此在此阶段油砂迅速失重，火线推进到注采井距的 20%～80%，含水率呈"下降—平稳"的趋势，以平稳为主。

第三阶段：高温氧化阶段后期，火线推进到注采井距的 80% 以上，含水率上升，该阶段氧气含量明显上升，在 15% 左右，而二氧化碳、一氧化碳含量明显下降，二氧化碳含量在 5% 左右，一氧化碳含量也有所下降，在 2% 左右。

表 3-1-1 中列出了燃烧阶段指标界限。

表 3-1-1　燃烧阶段指标界限

项目	火线形成 产量上升阶段	热效驱替 产量平稳阶段	氧气突破 产量下降阶段
火线推进占井距比例	0～20%	60%～80%	＞75%
时间比例	25% 左右	65% 左右	10% 左右
产量增加倍数	无变化	2～6 倍	产液量急剧下降至不出液
阶段采出程度	10%～15%	75%～80%	5%～10%
含水率	高含水率	50%～70%	＞80%
氧气含量	＜10%	＜2%～3%	＞5%
二氧化碳含量	4%～8%	12%～15%	＜5%
燃烧前缘推进速度	缓慢，0.04m/d	稳定，0.06～0.12m/d	不稳定
燃烧前缘温度	200～400℃	稳定在 500℃ 左右	下降至 400℃ 左右
空气油比	大于经济值	2000m³/t 左右	大于经济值

　　燃烧阶段的长短及燃烧过程不仅与燃料的物理化学特性有关，还与地质条件、储层的非均质性、黏土矿物组成及转火驱前动态特征等有很大关系。实际上，燃烧阶段的划分是相对的、互相交错重合，并没有明显的特征点。在划分燃烧阶段时应考虑各参数主要变化规律，多关注一些和生产密切相关的、连续的、容易获得的动态参数，如产液量、压力、产出气体含量和温度等，通过多参数的综合比较后划分燃烧阶段（Islama et al.，1992）。

二、超稠油火驱催化裂解机理研究

1. 超稠油物性特征

1）物性和组成

　　所用原油取自辽河油田杜 84 区块，实验室对稠油的性质、组成和结构进行了测定分析。原油密度为 0.998g/cm³（20℃），黏度为 341.25Pa·s（50℃）。根据国际重油及沥青砂分类标准，该原油属典型超稠油。饱和烃含量为 24.5%，而胶质和沥青质含量较高，总含量超过 40%，胶质含量较高是中国稠油的普遍特点。稠油的氢碳原子比较低，硫含量为 0.26%（质量分数），属于低硫稠油，氧和氮杂原子含量分别为 1.58%（质量分数）和 0.66%（质量分数），属典型烷烃含量低、胶质和沥青质含量高的超稠油。

2）黏温关系

　　超稠油的主要特征是相对密度大、黏度高，常表现为非牛顿特性。但稠油的黏度对温度非常敏感，随着温度升高而大幅度降低，并且黏度越高，下降幅度越大，此时稠油流动又会趋于牛顿流体。这是稠油重要的热物理特性，也是热力采油的基本依据。一般认为转化为牛顿流体后，在地层内才能发生连续的渗流。图 3-1-8 显示了辽河油田杜 84 区块超稠油（脱气原油）黏温关系曲线，从图中可以看出，杜 84 区块超稠油（脱气原油）温敏性很强，黏度随温度的升高而急剧下降；反之，随着温度的降低，黏度急剧增加。因此，保持较高的井筒和地层温度，对超稠油和特稠油的开采是至关重要的。

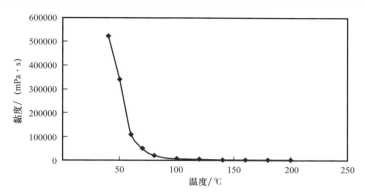

图 3-1-8　杜 84 区块超稠油（脱气原油）黏温关系曲线

3）全烃分布

稠油中较详细烃馏分组成的烃分布测定有助于研究改质降黏反应前后稠油中烃类的变化。采用气相色谱仪完成各组分的烃分布测定。

杜 84 区块原油烃分布主要集中在 C_{20}—C_{35}，C_{31}—C_{35} 烃的含量达 37.56%。高碳数烃类物质越多，分子间色散力越强，作用力越大，稠油的黏度越高；低碳数烃的存在对稠油黏度的降低有重要的影响。

4）馏分

杜 84 区块超稠油模拟蒸馏结果显示，无初馏点至 180℃汽油馏分，140～240℃煤油馏分占总质量的 0.94%，200～350℃的柴油馏分占总质量的 7.77%，大于 350℃的馏分占总质量的 92.23%。由此可见，超稠油中汽油馏分、煤油馏分和柴油馏分较少，其主要成分为重油（大于 500℃）馏分（图 3-1-9）。

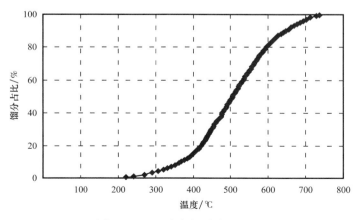

图 3-1-9　温度与馏分占比关系

2. 超分散催化剂的制备以及供氢体的筛选

针对辽河油田的超稠油，对其物化性质进行系统分析，进而开展超稠油火驱地下原位供氢催化裂解改质降黏反应机理的研究。超稠油因重质组分含量高、平均分子量大、杂原子多，组成和结构更为复杂。一般将石油馏分分成4个主要馏分组成（SARA），即饱和分、芳香分、胶质和沥青质。沥青质的组成和结构是非常复杂的，通过现代分析手段来认识其平均结构和特征官能团。

1）高效超分散铁镍复合催化剂的制备

使用多步水热法合成高效超分散催化剂，由Fe—Ni纳米粒子、Fe纳米粒子和Ni纳米粒子组成。图3—1—10为Fe—Ni复合分散催化剂的TG—DTG图谱。

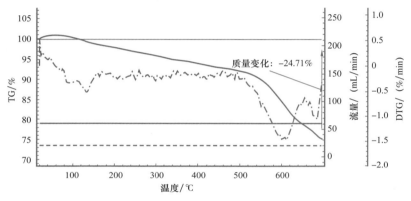

图3—1—10　Fe—Ni复合分散催化剂的TG—DTG图谱

制备的超分散纳米粒子的分散性较好，颗粒粒径小，分子间聚集作用形成体积较大的颗粒，聚集紧密。

2）供氢体筛选

Vossoughi等基于TGA/DSC手段计算火驱燃烧过程，这种分析工具与燃烧管测试相比，具有消耗资金少、操作简单、数据分析及时等优点。

原油的燃烧过程是十分复杂的化学反应过程。实验表明，在250℃以前原油的质量损失可达47.38%，温度进一步升高到300℃左右，该过程被称为低温氧化（LTO）阶段。在300~400℃温度段，原油经历了裂解反应，该过程被称为燃料分解（MTO）阶段，裂解的产物为界于液体和固体之间的物质，这部分物质主要是火驱燃烧的主要燃料，燃烧产生大量的热量，对形成稳定的燃烧前沿与稳定着火起着决定性的作用，燃料沉积量的多少可以通过注入气体的速率和气氛中氧的含量来决定。随着温度达到450℃左右，燃烧放出大量的热，该过程被称为高温氧化（HTO）阶段，高温氧化放热量的大小对火驱整个燃烧过程都起着重要的作用。

在杜84区块原油中加入Fe—Ni基超分散纳米催化剂后，130℃以前原油的质量变化很小，130~350℃温度段原油失重增加至45.002%，300~400℃温度段原油经历了裂解反应。350~480℃温度段原油失重为20.734%，480~700℃温度段原油失重为22.023%，该温度段发生了高温氧化反应，释放出大量的热。

在原油中加入超分散纳米 Fe–Ni 基催化剂和供氢体四氢萘、十氢萘和甲酸，从添加 3 种供氢体后原油的 TG—DTG 实验结果来看，在 380～700℃温度段，原油质量损失分别为 43.56%、43.309% 和 42.2953%。可见，在供氢性能方面，四氢萘强于十氢萘和甲酸。

3. 超稠油燃烧反应动力学

基于渐进式活化能理论，研究稠油燃烧动力学，为火驱提供理论基础和技术参数。利用热分析技术，将原油与催化剂、供氢体和石英砂混合成油砂，进行热分析研究。通过 TG/DTG/DSC 曲线分析原油的热分解过程，利用 Flynn–Ozawa–Wall 法、Kissinger 微分法和 Friedman 法对各阶段动力学参数进行了研究，计算在加入催化剂、催化剂 + 供氢体情况下稠油氧化过程中的活化能与指前因子，探究催化剂与供氢体对稠油催化改质降黏的影响（关文龙等，2011）。

1）常规燃烧反应动力学

近年来，差热分析（DTA）和热重分析（TGA）被应用于火驱研究工作。通过热重分析仪和差式扫描量热分析仪，可以进一步分析原油及焦炭在火驱过程中各氧化反应阶段的温度区间，以及各阶段的失重、放热情况等。通过热分析法，计算原油及焦炭的反应动力学参数，并研究催化剂及供氢体对原油反应动力学的影响（蒋海岩等，2016）。

活化能是反应动力学分析的主要参数，决定反应进行的难易程度。假设反应过程仅取决于转化率 α 和温度 T，这两个参数是互相独立的，不等温、非均相反应的动力学方程可以表现为以下形式：

$$\frac{\mathrm{d}\alpha}{\mathrm{d}t} = f(\alpha)k(T) \qquad\qquad （3-1-1）$$

式中　t——反应时间；

　　　$k(T)$——速率常数的温度关系式；

　　　$f(\alpha)$——反应机理函数。

在线性升温时，通过温度和时间的关系，式（3–1–1）可以转化如下：

$$\frac{\mathrm{d}\alpha}{\mathrm{d}t} = \frac{1}{\beta} f(\alpha)k(T) \qquad\qquad （3-1-2）$$

$$\beta = \frac{\mathrm{d}T}{\mathrm{d}t} \qquad\qquad （3-1-3）$$

β 为升温速率，在大多数试验中，β 是一个定值，本书只考虑该类反应。式（3–1–3）是反应动力学在等温或者非等温过程中最基本的方程，其他所有方程都是在此基础上推导出来的。

2）杜 84 区块超稠油实际燃烧反应

取辽河油田杜 84 区块超稠油，原油密度为 0.998g/cm^3（20℃），黏度为 341.25Pa·s（50℃），添加催化剂原油样品为杜 84 超稠油 +Fe–Ni 超分散催化剂和杜 84 超稠油 + 催

化剂 + 供氢体，其中供氢体为四氢萘。

对3组超稠油样品进行热重分析，划分稠油低温氧化、燃料沉积和高温氧化温度段，建立稠油氧化动力学方程，计算各阶段活化能和指前因子。进行4组 TGA 实验，实验样品用量均为 20～30mg，非等温实验的升温速率为 2K/min、5K/min、10K/min 和 20K/min，加热至 700℃，保温 30min 以确保反应完全进行。

实验结果表明，不同升温速率下的氧化曲线具有大致相同的变化趋势，随着升温速率的增大，原油氧化的曲线峰逐渐向温度较高的区域推移，升温速率越小，氧化终温越低。根据实验结果，可以将原油样品的氧化过程区分为4个阶段。

表 3-1-2 中列出了3组样品在不同反应阶段所对应的温度区间，对比发现加入催化剂的样品和加入催化剂及供氢体的样品，其燃烧过程变化比较大，各阶段对应的温度范围及失重速率均发生变化。加入催化剂后样品低温氧化区间、高温氧化区间分别从 137～371℃和 426～550℃降低为 137～341℃和 420～530℃，燃料沉积阶段温度区间起始点和终止点均有所降低，且区间长度缩短，从 371～426℃变化到 341～420℃；加入催化剂和供氢体后样品低温氧化区间分别降低为 135～310℃，高温氧化区间降低为 420～519℃，燃料沉积区间变为 310～420℃。说明加入催化剂和供氢体后，原油的燃烧过程更加剧烈且充分，使得整个反应朝着更高的转化率方向进行。

表 3-1-2　不同样品反应温度区间对比

样品	蒸馏阶段 /℃	低温氧化阶段 /℃	燃料沉积阶段 /℃	高温氧化阶段 /℃
原油	30～137	137～371	371～426	426～550
原油 + 催化剂	30～137	137～341	341～420	420～530
原油 + 催化剂 + 供氢体	30～135	135～310	310～420	420～519

3）超稠油催化裂解改质后燃烧参数

在一维火驱模拟实验装置（图 3-1-11）上模拟火驱稠油时的井下条件，在多孔介质中注入催化剂、供氢体，进行火驱改质实验，以微观和宏观分析作为手段对火驱前后稠油进行表征，揭示稠油火驱供氢催化改质降黏机理。

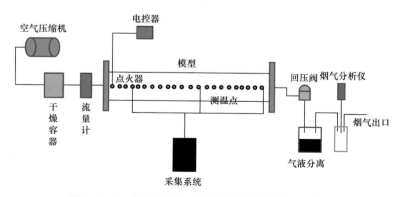

图 3-1-11　稠油火驱一维物理模拟实验装置示意图

该实验可以模拟和研究注气井与采油井连线上的火驱动态过程及产出气组分的测定，可以用于确定火线推进速度、燃烧温度、视氢碳原子比、燃料消耗量和空气需求量等燃烧参数。

表 3-1-3 中列出了未加催化剂供氢体火驱与供氢催化火驱实验结果的对比情况，从表中可以看出：

表 3-1-3　未加催化剂供氢体火驱与供氢催化火驱实验结果对比

项目	数值		
催化剂供氢体	原油	加入催化剂原油	加入催化剂和供氢体四氢萘原油
视氢碳原子比	1.27	1.02	0.54
燃料消耗率 /%	16.38	17.00	18.43
燃料消耗量 /（kg/m³)	29.25	30.36	32.91
空气消耗量 /（m³/m³)	360.00	360.00	340.00
阶段空气油比 /（m³/t)	2411.3	2429.43	2334.68
氧气利用率 /%	86.16	87.01	93.94
驱油效率 /%	83.62	83.00	81.57

（1）视氢碳原子比。

根据实验中测试获得的火驱尾气成分含量，明确了原油单独燃烧的视氢碳原子比为1.27，单独添加催化剂后视氢碳原子比为1.02，添加催化剂和四氢萘原油的视氢碳原子比为0.54。视氢碳原子比小于3，说明在火驱过程中，高温氧化反应占主导地位，并且视氢碳原子比越小，高温氧化效果越好。使用催化剂能很好地提高火驱过程中的燃烧程度，同时加入催化剂和供氢体四氢萘能使火驱过程中的高温氧化程度达到最高，火驱效果最好。

（2）燃料消耗率。

未添加催化剂供氢体时火驱过程燃料消耗率为16.38%，单独加入催化剂时火驱过程燃料消耗率为17%，加入催化剂和四氢萘时火驱过程燃料消耗率为18.43%。使用催化剂和供氢体四氢萘后，燃料消耗率提高明显。

（3）燃料消耗量。

未添加催化剂和供氢体时，火驱过程燃烧消耗量为30.39kg/m³；只添加催化剂时，火驱过程燃料消耗量为30.36kg/m³；添加催化剂和四氢萘时，火驱过程燃料消耗量为32.91kg/m³。燃料消耗量越多，高温氧化效果越好，火驱越成功。与原油单独燃烧相比，催化剂具有明显的促进燃料消耗的效果，使用催化剂和供氢体的组合，燃烧的消耗量提高更明显，火驱过程燃烧消耗量最多。

（4）空气消耗量。

原油燃烧的空气消耗量为360m³/m³，使用催化剂后原油燃烧时空气消耗量为360m³/m³，使用催化剂和四氢萘的组合后原油燃烧时空气消耗量为340m³/m³，催化剂加入对原油燃烧的空气消耗量无明显影响，加入供氢体后，原油燃烧空气消耗量明显下降，供氢体加入降低燃烧反应活化能，加快反应速率，节约空气资源。

（5）阶段空气油比。

原油燃烧的阶段空气油比为2411.3m³/t，使用催化剂后原油燃烧阶段空气油比为2429.43m³/t，使用催化剂和四氢萘的组合后原油燃烧阶段空气油比为2334.68m³/t，催化剂会促进低温氧化反应，增加火驱实验的阶段空气油比，加入四氢萘供氢体后，阶段空气油比明显下降，供氢体加入促进高温氧化反应，提高反应速率。

（6）氧气利用率。

未添加催化剂和供氢体时，氧气利用率为86.16%；只添加催化剂时，火驱过程氧气利用率为87.01%，添加催化剂和四氢萘时，火驱过程氧气利用率为93.94%。催化剂和供氢体加入能更好地促进氧化反应的发生，提高氧气利用率。

（7）驱油效率。

无催化剂和供氢体加入时火驱过程驱油效率为83.62%，单独加入催化剂时火驱过程驱油效率为83.00%，加入催化剂和四氢萘时火驱过程驱油效率为81.57%。驱油效率与燃料消耗率呈负相关关系，燃料消耗率越低，驱油效率越高。

第二节　中深层多层油藏火驱油藏工程设计技术

由于实施常规火驱的油藏均处于蒸汽吞吐开发末期，非均质性强、地层压力低，火驱实施难度大，因此需要开展火驱层段组合、井网井距、点火方式及注采参数等方面的优化设计，以指导火驱现场实施。

一、多层油藏储层非均质性描述

储层非均质性是指储层在沉积、成岩以及后期构造作用综合影响下，储层的空间分布及内部各种属性的不均匀变化。这种不均匀变化具体表现在储层岩性、物性、含油性及微观孔隙结构等内部属性特征和储层空间分布等方面的不均一性。在稠油火驱开发过程中，储层非均质性对火驱开采效果影响很大，它不仅控制着原始的油气赋存状态，更制约着不同开发方式下油藏内流体的流动特性及剩余油分布。层内及层间的非均质性影响火驱波及厚度，平面非均质性影响火驱的平面波及效率。在薄互层状（如辽河油田杜66块）油藏中，储层非均质性对火驱开发的影响有相同之处，但更多体现的是差异。

1.平面非均质性对火驱的影响

杜66块杜家台油层为典型的薄互层状油藏。属扇三角洲前缘亚相沉积，主要发育水下分流河道、分流河口沙坝、河道间及前缘薄层砂等微相。其中，以水下分流河道和分流河口坝微相沉积为主，砂体厚度大、物性相对较好，火驱过程中吸气效果好，火驱见效快。尤其是当注气井和采油井均位于同一河道微相时，注采井连通性好，注气井吸气效果好，采油井火驱见效快，产量高。

2. 纵向非均质性对火驱的影响

纵向非均质性包括层内非均质性和层间非均质性，二者对火驱纵向上的波及状况影响都不可忽视。

就火驱最佳厚度（15～20m）来说，厚层块状油藏可能就是一个单砂层，不存在层间非均质性。而这个单砂层并非是一个均质体，其内部可能存在数个韵律段，每个韵律段内渗透率有差异，存在韵律性；各韵律段之间也存在差异和韵律性，显示层内矛盾突出。如果韵律段间呈现出的韵律性是反韵律，那么火驱过程将发生严重的超覆现象，造成油层上部动用较好，下部动用相对较差。如果不是单砂层，而是存在两个或两个以上的砂层，这就同薄互层状油藏类似，垂向上必然存在层与层之间的差异，则层间矛盾突出。只有掌握了高渗透率层（段）的位置、层（段）间差异程度、韵律性以及隔夹层发育状况，才能更好地指导火驱开发。杜66块杜家台油层采用多层火驱的开发方式，将纵向上多个含油砂层同时进行火驱。相对于单层火驱，层间渗透率差异是影响多层火驱的重要因素。火驱井曙 1-46-039 井从上至下射开 7 个含油砂层进行注气，吸气剖面显示，火驱井段下部渗透率高的 20 号层和 22 号层吸气效果最好，而上部 11 号层和 13 号层渗透率相对较低，基本不吸气。此外，火驱井段组合厚度大小也是影响火驱开发的一个重要因素。火驱井曙 1-43-043 井射开 11 个油层进行注气点火，测温曲线显示，火驱开始阶段，该井下部高渗透率层吸气效果好，温度较高。随着火驱继续，火驱层段内空气在重力作用下发生超覆，造成火驱层段上部油层吸气效果逐渐变好，温度逐渐变高，下部温度逐渐降低。火驱持续时间越长，层段内超覆越严重。

二、多层火驱层段组合优化设计

层状油藏存在层间物性差异，而为了实现火驱经济开发必须实施多个油层同时驱替，这就使层间矛盾更加突出。因此，为了减弱非均质性对火驱的影响，需要开展层段组合优化设计。

1. 组合厚度

调研结果显示，国内外成功火驱的油层厚度最小为 6.1m，最大为 39.3m，渗透率大于 500mD，孔隙度大于 22.6%，含油饱和度大于 51%，薄油层虽然能够成功进行火驱，但由于油层厚度小，开采不具有经济性。数值模拟研究结果表明，当组合厚度超过 18m 时，组合厚度越大，层数越多，越容易发生火线单层突进。因此，杜66块火驱组合厚度为 6～18m，既可以保证开采的经济性，又避免了火线突进现象。

2. 驱替方式

对于层状油藏多层火驱，注气井采用全井段笼统注气方式，火线优先向储层物性好的层位推进，易发生单层突进，从而降低纵向动用程度；注气井采用分段注气方式，能够减弱火线超覆及纵向动用不均现象；生产井采用全井层段合采方式，可获得较高的采油速度。

3. 渗透率级差

数值模拟研究表明，组合层段内渗透率级差大于4，纵向上层间突进剧烈，火线容易过早突破，波及体积变小，不适宜组合开发。为了保证垂向燃烧率和开发效果，多层火驱物性层段组合应保持渗透率级差在4之内。

综合以上研究，多层火驱最佳层段组合如下：采用分注合采方式，组合层段厚度为6～18m，组合层段内渗透率级差控制在4以内，稳定隔层厚度大于1.5m。

根据火驱层段优化设计结果，杜66块多层火驱可将上层系划分为杜 I_1+杜 I_2 以及杜 I_3+杜 II_1 两段进行驱替，平均油层厚度分别为11.2m和15.2m。

三、井网井距优化设计

火驱常用的井网形式有面积井网和线性井网，面积井网适用于构造平缓、地层倾角小的油藏；线性井网适用于具有一定倾角的油藏，有效实现重力驱，便于追踪评价和控制。

1. 面积井网

对于层状油藏火驱，设计井网时应考虑地层倾角、油层连通程度、燃烧前缘推进状态以及与现井网的衔接等因素。以杜66块为例，其主体部位地层较平缓，地层倾角一般为3°～5°，适合采用面积井网火驱。杜66块蒸汽吞吐时采用100m井距正方形井网，转火驱时，其井网可直接采用100m反九点井网，也可加密成70m反九点井网或抽稀成141m反九点井网3种火驱井网。数值模拟研究表明，当注采井距为70m时，受蒸汽吞吐加剧储层非均质性制约，火线推进差异较大，易发生火窜，影响最终采收率；当注采井距为100m时，燃烧前缘推进较均匀，最大限度地保持火线均匀向四周推进；当注采井距增大到141m时，注气井到燃烧前缘的压力损失增大，单井注气量难以满足燃烧前缘对氧气的需求。

通过精细油藏地质研究，100m井距厚度连通系数为0.81，141m井距厚度连通系数为0.79，200m井距厚度连通系数只有0.73。随着井距的增大，连通系数降低，储量动用程度变差。

优化设计层状油藏杜66块火驱采用100m反九点面积井网，既实现了与现井网有效衔接，减少了钻井投资，又能保证燃烧前缘均匀推进，从而获得最大的波及体积和采收率。

2.线性井网

线性井网一般在地层倾角相对较大的火驱油藏中采用。厚层块状油藏高 3-6-18 块正属于这类油藏，从构造形态、井网现状以及数值模拟研究结果考虑，采用线性井网火驱较适宜。一是区块总体构造形态呈北西向东南倾没，东南向地层倾角为 15°～20°，采用线性井网可利用重力泄油作用，避免已燃区再饱和；二是采用线性井网可减少钻井投资，更具经济性；三是线性井网可以有效地控制火线方向，燃烧前缘面积较面积井网小，对注气系统要求低，前缘稳定性强；四是国外实践表明线性井网采收率较高，罗马尼亚 Suplacu 油田线性火驱采收率可达 55.2%（龚姚进等，2014）。

根据国外火驱经验及高 3-6-18 块井网现状，设计线性井网火驱，井距为 105m，有效提高火驱波及体积和采收率。

四、点火温度及燃烧方式优化

1.点火温度

当点火温度高于原油自燃温度时，即可将油层点燃。点火温度越高，越容易实现高温氧化燃烧。点火温度应高于负温度梯度区（即裂解温度界限），该温度一般通过室内实验测定。通过对杜 66 块及高升区块原油进行火驱基础参数测定，门槛温度为 350～380℃，现场推荐采用电点火的点火方式，易实现高温点火，温度可达 400℃以上。

2.燃烧方式

火驱的燃烧方式包括干式燃烧和湿式燃烧。干式燃烧只注入空气，湿式燃烧在注入空气中加入一定量的水。湿式燃烧是为了利用干式燃烧过程中已燃区残留下的大量热量，残留热量将水加热成蒸汽，随着火线不断推进起到蒸汽驱作用，但存在一个最佳的空气水比，如果加入水量过大，易造成前缘温度降低，严重时会将燃烧熄灭。

杜 66 块和高升区块等油藏蒸汽吞吐末期转火驱开发，一般采用干式燃烧，原因是高轮次蒸汽吞吐后地下存水量较大，采用干式燃烧在一定程度上具有湿式燃烧的特点。采用湿式燃烧需增加配套的注水系统，增大了方案投入，经济效益差。

五、注采参数优化设计

1.空气注入速度

空气注入速度取决于对油层燃烧速度的要求。合理的燃烧速度一般为 0.04～0.16m/d。在一定的燃烧速度下，空气注入速度与火线推进距离成正比，而油层燃烧过程中火线距离是不断扩大的。

利用式（3-2-1）计算不同阶段的注气速度：

$$q_a = 48\pi Rh\phi_f \qquad (3-2-1)$$

式中　q_a——注气速度，m^3/d；

ϕ_f——通风强度，$m^3/(m^2 \cdot h)$；

h——油层有效厚度，m；

R——不同阶段火线推进距离，m。

根据研究结果，厚层块状油藏火驱设计初期单井空气注入速度为 $5000 \sim 7000m^3/d$，折算通风强度为 $1.93m^3/(m^2 \cdot h)$，动态分段增加注气速度（月增 $3000 \sim 4000m^3/d$），火线推进距离达到井距一半时，空气注入速度不再增加。

多层火驱与单层火驱存在差别，多层火驱的空气注入速度受层间渗透率级差的影响更为显著，注气速度过大，更容易发生单层气窜。综合考虑计算结果及储层非均质性，杜66块多层火驱设计初期单井空气注入速度为 $5000m^3/d$，月增 $500 \sim 1000m^3/d$，最大空气注入速度为 $2 \times 10^4 m^3/d$。由于高轮次蒸汽吞吐后油藏非均质性加剧，在火驱过程中还要根据现场动态监测及数值模拟跟踪结果对注气参数进行适时调整。

2. 油井采液量

根据室内研究结果，结合现场油井实际生产能力，以稳定燃烧、保证生产效果为前提，确定油井合理采液量。在火驱过程中适当控制油井采液量，对控制火线单向推进是有利的，采液量增大，火线推进加快，采油速度提高，但易造成气窜。油井采液量控制在 $15 \sim 25m^3/d$ 之间，既有利于稳定燃烧，生产效果也较好。

3. 排注比

在火驱开发过程中，油井排气量与注气量的比值即排注比，通过控制排注比可对火线进行调控。低排注比有助于油藏压力的回升，高排注比有利于提高油井产量，但有气锁和气窜的风险。在稳定驱替阶段，控制排注比为 $0.8 \sim 1$，确保火线稳定驱替，平稳恢复地层能量。

六、火驱动态调控

1. 不同开发阶段调控对策

1）火线形成产量上升阶段调控对策

火线形成产量上升阶段以建立燃烧为主，要实现纵向均匀燃烧，调控很关键，调整目的是提高火线推进速度。主要调控措施为吞吐引效、提高产液量、分层注气和分层配气。

2）热效驱替产量平稳阶段调控对策

稳定燃烧阶段以实现纵向均匀燃烧为目标，调整目的是增加火驱见效程度，提高垂向燃烧率和平面波及效率，实现火线均匀推进，达到理想的火线前缘推进速度。主要调控措施为根据吸气状态及油井生产状况优化注气量、调整排注比、注水及高温泡沫调剖。

3）热效驱替产量下降阶段调控对策

该阶段以氧气突破、气窜为表现特征，主要是控制油井突破，调整目的是提高油井生产时间，减缓产量递减，形成产量接替。主要调控措施为提前做好循环注冷水以保护油管和套管。

根据油层动态参数可以调节控制注气量和采取各种合理的措施。例如，当生产井底温度达到 80℃ 时可定期循环冷水，或当温度达到 100℃ 时向油层挤冷水来延长油层热效生产期；当火线达到生产井距的 50%～70% 时，采用停风注水利用油层余热驱油的措施；当火线达到生产井距的 70%～80% 时，关井，以防止油井高温腐蚀，实现"移风接火"连片燃烧的目的（关文龙等，2017）。

2. 平面及纵向调控对策

针对火驱开发过程中平面上见效不均匀及纵向动用差异，火驱动态调控技术又可分为平面调控技术和纵向调控技术两个方面，缩小平面及纵向动用差异的调控措施贯穿于火驱开发的全过程。火驱过程中，需要根据监测资料、动态数据及跟踪数值模拟研究结果及时进行这两个方面的调整，可归纳为以下几点：（1）调。当井组内出现个别气窜井含氧量超过 3% 时，下调注气量。（2）分。当油层纵向渗透率差异大于 5 时，考虑使用分层注气管柱。（3）堵。当注采关系明确时，气窜严重的注气井展开调堵措施。（4）控。当井组内出现个别井气窜严重时，控制该井的产液量和排气量。（5）关。当气窜严重或井口高温（大于 80℃）时，对该井实施控关。（6）引。当该方向上出现弱受效时，采取蒸汽吞吐引效并提高产液量。

1）平面调控技术

（1）油井吞吐引效技术。

油井吞吐引效技术以吞吐增效及平面液流转向为主。针对平面波及不均、油井见效程度差异大的矛盾，生产井采用蒸汽吞吐的措施，加快火线推进速度、调整火线燃烧方向，达到提高见效程度、改善平面见效状况的目的。

（2）注气井参数调整技术。

注气井参数调整技术以控制注气强度为主。当火驱井组内某口生产井有气窜反应，即含氧量大于 3% 时，通过降低注气量来控制空气推进速度，调整油井受效状况，降低油井含氧量。

（3）采油参数调整技术。

采油参数调整技术以调整产液量和尾气排量为主。当发现井组内多口油井尾气排量大幅度增加时，通过调控同向生产井的排气量及产液量，甚至关井，以调整火线推进方向，使火线受效方向得到有效改善。

（4）反向火驱技术。

反向火驱技术以加快油井见效为主，与油井吞吐引流技术机理类似。将油井暂时转为注气井，点火燃烧后辅助见效慢的区域更快受效，对调控受效方向起到了一定的作用。

2）纵向调控技术

（1）分层注气技术。

采用同心管和单管柱两种分层注气技术，结合注气井纵向吸气强度，通过封隔器将油层分为上、下两部分进行注气，有效缓解层间吸气不均匀的矛盾，改善纵向动用状况。

（2）注水调剖技术。

通过向注气井注入少量的清水，在主力吸气层火线周围形成高温汽墙，调节各层的吸气强度，控制高渗透率层吸气，加强低渗透率层吸气，改善纵向吸气状况。

（3）化学调剖技术。

在单层火驱转多层火驱过程中，针对原注气层位与新增注气层位渗透率级差大的矛盾，通过注入耐高温化学调剖剂，控制原层位吸气强度，确保纵向吸气均衡，实现全井段均匀吸气。

第三节　多层稠油油藏火驱点火工艺技术

点火工艺技术是火驱开发的核心技术之一，室内研究以及几年来的现场试验表明，油层点燃程度的好坏直接影响火驱的开发效果。实现安全有效点火是火驱采油中的关键技术之一，确保一次性点火成功并形成持续燃烧非常重要。本节介绍了矿场上常用的化学点火和电点火两种点火方式。

一、化学点火技术

1. 化学助燃剂点火机理

化学点火方法是在注入空气前，向油层中注入能够发生放热反应的化学物质，增强点火区原油反应性，使其在初始油藏温度下实现放热速率大于散热速率，油藏温度持续升高，进而实现点火，本质是通过油井内部产生热量的方式使原油达到门槛温度而激发自燃。化学点火机理主要体现在以下几个方面：

（1）催化氧化反应，增加原油反应活性。

通过添加能促进氧化反应的催化剂，降低原油氧化反应的活化能，使其能在更低的温度下更快地进行，实现提高反应速率、降低高温氧化门槛温度的目的。实验结果表明，铜、铬、铁、锌和铝等金属盐对缩短低温氧化（LTO）范围和降低热效率达到峰值时的温度均有作用。

（2）增加燃料浓度。

燃烧的充分条件如下：一定的可燃物浓度、一定的氧气含量和一定的点火能量。对于火驱燃烧，三个条件同时存在，相互作用，燃烧才会发生。如果燃料浓度不足，则点火难以实现。因此，助燃剂点火的另一个作用机理是通过提供一定的初始燃料，达到点火需求。Bandyopadhyay 提出了一种增加燃料浓度的化学点火方法。向油层中注入炭黑浓度不低于30%（质量分数）的水乳液，注入的乳液首先置换油层中的原生水而非黏度更大的油，这样就增大了含油层中的燃料量。

（3）提供初始点火能量。

由油层点燃条件可知，必须同时满足温度超过门槛温度和放热量大于散热量两个条件才能进入高温氧化阶段，实现点火。因此，如果低温氧化产生的热量不足以满足上述两点，还需要通过助燃剂来提供一定的能量进行辅助。实验和现场实践中用于提供初始点火能量的物质有烧红的热炭、小剂量火药、烃混相发火物质和过氧化物等。

综上，化学助燃剂不仅在一定温度条件下具有自燃特性，而且与原油混合可以降低原油的活化能，遇到不断注入的空气或氧气就会发生氧化（即燃烧）反应，提供初始点火能量，从而实现点燃油层的目的。

2. 化学助燃剂配方设计

1）助燃剂配方设计思路

通过对助燃剂点燃油层机理的分析，通过调研分析，得出新的助燃剂配方应包括以下几个方面：

（1）采用碱/碱土金属和过渡金属化合物的盐（如铬、铁、铜、钾、钠等金属盐），其主要是通过金属阳离子的催化作用，降低原油的活化能和燃烧门槛温度。兼顾经济性，初步选定铬、铁、铜、锌、钾和钠等金属的碳酸盐和氯化盐作为金属催化剂。

（2）配制热敏感药剂作为触发剂，使其能在250℃以下发生放热反应，释放出足够的能量，进而点燃油层。选取氧化剂、还原剂和添加剂，利用氧平衡和最小自由能原理进行配比计算和模拟计算，并据此进行配方设计和优化。

（3）选取有机或无机易燃物质，作为维持初始原油燃烧的燃料，实现助燃剂周围油层的放热速率大于散热速率，有利于油层局部热量积累达到原油燃烧的门槛温度，促使油层从低温氧化向高温氧化发展，最终点燃油层。

2）燃烧温度计算

助燃剂在燃烧时，把药剂所具有的化学能转化为热能，从而提高燃烧产物的温度，而对于复杂体系的燃烧反应，其产物组成及反应过程比较复杂，系统与外界既有物质交换，又有能量交换，同时空气中氧可能参与反应，反应系统也向周围空气散热。

燃烧反应是在绝热条件下进行的，即反应释放的热量完全被产物吸收，此时产物系统温度将达到最大值，这一温度称为绝热火焰温度，即反应所能达到的理论最高温度；反应过程是一个等焓过程，反应物的焓与产物达到平衡时的总焓应相等，即：

$$H_1 = H_C \tag{3-3-1}$$

$$H_1 = \sum_{i=1}^m 1000 H_i \frac{W_i}{M_i} \tag{3-3-2}$$

$$H_C = \sum_{i=1}^m x_i H_{Ci} \tag{3-3-3}$$

式中　m——混合药剂组分种类；

　　　W_i——配方中第 i 种组分的质量分数；

　　　M_i——第 i 种组分的分子量；

H_i——第 i 种组分的摩尔熵；

x_i——第 i 种产物的物质的量；

H_{Ci}——第 i 种燃烧产物的熵；

n——总燃烧产物的组分数目。

在给定压力条件下，假定一个燃烧温度，计算这个温度下的平衡组成，由热力学关系可计算出平衡组成下产物的总熵，再比较总熵和反应熵是否一致。如果一致，假定燃烧温度就是反应系统所达到的温度（王延杰等，2012）。

通常假定的温度与反应系统所达到的温度不同。由熵的定义式 $H=U+pV$ 可知，当温度升高时，体系内能 U 和气体体积 V 将增加，因此总熵增大。在假定温度下，产物计算总熵比反应物熵大，说明假定温度偏高，应降低假定温度；反之，则温度偏低，应升高假定温度。以此温度作为新燃烧温度，如此反复迭代计算，直到满足 $H_1=H_C$。

在实际计算时，设温度间隔为 50K，设温度为 T_{C1} 时系统的总熵为 H_{C1}，温度为 T_{C2} 时系统的总熵为 H_{C2}，当 $H_{C1}<H_1<H_{C2}$ 时，利用内插法求 T_C，即：

$$T_C = T_1 + \frac{H_{C1}+H_1}{H_{C1}-H_{C2}} \times (T_2 - T_1) \qquad (3-3-4)$$

3. 化学助燃剂性能实验

由于不同催化剂对不同原油的催化效应不同，为寻找适用于杜 66 块原油的催化剂，采用 TGA–DSC 热分析技术对金属盐催化剂的催化效应进行实验研究。研究结果表明：

（1）碳酸钠和水对原油燃烧具有一定的抑制作用，使其初始放热温度和峰值放热温度升高；

（2）其他添加剂对原油燃烧具有不同程度的催化作用；

（3）同类金属的碳酸盐的助燃催化效应较氯化盐弱，铬、亚铁、铜、锌和钾离子的氯化盐对原油的助燃催化效应显著；

（4）羰基铁粉因其粒径较小，助燃催化效应最显著。

为研究助燃剂在 250℃ 左右及有氧条件下自燃发火情况，进行了助燃剂在湿砂中的发火实验，同时对确定的化学助燃剂配方利用热感度实验仪测试化学助燃剂的热性能，筛选出自燃温度在 250℃ 左右的助燃剂。

4. 化学助燃剂点火工艺技术研究

按照先预热地层，氮气分别携带 A、B 两种组分助燃剂，然后注入空气的顺序进行点火操作。助燃剂 A 组分与原油的质量比不宜低于 1：9，助燃剂 B 组分在油层中单点分布量不宜小于 4.5g。据此计算出实际施工中助燃剂的用量中 A 组分约 5kg，B 组分约 3kg。加助燃剂时地层预热温度不宜低于 230℃。在火驱点火过程中，注入空气速度应控制在一定范围内，过低则不能保证低温氧化的维持，过高则形成冷空气的吹扫降温。实验中最佳的空气注入速度为 0.25m/s，油砂需要的空气量为 418.53m³/m³，原油需要的空气量为 2936.11m³/m³。

二、火驱电点火技术

电点火技术原理主要是利用井底电加热器将地面注入的介质（空气或助燃剂）加热，并使之与油层内的原油发生氧化反应，达到自燃点后燃烧。因此，点火器是火驱点火技术能否成功的关键。根据电点火器下入工艺不同及能否重复利用的特点，可将电点火器分为捆绑式电点火器、插拔式电点火器及移动式电点火器。

在杜 66 块转火驱初期，调研国内胜利、新疆等油田火驱试验现场，并进行了自主创新和完善提高，攻关形成了可移动式电点火技术。

1. 电点火技术原理

移动式电点火技术现场实施工艺原理如图 3-3-1 所示。现场点火时，利用连续管起下装置将电点火器下入到预定位置，点火器在隔热管内通电点火，对注入空气进行加热，根据方案设计要求和多点温度监测结果调整注气量和点火器功率，当点火参数完全满足方案要求后，点火井转入正常火驱。点火完成后，利用连续管起下装置从井筒的油管柱内提出移动式电点火器。

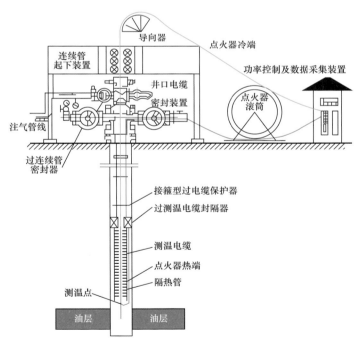

图 3-3-1 电点火原理示意图

2. 系统组成

移动式电点火技术系统主要由移动式电点火装置、井下工艺管柱、井下温度监测系统及点火器配套起下装置组成。

1）移动式电点火装置

结合杜66块多层火驱开发的油藏特性，研究试验了以等径电缆点火器为核心的大功率移动式电点火技术，主要对电点火器结构以及配套参数进行了优化设计，施工便捷，重复利用率高，电点火成本降低。

图3-3-2为移动式电点火器换热原理图。

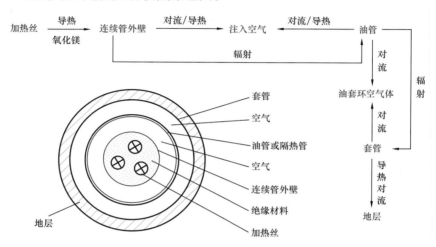

图3-3-2　移动式电点火器换热原理图

采用移动式电点火方式，在外层为隔热管，加热功率为90kW，加热段长度为60m，空气流量为250m³/h时，可将空气温度加热至779K（506℃）。

加热器技术指标如下：热端功率为90kW，热端长度为60m；外径为25.4mm；工作温度为600℃；最大承重为15tf；耐静水压为25MPa；工作电压为660V；最高耐温1150℃；工作电流为125A；弯曲半径为1500mm；伸长率为5%（450℃）。

2）井下工艺管柱

火驱移动式电点火工艺管柱主要包括专用喇叭口、隔热管、过测温电缆封隔器、油管及接箍型过电缆保护器等（图3-3-3）。

3）井下温度监测系统

测温热电偶采用氧化镁填充的绝缘方式，最高耐温为700℃，精度范围为±1℃，热电偶捆绑在注气管柱外侧下至喇叭口处。测温点可根据需要设置，通常至少在封隔器以上1m左右、隔热管外侧和喇叭口处设置3个测温点。井下温度监测系统为点火过程中封隔器的坐封验封、电加热器及电缆的保护、各加热阶段加热功率的调控提供了依据，是实现高温电点火的关键，为火驱的成功实施提供指导依据。

4）点火器配套起下装置

点火器起下装置分为固定式、车载式两种。固定式起下装置主要由电动滚筒、导向器、注入头装置、连续管井口密封装置、计深装置及电控装置等组成。点火时，通过注入头向下的摩擦力将点火器下入到指定位置，完成点火后，通过滚筒的收卷力及注入头向上的摩擦力顺利提出点火器。该装置可提供 30kN 的注入力和 65kN 的上提力，起下速度为 0～1200m/h，可以安全、准确、快速地实现移动式电点火器的带压起下。图 3-3-5 为固定式火驱点火器起下装置实物图。

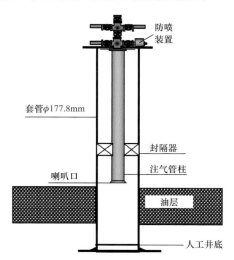

图 3-3-3　移动式点火器井下工艺管柱

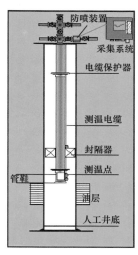

图 3-3-4　热电偶测温系统结构图

图 3-3-5　固定式火驱点火器起下装置实物图

　　后期研制了车载式移动电点火装置，根据点火车"整体车载、自备动力、自动控制"的特点及带压起下点火器的工艺要求进行设计。图 3-3-6 为火驱车载点火起下装置结构图，从图中可以看出，整套装置主要包括运载底盘车、电缆滚筒、连续管电缆、电缆注入头、防喷管、注气井口、电热点火器及点火控制系统等几个部分。除了点火控制系统，其余设备全部集成在一辆车上，结构紧凑、运移性好。

　　截至 2020 年底，杜 66 块火驱累计点火 155 井次，通过温度监测曲线以及井组油井生产状态判断电点火、化学点火和蒸汽预热点火 3 种点火方式均可成功点燃油层。经过多年探索分析，与蒸汽预热点火、化学点火相比，电点火具有点火温度可控、高温持续时间长、纵向动用程度高、井组见效快等优点。因此，火驱转驱点火方式普遍采用电点火。

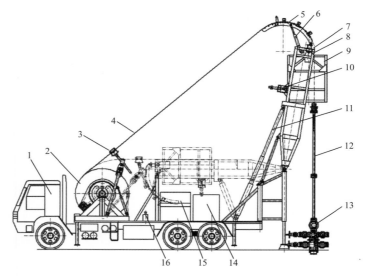

图 3-3-6　火驱车载点火起下装置结构图

1—底盘车；2—倒管器；3—排管器；4—连续管电缆；5—鹅颈架；6—鹅颈翻转油缸；
7—注入头挂轴；8—井架；9—注入头；10—注入头水平推缸；11—井架举升缸；
12—防喷管；13—点火注气两用井口；14—油冷机；15—操控台；16—分动箱

第四节　中深层多层油藏火驱跟踪评价及调控技术

在火驱实施过程中，比较关键的环节就是对燃烧状态的判识、火线前缘位置的预测，以及以此为基础所进行的调控。辽河油田在多年的火驱试验中发展并完善了中深层多层油藏火驱的燃烧状态评价技术、火线前缘计算方法，形成了以关井控气、参数调整为主的平面火线调控技术和以分层注气、化学调剖为主的纵向火线调控技术，平面及纵向动用程度得到了大幅度提高（刘其成等，2013）。

一、燃烧状态评价技术

1. 尾气评价

尾气评价技术是基于油井产出尾气的燃烧状态判断方法。火驱的产出气体主要有 CO_2、CO、N_2 和 O_2 等，N_2 不参加反应，O_2 是整个火驱过程中的氧化剂，参与燃烧反应产生 CO_2，因此 O_2 含量变化可以反映出火驱所处的阶段。一般采用 O_2 利用率、N_2/CO_2 值、视氢碳原子比以及 GI 指数法判断原油高温氧化与低温氧化不同界限范围，从而指导对矿场燃烧状态的判断。

1）O_2 利用率

产出气体中 O_2 的百分数是表征燃烧效率的一个重要指标。产出气中 O_2 的百分数越小，表明 O_2 的利用率越高。O_2 的利用率越高越好，燃烧好时 O_2 利用率应大于 85%。但

从原油高 / 低温氧化的室内实验所得到的化学反应通式和 O_2 消耗速率，分析可以认为现场 O_2 利用率在 85% 以上可能为高温氧化，但不能排除低温氧化；而 O_2 利用率低于 85% 时，可以认为是低温氧化（杨德伟等，2003）。

O_2 利用率计算公式如下：

$$\eta = \left[1 - \frac{79V\left(O_2\right)}{21V\left(N_2\right)} \right] \times 100\% \qquad (3-4-1)$$

式中　η——O_2 利用率，%；

　　　$V\left(O_2\right)$——产出尾气中 O_2 的摩尔体积，小数；

　　　$V\left(N_2\right)$——产出尾气中 N_2 的摩尔体积，小数。

2）N_2/CO_2 值

经过现场多年的实践，矿场通常利用 N_2/CO_2 值作为燃烧状态判断的依据，简便快捷。一般认为该值在 4～6 之间为高温氧化。氧化室内实验研究结果表明，低温氧化所监测到的气体 N_2/CO_2 值大于 60，而高温氧化时该值为 3.5～6.2。

3）气体视氢碳原子比

视氢碳原子比也可称为当量氢碳原子比，只考虑高温氧化（燃烧）反应，不考虑低温氧化反应，不考虑油层矿物质和水的化学反应，即认为氧与有机燃料的反应，结果生成 CO、CO_2 和 H_2O 等基本反应产物。可按高温氧化反应，全部的 O_2 消耗都生成 CO 和 CO_2，所有不在 CO 和 CO_2 中的氧均在氢燃烧中生成的 H_2O 中。

视氢碳原子比计算公式如下：

$$X = \frac{1.06 - 3.06V\left(CO\right) - 5.06V\left(CO_2 + O_2\right)}{V\left(CO_2 + CO\right)} \qquad (3-4-2)$$

式中　X——视氢碳原子比，X 为 1～3 时，高温燃烧；

　　　$V\left(CO\right)$——产出尾气中 CO 的摩尔体积，小数；

　　　$V\left(CO_2\right)$——产出尾气中 CO_2 的摩尔体积，小数；

　　　$V\left(O_2\right)$——产出尾气中 O_2 的摩尔体积，小数。

燃料消耗量的氢碳原子比是燃烧过程进行情况的函数，或者说其表征氧化模式。发生高温氧化反应时，已燃区域内或已燃区域附近很少留下含碳残渣，燃烧产物中 CO 和 CO_2 含量多，视氢碳原子比相当低。当低温氧化反应的作用增大时，视氢碳原子比增大（在 3～10 范围内）。据相关学者实验室和现场测试研究表明，对于稠油，视氢碳原子比在 1～3 之间为高温燃烧。

杜 66 块两组氧化室内实验表明，低温氧化所监测到的气体视氢碳原子比大于 8，而高温氧化时该值为 0.35～2.5。

4）气体 GI 指数

为了更加详细地刻画不同的反应阶段，将产出井的 N_2 含量作为指示成分，表示出 O_2 所注入的总量，而尾气组分中的 CO_2 和 CO 作为高温氧化产物。注入的空气中 O_2 与 N_2

的体积比为 0.265，为此，考虑将公式中 N_2 前乘以 0.265，将 N_2 含量折算成注入空气中的 O_2 含量。引入气体 GI 指数作为燃烧程度的辅助判断指标（张方礼等，2012）。

气体 GI 指数计算公式如下：

$$GI = \frac{V(CO+CO_2)}{0.265V(N_2) - V(O_2)} \tag{3-4-3}$$

式中　GI——气体 GI 指数，小数；

　　　$V(CO+CO_2)$——产出尾气中 CO、CO_2 的摩尔体积，小数；

　　　$V(N_2)$——产出尾气中 N_2 的摩尔体积，小数；

　　　$V(O_2)$——产出尾气中 O_2 的摩尔体积，小数。

GI 值小于 0.4 时，为建立燃烧阶段；GI 值为 0.4~0.6 时，为低温稳定燃烧；GI 值为 0.6~0.8 时，为次高温燃烧；GI 值为 0.8~1.0 时，为高温稳定燃烧。

火驱过程中气体 GI 指数和产出气体含量组合曲线可以作为判断火驱燃烧阶段和燃烧状态的依据。在火驱的初始阶段，由于没有生成 CO_2，GI 值为 0；随着化学反应的进行，GI 值逐渐增大，在火驱稳定燃烧阶段，产出端 N_2/CO_2 值应该在 5.5 左右，理论上气体 GI 指数会趋近于 1，实验测得 GI 最高值达 0.8；在火驱的结束阶段，气体 GI 指数会逐渐下降到 0。可以简单地认为 GI 值增大过程是火驱点燃阶段，GI 值减小阶段是火驱熄灭阶段。

杜 66 块燃烧状态判别标准见表 3-4-1。

表 3-4-1　杜 66 块燃烧状态判别标准

项目	高温氧化	特点
O_2 利用率	>85%	O_2 利用率小于 50% 为低温氧化，在 50%~85% 之间不一定为高温氧化
N_2/CO_2 值	3.5~6.2	能够明确区分氧化状态，GI 指数对 O_2 过量有较好的适应性
视氢碳原子比	0.35~2.5	
GI 值	>0.6	

5）燃烧温度评价

一是燃烧釜实验确定高温燃烧温度。根据燃烧釜实验研究确定不同区块不同燃烧方式下的燃烧温度。不同的油品性质，高温燃烧的温度范围不同，如杜 66 块原油高温燃烧温度为 378℃。二是根据温度监测资料确定燃烧温度。利用观察井、油井、注气井温度监测资料，直接判断油层在测试井点的燃烧温度。三是燃烧温度计算法。根据物质平衡和能量平衡方程计算油层燃烧温度，根据注入空气燃烧生成的热量、油层热损失、加热油层、地层水、地层原油需要的热量，计算不同注气量、注气速度及燃烧半径下油层的温度（袁士宝等，2013）。

综合燃烧尾气指数、燃烧温度、地层压力、物理模拟研究成果，结合实际生产动态，可以对不同阶段的产量变化进行评价。

（1）火线形成产量上升阶段：该阶段以建立燃烧为主，地层压力上升，O_2 含量明显下降，CO_2 含量明显上升，视氢碳原子比大于 3，气体 GI 指数小于 0.4，燃烧温度上升，从地层温度上升到高温燃烧点，杜 66 块温度从 60~70℃上升到 400~470℃，燃烧速度较慢，但逐渐变快，日产油量上升，该阶段的产量约占火驱总产量的 15%。

（2）热效驱替产量平稳阶段：该阶段以稳定燃烧为主，地层压力稳定，视氢碳原子比在 1~3 之间，气体 GI 指数大于 0.6，燃烧温度上升到高温燃烧点以上，燃烧速度稳定，火线推进速度一般大于 4cm/d，日产油量稳定，该阶段的产量约占火驱总产量的 70%。稳产阶段日产油量一般可以根据式（3-4-4）计算确定。

$$q_o = \frac{7.082 \times 10^{-3} hK}{\ln\left(\dfrac{r_e}{r_w}\right)} \int_{p_w}^{p_e} \frac{1}{B_o} \cdot \frac{K_{ro}}{\mu_o} \mathrm{d}p \qquad （3-4-4）$$

式中　　q_o——产油量，bbl/d；

　　　　h——油层厚度，ft；

　　　　K——渗透率，mD；

　　　　r_e——供油半径，ft；

　　　　r_w——油井半径，ft；

　　　　p_e——地层压力，psi；

　　　　p_w——生产井压力，psi；

　　　　K_{ro}——油相相对渗透率；

　　　　μ_o——油的黏度，mPa·s；

　　　　B_o——体积系数，bbl/bbl。

（3）O_2 突破产量下降阶段：该阶段以 O_2 突破为主要特点，O_2 含量明显上升，在 15% 左右，O_2 利用率减少，小于 85%，CO_2、CO 含量明显下降，CO_2 含量在 5% 左右，CO 含量在 2% 左右，气体 GI 指数降为 0，日产油量下降，含水率上升，火线推进呈现不稳定的特征，局部 O_2 突破阶段使燃烧温度下降，围绕突破点有结焦。

图 3-4-1 显示了物理模拟实验产油曲线。

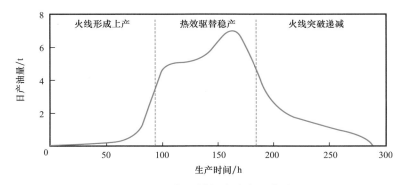

图 3-4-1　物理模拟实验产油曲线

6）燃烧前缘推进描述

物质平衡关系如下：

$$Q = \frac{\pi R^2 h A_\mathrm{o}}{\eta} + \pi R^2 h \phi \frac{(Z_p p)}{p_\mathrm{i}}$$ （3-4-5）

式中　Q——从点火时刻开始到当前的累计注入空气量，m^3；

　　　R——火线前缘半径，m；

　　　h——油层平均厚度，m；

　　　A_o——燃烧釜实验测定的单位体积油砂消耗空气量，m^3/m^3；

　　　η——O_2利用率；

　　　ϕ——地层孔隙度；

　　　Z_p——地层压力 p 下空气的压缩因子；

　　　p——注气井底周围地层压力，MPa；

　　　p_i——大气压力，MPa。

式（3-4-5）中等号右边第一项代表在已经形成的火线范围内总的空气消耗量，第二项代表从注入井进入地层中尚未参与氧化反应的空气量，两者之和为总的累计注入空气量。

由式（3-4-5）可以求出火线半径：

$$R = \sqrt{\frac{Q}{\pi h \left(\dfrac{A_\mathrm{o}}{\eta} + \dfrac{Z_p p \phi}{p_\mathrm{i}} \right)}}$$ （3-4-6）

对式（3-4-6）求导，可以得到不同阶段的火线推进速度：

$$\frac{\mathrm{d}R}{\mathrm{d}t} = \frac{1}{2} \sqrt{\frac{1}{\pi h \left(\dfrac{A_\mathrm{o}}{\eta} + \dfrac{Z_p p \phi}{p_\mathrm{i}} \right)}} \cdot \frac{\mathrm{d}Q}{\mathrm{d}t}$$ （3-4-7）

从式（3-4-6）和式（3-4-7）可以看出，随着累计注气量的增大，火线推进半径也逐渐增大，但火线推进速度逐渐减小。这也正是在面积井网火驱过程中，尤其是开始阶段需要逐级提高注气速度的原因。

大量的室内实验表明，单位体积地层油砂在燃烧过程中所消耗的空气量基本是恒定的，几乎不受地层初始含油饱和度的影响。在火驱过程中通过高温氧化烧掉的只是原油中12%~20%的重质组分，这些重质组分以焦炭的形式黏附在岩石颗粒表面。从某种意义上来说，只要能够点燃地层，即地层中剩余油饱和度大于确保连续稳定燃烧所需的最小剩余油饱和度，那么在单位地层中所烧掉的油量以及所需要的空气量都基本相同。也正是基于这点，依据式（3-4-6）计算火线前缘半径应该是最直接和最简便的（Alamatsaz，2015）。

公式计算和数值模拟研究两种方法的计算结果基本上是吻合的，只是数值模拟更能体现地层的非均质性以及火线推进的非均衡性。

利用燃烧釜实验和产气数据计算火线半径。对于规则井网，如正方形五点井网、反九点井网等，当各个方向生产井产气量基本相同或相近时，地层燃烧带向四周推进，在平面上近似于圆形，这时可以采用式（3-4-6）和式（3-4-7）计算火线半径和推进速度。矿场实际火驱生产过程中，受地质条件和操作条件的影响，各个方向生产井产气量往往是不均衡的。在这种情况下，火线向各个方向的推进也是不均衡的。哪个方向生产井（一般指一线生产井）产气量大，火线沿该方向的推进距离就大，反之推进距离就小。

在火驱过程中，高温裂解形成的焦炭黏附在岩石颗粒表面作为后续燃烧的燃料。在完全燃烧的情况下，1mol O_2 与 1mol 焦炭（C）发生氧化反应生成 1mol CO_2，空气中的 N_2 在地层中不发生反应。如果不考虑烟道气在地层流体中的溶解，那么燃烧产生的烟道气（N_2 和 CO_2）总量等于火驱燃烧过程消耗的空气总量。因此，哪个方向上排出的烟道气总量多，意味着该方向上消耗掉的空气量多、燃烧带推进半径大。

假设中心注气井周围有 N 口一线生产井（对应 N 个方向），在某一时刻各生产井累计产出烟道气总量为 Q_1，Q_2，$\cdots$，Q_N。对于注气井到各一线井非等距的井网，引入分配角 α_i 的概念。根据前面的分析，由注气井指向某生产井方向所消耗的空气量等于产出烟道气量（赵东伟等，2005）。

$$Q_i = \frac{\frac{\alpha_i}{360}\pi R_i^2 h A_o}{\eta} \qquad (3\text{-}4\text{-}8)$$

式中　Q_i——第 i 口井方向上的产气量，m^3；

　　　α_i——分配角，（°）；

　　　h——油层平均厚度，m；

　　　A_o——燃烧釜实验测定的单位体积油砂消耗空气量，m^3/m^3；

　　　η——O_2 利用率；

　　　R_i——火线沿第 i 口井方向推进的距离，m。

根据式（3-4-8），得出：

$$R_i = \sqrt{\frac{360 Q_i \eta}{\alpha_i \pi h A_o}} = k_o \sqrt{Q_i} \qquad (3\text{-}4\text{-}9)$$

通常情况下，式中 k_o 为常数。根据式（3-4-9），火线向任一生产井方向的推进半径与该生产井累计产气量的平方根成正比。

火驱过程中会有一部分烟道气以溶解或游离方式滞留在地层孔隙和流体中，因此通过式（3-4-8）计算的不同方向火线半径可能比真实值偏小。在这种情况下，可以将产液量考虑进来，对于同时产气和产液的生产井，根据物质平衡和置换原理，可将产液量折算为地层条件下对应的气量，并认为这部分气量近似相当于溶解在地层流体中或游离在地层孔隙介质中的气量［式（3-4-10）］。

$$Q_i' = Q_{1i}\frac{Z_p p}{p_i} \qquad (3\text{-}4\text{-}10)$$

此时，火线半径计算 R_i 如下：

$$R_i = \sqrt{\frac{360\eta Q_i}{\alpha_i \pi h A_o}\left(1 + \frac{Z_p p}{G_{lri}}\right)} \tag{3-4-11}$$

式中　Q_{li}——第 i 口井方向上的产液量，m^3；

　　　Q_i'——由第 i 口井方向上的产液量折算成的产气量，m^3；

　　　G_{lri}——生产井累计产出气液比，等于 Q_i/Q_{li}，m^3/m^3。

2. 其他辅助评价

1）温度监测分析

温度监测资料分析法主要是根据现场观察井、油井和注气井所测温度资料，统计分析各井点温度变化，进而确定燃烧前缘推进位置。油井和观察井测温一般表现为温度从升高到下降，其峰值点即为该井点燃烧的最高温度；注气井测温一般表现为温度从最高值不断下降，其峰值点为点火温度，也是注气井附近的最高燃烧温度。

温度监测法是燃烧前缘监测最直接的方法，但受燃烧方向、测试井点和测试时间限制，在空间上缺乏连续性，往往会漏测燃烧最高温度点。

2）取心分析

取心分析法是根据岩心分析数据，确定取心井燃烧状态，配合物理模拟不同燃烧温度条件下原油和矿物燃烧产物来确定纵向各层所处的位置，如已燃区、燃烧区、燃烧前缘（火线）、蒸汽区、高饱和度带（油墙处）、冷油区等。

3）气体示踪剂分析

在注气井投放气体示踪剂，根据油井见示踪剂时间，确定主力燃烧方向及各向燃烧速度快慢。气体示踪剂分析只能对燃烧前缘进行定性描述。高温气体示踪剂可有效反映火驱见效方向，对于火驱调控、增产有着重要的意义。

4）微重力分析

油田开发使储层物理量（如密度、温度、压力等）随时间而变化。通过研究这些变化，反演可以得到地下油藏的变化。由于密度差变化较大，会引起重力的变化，因此可以通过不同时间重复观测重力的微小变化（时移微重力，也被称为 4D 微重力）来反演地下油藏的变化。

微重力可应用于油气藏监测领域，通过监测燃烧腔微重力异常变化来确定火驱的燃烧腔形状和大小。

5）微地震分析

微地震监测技术是采集地下岩石破裂，注入蒸汽或空气后所产生的地震波，通过处理解释以了解地下岩石破裂的位置、破裂程度、破裂的几何形体，蒸汽腔、燃烧腔前沿几何形态和位置等的技术。从现场实践来看，微地震监测精度较低。

借助于多种燃烧前缘描述技术，确定燃烧前缘各向、各层火线推进方向、速度和距离，在火驱调整中有的放矢，为综合调整提供依据。

二、多层火驱油藏火线位置识别与调控方法

1.火线位置识别方法

对火线前缘位置的准确判断与调控是火驱成功实施的关键，也是火驱技术的发展趋势，目前现场主要采用物理监测法和理论计算法确定火线推进情况。辽河油田率先探索微地震监测火线前缘技术，通过监测火驱过程中储层受热破裂发生的轻微振动识别火线位置。新疆油田成功应用了电位法监测火线前缘，通过研究火驱过程中储层不同区带电阻率变化规律，识别已燃区、蒸汽区和剩余油区（罗晋成等，1979）。

现有的理论计算方法均不适用于非均质性强、层间干扰复杂的多层火驱油藏，本书在物质平衡方法的基础上，结合生产动态资料和吸气剖面监测结果，给出适用于多层火驱油藏的火线位置识别方法，并通过在现场火线调控动态分析中的应用，验证方法的可行性，分析调控措施的效果，为注采参数的调控提供指导。

1）物理模型及基本假设

图 3-4-2 为多层火驱油藏火线示意图，以纵向上分为高渗透率层、中渗透率层、低渗透率层三层的稠油油藏为例，分别计算各油层火线推进距离。

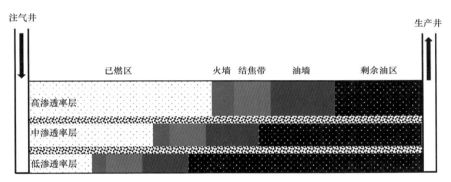

图 3-4-2　多层火驱油藏火线示意图

2）计算火线推进距离

通过物质平衡方法，计算多层火驱各层沿各生产井方向的火线推进距离，需要首先计算注气井在各受效方向上的油藏控制体积，由油层平均厚度 h、火线推进半径 R、生产井分配角 α 三个参数确定。图 3-4-3 为非等距井网生产井分配角示意图，图中 α_1 为生产井 1 的分配角，α_2 为生产井 2 的分配角，可见，距离注气井越远，生产井的分配角越小。

不同于单层均质油藏，薄互层油藏在多层火驱过程中由于层间物性差异较大，各油层的吸气能力差异明显，需要依据注气剖面测试资料或井

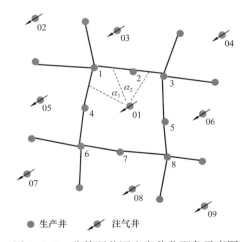

图 3-4-3　非等距井网生产井分配角示意图

筒模拟结果，确定各层的吸气百分比，采用物质平衡方法［式（3-4-12）和式（3-4-13）］计算各层沿各生产井方向的火线推进距离（席长丰等，2013）。

$$\frac{\alpha_i}{360}\pi R_{ik}^2 h_k A_s = I_{i0}\eta_k Y(1-w_i) \qquad （3-4-12）$$

$$R_{ik} = \sqrt{\frac{360 I_{i0}\eta_k Y(1-w_i)}{\pi h_k A_s \alpha_i}} \qquad （3-4-13）$$

式中　α_i——生产井 i 的分配角，（°）；

$\quad\quad R_{ik}$——油层 k 中火线沿生产井 i 方向的推进距离，m；

$\quad\quad h_k$——油层 k 的平均厚度，m；

$\quad\quad A_s$——单位体积油层燃烧消耗的空气量，m³/m³；

$\quad\quad I_{i0}$——目标井组内注入井沿生产井 i 方向的累计注入量，m³/d；

$\quad\quad Y$——O_2 利用率；

$\quad\quad w_i$——目标井组内注入井与生产井 i 间的地层空气留存率；

$\quad\quad \eta_k$——油层 k 的吸气百分比。

在各油层火线位置的基础上，为反映井组整体开发效果，引入折算火线推进距离 $\overline{R}_i$，以方便分析井组的平面波及程度。根据油层厚度取加权平均，主力层位的火线推进距离对 $\overline{R}_i$ 影响大。$\overline{R}_i$ 的计算如下：

$$\overline{R}_i = \frac{R_{ik}h_k}{\sum_{k=1}^{z}h_k} \qquad （3-4-14）$$

式中　$\overline{R}_i$——各油层沿生产井 i 方向的折算火线推进距离，m；

$\quad\quad z$——油层数。

2. 火线位置调控

对于正方形五点井网、正七点井网等各注采井距相等的面积井网，控制各生产井尾气排量相同时，注入空气沿各生产井方向均匀推进。在不考虑空气窜流到油层以外的情况下，纵向上选取物性相近的油层采用同一套井网开发，忽略储层的非均质性，式（3-4-13）可简化为

$$R_i = \sqrt{\frac{360 I_{i0}Y(1-w_i)}{\pi h A_s \alpha_i}} \qquad （3-4-15）$$

式中　h——物性相近油层的总厚度，m；

$\quad\quad I_{i0}$——目标井组内注入井沿生产井 i 方向的累计注入量，m³/d；

$\quad\quad Y$——O_2 利用率；

$\quad\quad w_i$——目标井组内注入井与生产井 i 间的地层空气留存率；

$\quad\quad R_i$——各油层沿生产井 i 方向的火线推进距离，m。

由式（3-4-15）可知，对于等距面积井网，控制各生产井尾气排量相同，即确保沿

各生产井方向的注入空气量相同，可使火线在平面上保持圆形均匀推进。此时，火线调控应重点关注注气井：一是随着驱替半径和燃烧范围的增加，设计逐级提高注气速度的方案，以阶梯状逐级提高注气井注气速度，调控火线推进速度和推进半径，以实现稳定驱替。二是维持注采平衡和地层压力稳定，确保燃烧前缘达到高温氧化燃烧状态。调整生产井排气量，确保各生产井的累计尾气量相等，现场通常对尾气量过大的生产井实施气窜封堵或者关井控气，对尾气量过小的生产井实施蒸汽吞吐等助排引效措施。

1）排气量调整

受储层的平面非均质性和前期蒸汽吞吐采出程度的影响，生产井之间的尾气排量差异较大，当单井排气量大于井组注入量的 50% 时，生产井发生气窜，造成火线单向突进，影响开发效果，同时由于 O_2 利用率低，尾气中 O_2 含量上升，存在安全隐患。排气量调整主要有以下两种方式：（1）气窜封堵，即对存在气窜的生产井采取化学封堵，抑制火线单向突进；（2）关井控气，即当井组内发生空气严重单向突进时，控制突进区生产井的排气量，甚至关井，以调整火线推进方向。

以曙光油田杜 66 块 S1–45–033 井组（图 3–4–4）为例，井组中 S1–044–33 井为 1995 年 11 月投产的一口直井，累计吞吐 11 个周期，累计注汽量为 19307t，累计产液量为 28932t，累计产油量为 7029t。2010 年转为火驱开发，受 S1–45–033 井和 S1–44–033 井两口注气井共同影响。

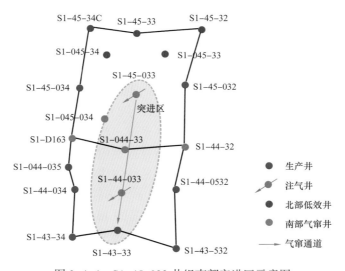

图 3–4–4　S1–45–033 井组南部突进区示意图

转火驱后，S1–45–033 井日注气量为 6000m³，受吞吐阶段气窜影响，南部形成一片突进区域，突进区日排尾气量为 6000m³ 左右，北部生产井产量低。现场对突进区进行了排气量调整，对部分气窜井实施间关，并对高含氧的 S1–044–33 井实施封堵，调整前后火线位置如图 3–4–5 所示。排气量调整前，火线形状不规则，沿气窜方向突进明显，调整后火线突进得到控制，北部低效区动用明显提高。低效区日产油量由 7t 上升至 14.6t，日排尾气量由 1369m³ 上升至 5891m³；突进区在日产油量基本保持稳定的情况下，日排尾气量由 5900m³ 下降至 2027m³，排气量调整效果显著。

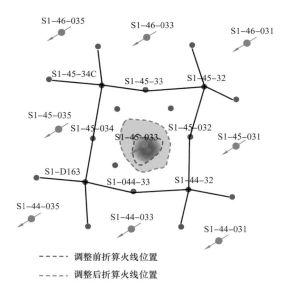

S1-46-035　　S1-46-033　　S1-46-031

S1-45-34C　S1-45-33　S1-45-32

S1-45-035
S1-45-034　　S1-45-033　S1-45-032　S1-45-031

S1-D163　　S1-044-33　S1-44-32

S1-44-035　　S1-44-033　　S1-44-031

- - - - - 调整前折算火线位置

- - - - - 调整后折算火线位置

图 3-4-5　S1-45-033 井组排气量调整前后火线位置对比图

　　实例分析表明，对于平面上火线推进速度差异明显、生产井见效程度差异大的井组，选取井日排尾气量明显高于井组其他生产井、气窜方向较为明确的生产井，采取气窜封堵、关井控气的方法调整排气量，能够有效降低气窜井的产油量和尾气排量，提高低效区油井产能，使平面火线推进更加均匀，改善井组的平面动用程度。

　　2）分层注气

　　多层火驱注气井井段长、层数多且各油层物性差异大，加之空气超覆的影响，笼统注气易引发纵向吸气不均，空气沿物性好的油层突进，层间燃烧状态、火线推进距离差

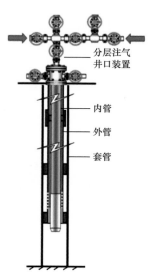

图 3-4-6　同心管分层
注气管柱示意图

分层注气井口装置

内管
外管
套管

异大。同心管分层注气管柱（图 3-4-6）利用封隔器形成内、外管两个注气系统，将油层分隔为两个独立注气腔，通过分层注气井口装置控制内、外管注气速度，实现上、下部油层单独注气，满足均匀注气需求。

　　以曙光油田杜 66 块 S1-42-047 井组为例，注气井射开 10 层，主力层为上部的 13# 层和 14# 层，以及下部的 25# 层和 27# 层，上部油层物性明显好于下部，为保证各油层均匀吸气，实施分层注气。如图 3-4-7 所示，采用分层注气技术，上、下部油层动用程度相近，火线推进距离相差较小，有效改善了物性较差的下层吸气状况。而在总注气量相等的条件下，笼统注气纵向动用程度差异明显，上部油层火线推进速度快，且推进距离大于分层注气，下部油层火线推进缓慢，推进距离不到上层的 50%。

　　经过多年的现场试验，建立了包括注气井吸气剖面监测、观察井温度剖面监测和生产井尾气组分监测的动态监测系统，为火驱动态调控提供了较为齐全的资料，形成了以气

窜封堵、关井控气、注采参数调整为主的平面火线调控技术，以分层注气、化学调剖为主的纵向剖面调整技术，采用合理的注气强度保障井组的持续高温氧化燃烧状态，通过控制排注比调整火线推进方向，确保火线在平面上均匀推进，通过调整注气井吸气剖面，控制各油层火线在纵向上均匀推进，提高整体开发效果。统计曙光油田杜 66 块气窜封堵 11 井次，措施后气窜井平均单井日排尾气量减少 1344m^3，区块累计增油 2049t；实施同心管分注技术 10 井次，实施后井组注气量及排气量明显增加，纵向动用程度提高 42%。

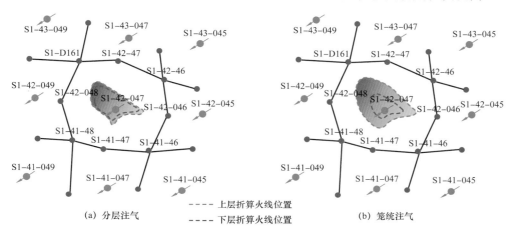

(a) 分层注气　　---- 上层折算火线位置　　(b) 笼统注气
　　　　　　　　　---- 下层折算火线位置

图 3-4-7　S1-42-047 井组分层注气、笼统注气火线位置对比图

第五节　浅层稠油火驱工业化技术

准噶尔盆地红山嘴油田红浅 1 井区火驱先导试验经过 6 年的技术攻关，取得显著成效，在此基础上以红浅 1 井区红一 1—红一 3 区域作为目标区开展了火驱工业化开发。通过工业化开发进一步深化对火驱开发方式认识，精细刻画油藏地质模型，油藏工程与动态监测结合描述气腔发育规律，有效进行生产调控改善效果，总结工业化开发后火驱开发规律及合理生产参数，同时评价规模开发条件下各项技术适应性，完善先导试验配套工艺技术，为下一步拓宽火驱油藏的范围奠定基础（曲占庆等，2015）。

一、单砂体与剩余油描述技术

目标区油藏经过长时间的注蒸汽开发，储层和流体性质都发生了变化，在火驱开发前，需要对油藏地质特征进行再认识，主要包括对砂体和渗流通道的特征进行描述与刻画、对储层砂体非均质性及隔、夹层的分布进一步深化认识。

优势通道是指由于储层强非均质性及后期开发改造共同影响，导流能力远强于储层平均值的局部通道或条带。优势通道的形成不利于蒸汽开发，且对后期的火驱开发也存在影响，不利于火线的均匀推进（席长丰等，2013）。

通过对火驱先导试验区 3 类优势通道与累计产油量（图 3-5-1）进行分析，得出区块气窜通道 5 条，发育于 hH010—h2071、hH010—h2072、hH010—h2057、hH007—h2138、hH008—h2118 方向，快速气窜造成井口温度过高关井，油井基本无产量；优势通道 11 条，主要发育于整个工区的中部和南部，5 条通道累计产油 1500～2000t，4 条通道累计产油 2000～3000t，1 条通道累计产油 500～1000t，1 条通道累计产油 0～500t，生产效果好；次级优势通道 6 条，主要发育于工区的北部，3 条通道累计产油 2000～3000t，1 条通道累计产油 500～1000t，1 条通道累计产油 1000～1500t，1 条通道累计产油 1500～2000t，生产效果较好。

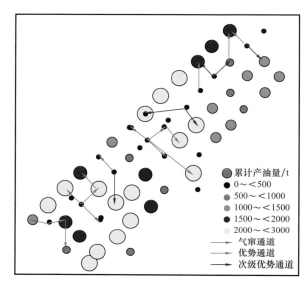

图 3-5-1　火驱先导试验区八道湾组火驱优势通道与累计产油量叠合分布图

试验区中部和南部相对物性较好，含油饱和度较高，气窜通道与优势通道多发育于此，其中优势通道累产油多，生产效果好；北部物性相对较差，含油饱和度较低，多发育次级优势通道，生产效果次之。

二、稳定燃烧控制技术

建立电磁法与流体组分协同刻画火线方法，创新双向驱替线性火驱井网优化技术，形成"调剖面、控温度、引火线"的调控技术，破解了燃烧前缘控制与均匀推进的难题，波及体积达 85%，采收率从 29% 提高到 65%，提高 36 个百分点。

1. 生产动态法刻画火线前缘位置

协同利用生产动态法（新增原油酸值、地层水矿化度两项指标）、电位法、数值模拟（增加温度观察井约束）刻画火线前缘位置，符合率超过 80%。

火驱过程中，地层温度大于 350℃，原油高温氧化产生石油酸使原油的酸值升高；而在注蒸汽过程中，地下温度小于 300℃，原油不发生高温氧化，原油的酸值较低（16.9%）。

先导试验区火驱井组产出油酸值（10～12mg KOH/g）明显高于外围未受火驱影响井酸值（6～8mg KOH/g）。对连续监测酸值变化的 7 口井进行统计发现，随火驱进行产出油酸值呈现逐渐升高的特征（表 3-5-1 和图 3-5-2）。火驱未见效时，酸值为 6～8mg KOH/g；见效初期，酸值为 8～10mg KOH/g；稳产阶段，酸值为 10～12mg KOH/g。由于原油酸值能反映火驱的阶段影响且数值区分度高，适合单井时间序列燃烧状态判断，因此可通过原油酸值定性判断火线的位置。

表 3-5-1　试验区单井不同年份酸值统计表

类别	井号	酸值 /（mg KOH/g）			
		2012 年	2013 年	2014 年	2015 年
一线井	hH016		7.17	8.333	
	J596		6.958		
	hH005			8.198	
	h2042		9.338	9.534	
二线井	hH021	6.906		10.26	12.42
	h2027			9.628	11.93
	hH022			10.8	

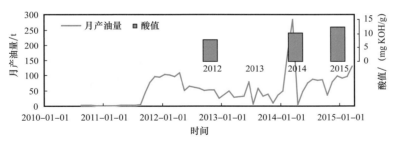

图 3-5-2　hH021 井月产油量及原油酸值变化特征

对比分析火驱前后产出水矿化度（表 3-5-2）发现，火驱后产出水矿化度（平均为 9395mg/L）是火驱前（5435mg/L）的 1.73 倍，且受火驱影响的单井矿化度升高特征明显（图 3-5-3）。火驱后，HCO_3^- 和 Cl^- 含量分别升高 1.34 倍和 1.55 倍，Ca^{2+} 和 Mg^{2+} 含量分别升高 3.56 倍和 2.90 倍。因此，可以利用单井产出水矿化度指标定性判断火线的位置，后期如果能实现数值分级，也可用于定量判断。

表 3-5-2　地层产出水矿化度及主要离子含量对比表

项目	矿化度 /（mg/L）				
	产出水	阴离子		阳离子	
		HCO_3^-	Cl^-	Ca^{2+}	Mg^{2+}
火驱前	5435	1520	2445	39.84	21
火驱后	9395	2040	3786	142	61
升高倍数	1.73	1.34	1.55	3.56	2.90

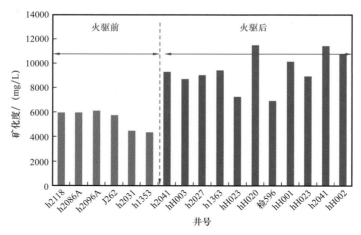

图 3-5-3　火驱前后产出水矿化度对比分析

以注采动态、温度监测数据较完整的 hH010 井组为例，说明动态分析综合判断火线前缘位置的方法。hH010 井组各方向渗透率分布差异较大（图 3-5-4），h2071 井和 h2072 井的渗透率剖面均呈现顶部发育特高渗透率层段的特点，h2057—G003 方向为中渗透率层段均质型，h2086—G002 方向为低渗透率层段均质型（图 3-5-5）。

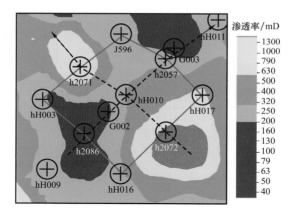

图 3-5-4　hH010 中心井组渗透率平面分布图

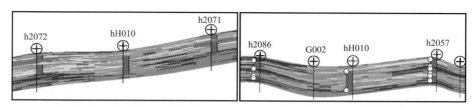

（a）过 h2072—h2071 井渗透率剖面　　　　（b）过 h2057—h2086 井渗透率剖面

图 3-5-5　hH010 中心井组渗透率剖面分布图

受储层物性影响，2010 年 3 月（注气 3 个月后）h2071 井沿着特高渗透率层段出现气体的突破，井口产气量达到 $2 \times 10^4 m^3/d$，占注气速度（$3.3 \times 10^4 m^3/d$）的 60% 以上。同时，h2071 井底温度急剧升高，在 15 天内从 44℃ 升至 188℃，而其他方向无温度响应，说明火线在 h2071 方向发生突进。相应 h2071 井口温度随后一个月内持续出现 60℃ 高温。2010 年 11 月，h2072 方向地面产气量、井底温度、井底温度出现急剧变化，说明火线在向 h2072 井方向移动。而 G002、G003 方向的温度未响应，说明火线在 G002 井和 G003 井未发育。

综上所述，以单井原油酸值、地层水矿化度为指示，可大体刻画火线前缘的轮廓。对于具体井组，综合判断注气井压力、生产井油气水产出量、地层温度监测数据、井口温度监测数据，可判断井组内火线的位置。图 3-5-6 和图 3-5-7 分别显示了 2012 年和 2016 年试验区动态法判断的火线位置。

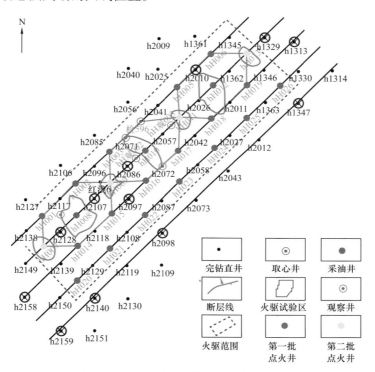

图 3-5-6　2012 年 12 月试验区火线分布图

2. 电位法刻画火线前缘位置

火驱过程中的燃烧使得地层温度发生变化，形成温度场差异。随着温度的变化，地层性质发生改变，其中电阻率的变化最为明显，原始电阻率为 $10\sim80\Omega\cdot m$，火驱后增加至 $700\sim2000\Omega\cdot m$，升高几十倍（图 3-5-8）。井间电位法技术是以传导类电法勘探的基本理论为依据，通过测量地层内由于物理状态发生改变而引起的地面电位梯度的变化，达到刻画火线前缘位置的目的。

2012 年 12 月，hH008 井、hH010 井和 hH012 井周围形成半径为 100m 范围的燃烧区，燃烧形态近似圆形扩展（图 3-5-9）。hH007 井、hH009 井、hH011 井和 hH013 井由于点火较晚（晚 1.5 年），周围形成半径为 30m 的燃烧区，范围较小，其中 hH011 井和 hH013 井的燃烧形态呈条形扩展，是注气井两边生产井"拉火线"的体现。

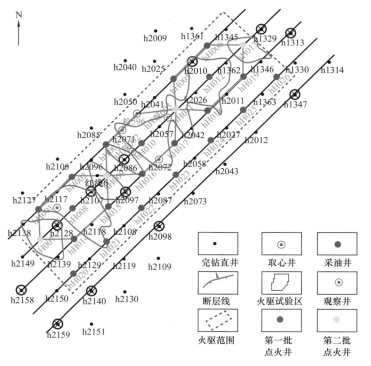

图 3-5-7　2016 年 12 月试验区火线分布图

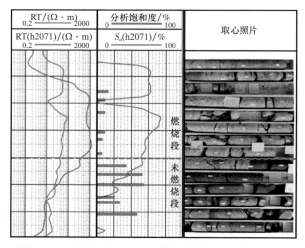

图 3-5-8　取心井 h2071A 井火驱前后电阻率对比图

3. 数值模拟法刻画火线前缘位置

　　跟踪数值模拟采用 CMG-STARS 模块，建立 3 相 2 组分注蒸汽开发模型拟合注蒸汽开发历史，在此基础上建立 4 相（水、原油、气体、焦炭）7 组分的火驱数值模拟模型。火驱数值模拟方法仍不完善，还需要加强室内机理研究和现场动态分析，明确火驱过程的物理化学反应，完善火驱数值模拟方法（李小丽等，2015）。

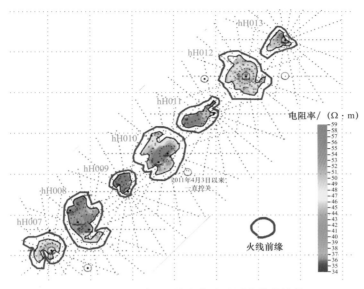

图 3-5-9　2012 年 12 月电位法监测火线前缘位置

通过数值模拟跟踪发现，至 2017 年 12 月，火线前缘呈现"串珠状"，"大珠"为 2009 年 12 月点火井，"小珠"为 2013 年 10 月点火井（图 3-5-10）。试验区内上倾方向火线已基本到达边界，由于外围生产井未投产，火线前缘不会向外扩展。下倾方向生产井有两排，西南部 hH008 井组和中部的 hH010 井组火线接近下倾边界，而东北部 hH012 井组在下倾一、二排生产井之间。

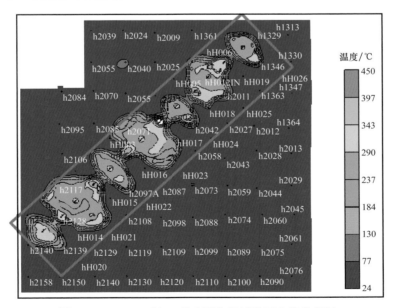

图 3-5-10　2017 年 12 月火驱先导试验区火线分布图

由于提高了试验区火线前缘位置刻画的精度，有效指导了生产调控，燃烧前缘总体保持线性稳定向前推进，火线前缘扩展形状由初期"串珠状（不规则）"逐渐发育为"波浪线"。截至 2020 年底，燃烧腔的体积占整个孔隙体积的 80%（图 3-5-11），至火驱结束最终可以达到 85%，确保了试验区采收率在 65% 以上。

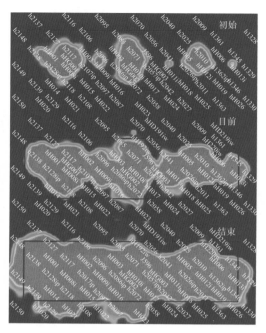

图 3-5-11　火驱试验区各阶段燃烧前缘形态

第六节　稠油火驱提高采收率技术示范实例

稠油火驱技术分别在辽河油田和新疆油田进行了示范应用。辽河油田侧重于中深层多层油藏的火驱，新疆油田侧重于浅层油藏的火驱。本节介绍了火驱技术在两个油田的开展情况、调控方法应用及其实施效果。

一、辽河油田稠油火驱提高采收率技术示范实例

1. 示范区块基本情况

杜 66 断块区构造上位于辽河断陷西部凹陷西斜坡中段，开发目的层为古近系沙四段上部杜家台油层。含油面积为 8.4km²，石油地质储量为 5318×10⁴t，标定采收率为 38.4%，可采储量为 2042×10⁴t，为典型的薄互层状稠油油藏。

断块区构造形态为一个由北西向南东倾伏的单斜构造，地层倾角一般为 5°～10°，油藏埋深为 798～1110m。断块区为扇三角洲前缘亚相沉积，物源主要来自西北部，主要沉积微相类型有水下分流河道、河口砂坝、分流河道间及前缘薄层砂等。储层岩性以含砾砂岩及不等粒砂岩为主，细砂岩、粉砂岩次之，中砂岩—砾状砂岩较少，分选中等到偏差。平均有效孔隙度为 25.5%，平均渗透率为 0.781D，属于中高孔隙度、中高渗透率

储层。

杜家台油层纵向上划分为杜Ⅰ、杜Ⅱ、杜Ⅲ 3 个油层组，10 个砂岩组，30 个小层（局部发育杜 0 组）。开发目的层分为上、下两套层系，上层系为杜Ⅰ—杜Ⅱ$_4$，下层系为杜Ⅱ$_5$—杜Ⅲ。油层平均厚度为 42.1m，平均单层厚度为 2.5m；其中上层系平均油层厚度为 25m，下层系平均油层厚度为 17.4m。图 3-6-1 为曙光油田杜 66 断块区典型井剖面图。

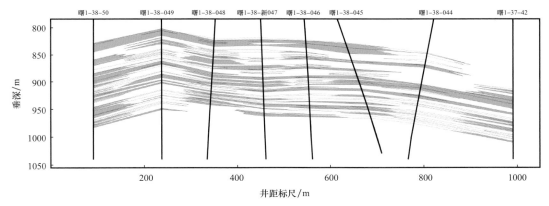

图 3-6-1　曙光油田杜 66 断块区典型井剖面图

油藏原始地层压力为 11.039MPa，压力系数为 1.02，饱和压力为 7MPa；原始地层温度为 47℃，地温梯度为 3.7℃ /100m。截至 2020 年 12 月，地层压力为 1.7MPa，地层温度为 90.8℃。杜家台油层原油物性如下：在 20℃时原油密度为 0.92～0.94g/cm³，50℃时地面脱气原油黏度一般为 300～2000mPa·s，平均为 1241.6mPa·s；凝点为 15.7℃，含蜡量为 7%～12%，平均含蜡量为 5.93%，胶质和沥青质含量为 31.3%。

杜 66 断块区杜家台油层于 1979 年开始勘探，采用 200m 井距正方形井网。投入开发以来先后经历上产、稳产、递减、火驱 4 个开发阶段。

区块自 2005 年在 7 井组先后进行单井单层的火驱先导试验取得成功后，2010 年 10 月外扩井 10 个井组，2012—2019 年规模实施 98 个井组，截至 2020 年 12 月已达 117 个井组。随着火驱规模不断扩大，区块年产油量，由 2009 年的 16.8×10⁴t 上升到 2020 年的 30.1×10⁴t，截至 2020 年 12 月采油速度达到 0.30%（图 3-6-2）。

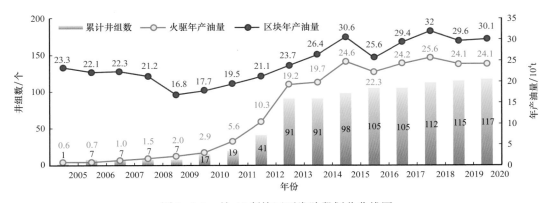

图 3-6-2　杜 66 断块区开发阶段划分曲线图

2. 火驱实施情况及存在的问题

截至 2020 年 12 月，杜 66 断块区共有火驱井组 117 个，注气井开井 96 口，关井 21 口（其中套管损坏关 6 口、落物关 1 口、待检管柱 11 口、排液降压 3 口），日注气 105×10⁴m³；生产井 538 口，开井 410 口，开井率为 76%，日产液 3007t，日产油 1076t（核实为 696t），年产油 24.1×10⁴t，单井日产油 1.7t，年空气油比为 1538m³/t，累计空气油比为 1091m³/t（表 3-6-1）。

表 3-6-1　火驱开发现状表

井组	注气井				采油井							空气油比	
	总井数/口	开井数/口	日注气量/m³	累计注气量/10⁴m³	总井数/口	开井数/口	日产液量/t	日产油量/t	含水率/%	日排尾气量/10⁴m³	单井日产油量/t	年空气油比/m³/t	累计空气油比/m³/t
7 井组	7	6	6.3	26409	43	38	292	82	72	9.5	2.2	747	775
10 井组	10	10	14.1	31082	57	43	415	74	82	4.2	1.7	1820	1135
24 井组	24	24	28.5	57313	117	90	691	138	80	16.7	1.5	2042	1153
剩余面积	60	47	45.8	107239	231	180	1266	301	76	18.7	1.7	1589	1163
线性井组	15	9	10.7	19061	90	59	344	101	71	2.2	1.7	1132	1076
合计井组	117	96	105	241104	538	410	3007	696	77	51.2	1.7	1538	1091

实施火驱后主要存在以下问题：

（1）平面见效差异大，油井见效率低。

转入火驱开发后，对开发井网上的井点全部注气，但受到沉积特征、储层物性、采出程度及注采井网等因素影响，油井平面上表现为受效不均。通过对先期实施的 6 个井组的示踪剂监测表明：生产井产气来源中有非本井组注气井，如 46G37 产气中见到对应井组 47037、46037 示踪剂，也见到非本井组注气井 47039、46035 的示踪剂（图 3-6-3）。

（2）纵向吸气不均匀，层间动用差异大。

火驱开发阶段主要对上层系进行注气，局部下层系挖潜，但受到储层非均质性严重、层间渗透率级差、层间矛盾突出的影响，火驱纵向动用程度不均衡。从吸气剖面监测来看：虽然整体动用程度达 73.5%，但纵向上差异较大，其中杜 I₁₋₂ 和杜 I₃₋₅ 动用状况较好，分别达到 91.7% 和 77.8%，杜 I₆₋₉ 和杜 II₁₋₄ 动用状况较差，分别为 67.8% 和 47.1%，均低于 70%（表 3-6-2）。

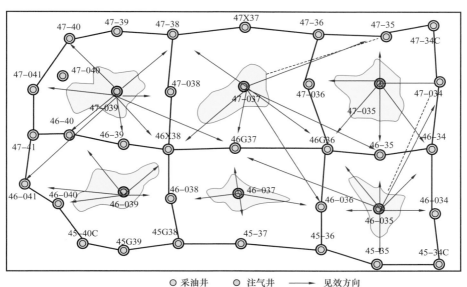

图 3-6-3 先导试验 7 井组示踪剂监测示意图

表 3-6-2 纵向吸气程度统计表

砂岩组	杜 I_{1-2}	杜 I_{3-5}	杜 I_{6-9}	杜 II_{1-4}	合计
射开厚度 /m	400.8	266	331.2	300.4	1298.4
吸气厚度 /m	367.4	207	224.4	155.5	954.3
比例 /%	91.7	77.8	67.8	47.1	73.5

（3）注汽参数不合理，周期生产效果差。

开发实践表明：蒸汽吞吐过程中，合理的注汽参数直接影响吞吐效果。加强吞吐生产特征研究、摸清吞吐规律、确定合理的注汽参数对改善稠油火驱的蒸汽吞吐开发效果、提高经济效益具有非常实际的指导意义。火驱转驱初期，注汽强度与吞吐开发一致，保持在 60t/m 左右，未对火驱阶段实施优化注汽研究。

（4）气液比增加，举升泵效低。

伴随着火驱开发的不断深入，"气大"、出砂、腐蚀等问题综合影响依然存在，给高效举升带来较大影响。

① 火驱注空气量逐年上升，而火驱生产井既采油又要排尾气，因此尾气量也呈上升趋势，2020 年杜 66 断块区日产气量在 1000m³ 以上的井达到了 51%，部分油井日产气量甚至超过 8000m³，对生产井泵效造成极大影响，在一定程度上影响了抽油泵正常工作（图 3-6-4）。

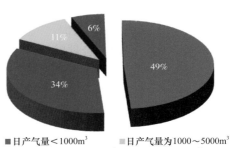

图 3-6-4 杜 66 火驱生产井日产气量饼状图

② 火驱转驱前部分油井存在出砂问题，随着转驱时间延长、油井尾气量增加，出砂情况不断加剧，出砂井数和砂卡井数均有明显增加趋势（图 3-6-5）。表明油井出砂与尾气量大小呈现一定的相关性，即尾气量越大，出砂越严重，这种出砂出气量大的复合型矛盾日渐突出。

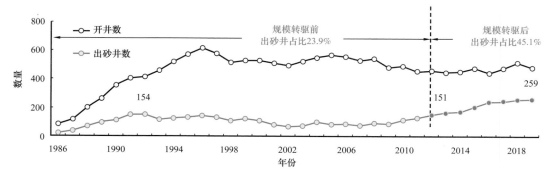

图 3-6-5 杜 66 火驱区域年开井数及出砂井数变化趋势

③ 油井尾气量的增加也导致了 H_2S 等腐蚀性气体的增加，造成了火驱采油管柱的腐蚀，尤其是抽油泵的腐蚀问题逐渐暴露出来。在一定程度上影响了泵的使用寿命，缩短了油井检泵周期。

（5）尾气量增加，修井作业难度加大。

火驱作业过程中，由于区块平面连通情况复杂，气窜干扰严重，井筒压力无法泄尽，施工准备时间对比普通井增加 5 天以上，影响修井效率和生产时率。区块地层压力系数小于 0.5，压井液漏失严重，现场的清水、热污水、盐水由于相对密度大于 1，井筒压差大，无法建立压力平衡。

3. 主要调控对策

1）平面火线调控技术

（1）确保合理的注气量。

火驱注气主要有为燃烧提供燃料和为原油运移提高驱动力的作用，注气强度高，燃烧状态好、推进速度快，但存在适宜区间。通过数值模拟研究不同注气强度火驱温度场（图 3-6-6）发现，随着注气强度的增加，前缘温度上升，但增幅逐步减缓（何龙等，2015）。

以先导 7 井组为例，合理的注气强度是火驱注气量调控的核心，根据不同的火驱开发阶段，需相应调整合理的注气强度，保障井组的持续高温氧化燃烧状态。一旦火驱注气强度降低，会导致油藏燃烧状态明显变差，地层压力下降，油井产量呈下降趋势（图 3-6-7）。

现场统计结果表明，不同的燃烧阶段所需的注气强度有所不同。建立燃烧阶段注气强度为 260m³/（m·d），火线形成阶段逐步提高到 320m³/（m·d），热效驱替阶段逐步提高到 380m³/（m·d），按有效吸气厚度分别为 440m³/（m·d）、550m³/（m·d）和 650m³/（m·d），才能够保障井组产量稳定上升（表 3-6-3）。

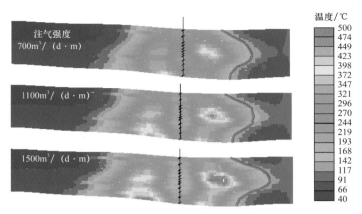

图 3-6-6　S1-46-037 井不同注气强度火驱数值模拟温度场图

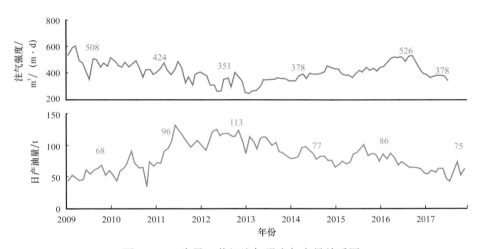

图 3-6-7　先导 7 井组注气强度与产量关系图

表 3-6-3　分阶段合理注气强度统计表

火驱阶段	累计注空气量 /10⁴m³	合理注气强度 /[m³/(m·d)]
建立燃烧	<300	260
火线形成	300～600	320
热效驱替	>600	380

在保障合理注气强度的基础上，当个别单井含氧量超标（大于 3%）时，可通过适当降低注气井的注气量，提高 O_2 利用率，调整油井受效状况。

2017 年以来，对 53 个井组实施提高注气强度。其中，连续注气的 35 个井组效果明显，注气强度由 509m³/（m·d）提高到 646m³/（m·d），井组日注空气量由 30×10⁴m³ 上升到 45×10⁴m³，日产油量由 321t 上升到 506t，CO_2 含量保持在 20% 以上，取得较好效果（图 3-6-8）。

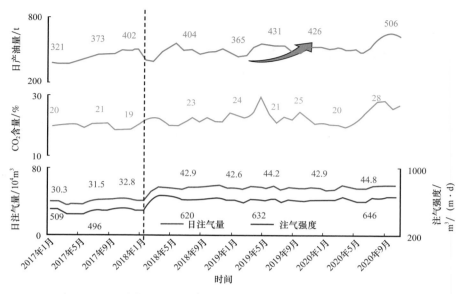

图 3-6-8　35 个连续注气井组生产曲线

同时，依照高效井标准，对具备潜力井组加大吞吐引效力度，阶段共实施复产 62 口，有效 47 口，日产油量上升至 78.7t，阶段产油量为 7584t。实施上述措施后，2020 年增加高效井 15 口，累计高效井数 74 口，占比为 22%，产量占比为 31%。

（2）确保合理的排气量。

排气量调整以控制排注比为核心。较高的排注比易导致油藏泄压，较低的排注比则制约油藏的高效开发。根据现场生产情况，将火线形成上产阶段与形成区域稳产阶段进一步细划为火驱早期、见效期、增产期 3 个阶段，在不同火驱阶段，应控制较为合理的排注比。火驱早期以低排注比为主，控制在 0.1～0.5 之间，提高排气量建立燃烧；见效期需快速提高排注比达到 0.8 左右并保持稳定，实现提压增能；增产期应控制合理的排注比在 0.8～0.9 之间，保持燃烧状态，提高单井产量（图 3-6-9）。

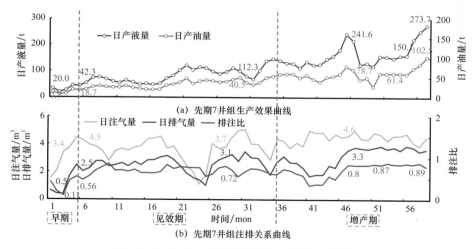

图 3-6-9　先导 7 井组生产效果与排注比曲线图

研究先导试验井组排注比与日产油量关系发现，排注比控制在 0.8～1 时，能够保持注采压差、维持稳定驱替。结合见效井组尾气强度与井组单井日产关系发现，排注比控制在 0.8～1 时，单井尾气排放强度在 57～150m³/d 之间，折合日排尾气量为 2000～5000m³。对周期天数大于 600 天生产井生产情况进行研究也表明合理的日排尾气量在 2000～5000m³ 之间（图 3-6-10）。

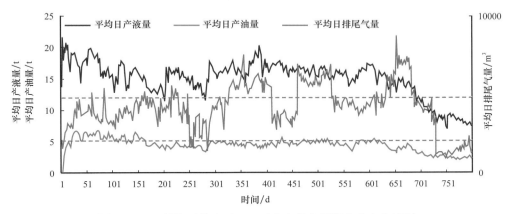

图 3-6-10　周期天数大于 600 天生产井在周期内生产曲线图

按照上述参数设计，针对部分单向气窜严重的油井，主要采用气窜封堵和关井控气两种方式。气窜封堵是对注气井和生产井间的高渗透率带（气窜方向突进严重的油层）用化学方式进行有效封堵，以封堵气窜通道，改变注入空气走向，提高火驱动用程度。

曙 1-42-044 井日排尾气量最高可达 10800m³，多次控气关井，生产周期仅 52.8 天，产油 86t，平均泵效为 36.7%。措施后，该井阶段生产 189.7 天，产油 960t，阶段油汽比为 0.46。对比上周期延长生产 136.9 天，增油 874t，油汽比提升 0.41。同井组中曙 1-42-46、曙 1-42- 新 45、曙 1-41-K45 尾气量都明显上升。3 口井平均日产尾气量由 2769m³ 上升至 6890m³，同时曙 1-42-46 井增油得到了提升。

当井组内发生空气严重单向突进时，控制同向生产井的排气量，甚至关井，以调整火线推进方向。以曙 1-45-033 井组为例，该井组发生下倾方向空气突进后，通过控液生产 3 口，直接关井 3 口来调整火线方向，实施后单井尾气量大幅下降，对比实施前下降 45%，上倾方向低见效区新增见效井 5 口，日产油量由 7t 上升 14.6t（图 3-6-11）。

2）纵向火线调控技术

随着层间差异矛盾越来越大，通过分层注气和化学调剖等技术的实施，注气井纵向吸气不均的状况得到了有效改善。同心管分层注气技术实施 11 井次，实施后注气量及排气量明显增加，动用程度提高 42%。化学调剖技术实施 20 井次，纵向动用程度由 54% 提高到 68%。

以曙 1-39-047 井为例，该井实施化学调剖后，井组纵向动用程度由 19.2% 上升到 64.8%，日产油量由 10.1t 上升到 25.9t，尾气排放也明显增大，周边油井普遍见到火驱效果（图 3-6-12）。

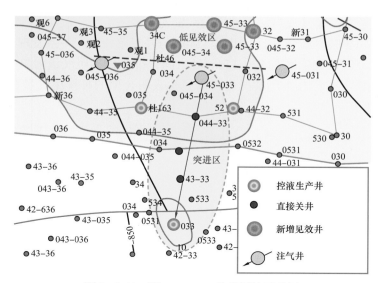

图 3-6-11 曙 1-45-033 井组调控示意图

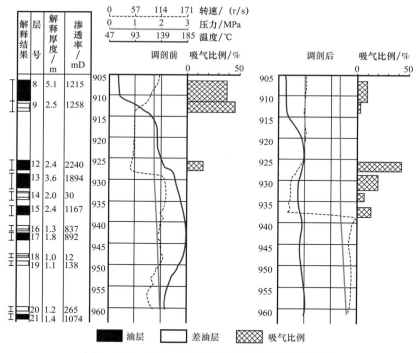

图 3-6-12 曙 1-39-047 井调剖前后吸气剖面图

3）辅助蒸汽吞吐技术

火驱后部分生产井附近地层温度没有出现明显变化，70m井距的观察井温度达108℃，100m井距的生产井温度仍为70℃左右。原油黏度在400mPa·s以上，仍需人工补充热能改善流动性。因此，辅助蒸汽吞吐仍然是保障稠油火驱生产的必要手段。

根据杜66断块区吞吐开发经验，周期注汽强度应该保持在60t/m左右。进入火驱后，吞吐规律发生改变，原有的注汽强度已不适用于火驱开发。图 3-6-13 为先导 7 井组火驱前后吞吐开发规律曲线图。

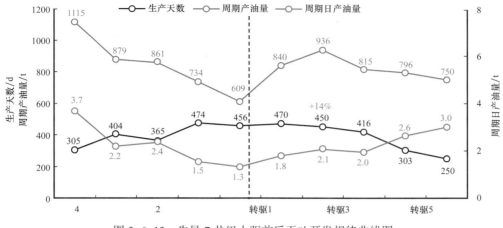

图 3-6-13 先导 7 井组火驱前后吞吐开发规律曲线图

开展注汽参数优化摸索发现，在转驱后 1—2 周期处于火驱引效期，需要加大注汽强度，根据统计规律，75t/m 最佳；3—4 周期油井普遍见效，可适当降低注汽强度，根据统计规律，65t/m 最佳。结合 4 个周期的规律，最低注汽强度应保持在 65t/m 以上，最高注汽强度不超过 75t/m（图 3-6-14）。

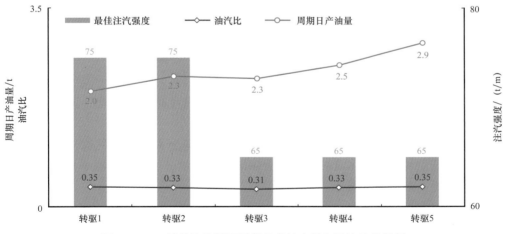

图 3-6-14 最佳注汽强度周期日产油水平和油汽比曲线图

以曙 1-46-042 井为例，该井第 11 周期转火驱生产，转驱前注汽强度为 60t/m，转火驱后注汽强度保持不变，周期日产油量逐渐下降，第 13 周期优化注汽强度后周期日产油量有明显上升（图 3-6-15）。

火驱的见效程度和产液量密切相关，产液量调整主要靠吞吐引效来实施。针对火驱开发不同阶段，采取相匹配的产液量，从而分别达到引效、提效和增效的目的。近年来，共实施吞吐引效 862 井次，新增见效井 290 口，见效率提高到 73%（表 3-6-4）。

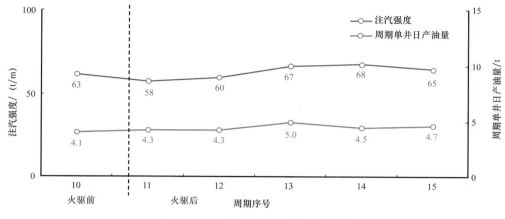

图 3-6-15　曙 1-46-042 周期曲线图

表 3-6-4　各井组实施吞吐引效统计表

分类	总井数 / 口	实施井次	见效比例 /%	
			实施前	实施后
7 井组	43	232	22	73
10 井组	57	161	12.7	73
24 井组	115	207	14.2	77
50 井组	237	362	12.1	70
合计	452	862	13.6	71

4）配套举升技术

近年来立足自主研发，形成了火驱配套举升技术及优化设计方法，为火驱高效开发提供了有力的技术支撑。

首先针对火驱部分生产井尾气量大的情况，通过研制火驱专用气锚，采用先沉降后离心旋转的设计结构（图 3-6-16），提高火驱油井尾气的分离效率，减小抽油泵受尾气影响程度，从而提高油井举升效率。

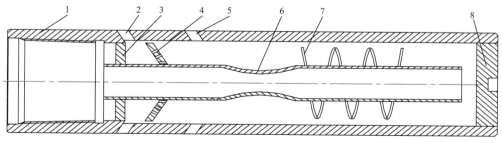

图 3-6-16　火驱专用气锚结构示意图
1—本体；2—排气口；3—挡环；4—捕集栅；5—进液口；6—中心管；7—螺旋片

曙 1–48–34 井在第 17 周期注汽后下入 φ44mm 整筒泵，示功图多次显示泵受气影响，在第 18 周期注汽后下入火驱专用气锚，开井后恢复正常生产，示功图显示正常（图 3–6–17），同周期对比平均日产液量提高 2.6t，平均日产油量提高 0.2t，平均泵效提高 12.7 个百分点（表 3–6–5），受尾气影响情况有所改善。

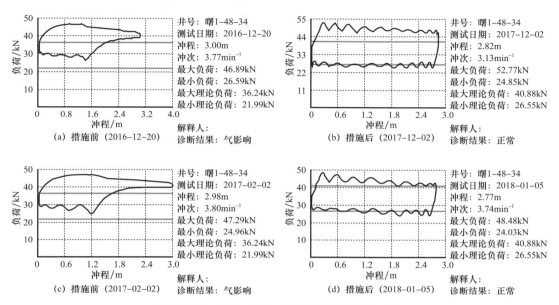

图 3–6–17 曙 1–48–34 井措施前后示功图对比

表 3–6–5 曙 1–48–34 井措施前后生产情况统计表

类型	平均日产液量 /t	平均日产油量 /t	平均泵效 /%	日产尾气量最高值 /m³
措施前	6	0.6	23	5387
措施后	8.6	0.8	35.7	6241

针对火驱生产井出砂严重、尾气量大、井筒腐蚀的复合型举升矛盾，研制了火驱井防砂、防气、防腐蚀"三防"抽油泵，解决现场防砂抽油泵结构不能同时防气的问题，同时进一步提高了抽油泵关键部件耐腐蚀性，提高其在火驱油井适应性，从而达到提高泵效、延长检泵周期的效果。

曙 1–37–K052 井第 4 周期注汽后下入 φ44mm 整筒泵，开井生产一天后发生砂卡，修井作业起出管柱后发现尾管和抽油泵固定阀门内均有地层泥砂，分析是本轮注汽后地层出砂。

通过研究分析后下入火驱"三防"泵的组合管柱，开井后正常生产至周期末，9 个月再未发生砂卡（图 3–6–18）。

在提高火驱举升效率上通过研制并应用火驱专用气锚，火驱井防砂、防气、防腐蚀"三防"抽油泵及开展火驱井有杆泵举升优化设计，使火驱生产井的泵效、一泵到底率、系统效率等各项采油指标均得到有效改善。

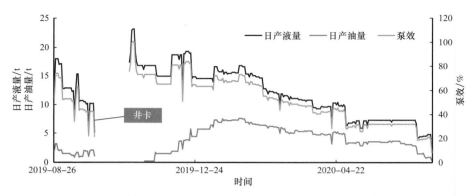

图 3-6-18 曙 1-37-K052 井日产液量、日产油量及泵效生产曲线图

5）作业暂堵技术

近年来有针对性地研究了有效的油层屏蔽办法——火驱作业暂堵工艺。现场采用粉体暂堵剂和瓜尔胶暂堵剂进行封堵，可针对不同类型的作业井选择不同的封堵方式。该技术实施成功率较高，一次封堵成功率可达 90% 以上。采用粉体暂堵剂压井技术后，作业成功率可达 95% 以上，但是固相颗粒不能降解且容易回吐，油井开井后极易造成卡泵现象。

按照"注得进、堵得住、解得开"的技术思路，研究一种全液相凝胶类暂堵剂，利用其高黏度特性，对地层中尾气通道实施暂堵，保证作业过程尾气不溢出。作业后一定时间内，凝胶体系能够降解水化为低黏度液体，油井投产后随地层流体一同采出，使地层渗透性得到恢复。该技术关键点为"高黏度、自降解、全液相"，暂堵剂高黏度是保证封堵尾气成功的前提，自降解是使地层恢复渗透性、保证油井产能的关键手段，全液相是防止油井卡泵、保证作业有效率的重要特点。

曙 1-38-53 井转驱后日产尾气量一直较高，2018 年初日产尾气达到 9000m³，2018 年 2 月 28 日注汽，累计注蒸汽 1949t，注汽压力为 11.6MPa，焖井后套压持续在 2MPa 以上无法作业，现场采用高密度盐水压井无效，套压仍在 2MPa 以上。对该井实施火驱新型作业暂堵技术，现场注入暂堵剂溶液 45m³，施工压力为 8MPa，措施后套压卸尽，立即组织作业施工，整个作业过程中套管未见尾气产出。7 月 1 日下泵，周期生产 64.6 天，累计产液量为 880.3t，累计产油量为 195.3t，整个生产过程中未出现卡泵现象。

二、新疆油田稠油火驱提高采收率技术示范实例

1. 示范区块基本情况

新疆油田红浅 1 井区火驱开发区位于红浅 1 井区东南部，纵向上发育侏罗系齐古组、八道湾组（J_1b）、三叠系克上组（T_2k_2）、克下组（T_2k_1）多套含油层系。稠油主要分布在侏罗系齐古组、八道湾组，八道湾组自上而下发育 J_1b_1 至 J_1b_4 四个砂层组，其中 $J_1b_4^2$ 为火驱开发目的层（图 3-6-19）。

红浅 1 火驱开发区储层岩性主要为砂砾岩、含砾砂岩，约占 85%，砂岩含量约占 15%。八道湾组 $J_1b_4^2$ 层孔隙度分布在 18.3%～36.1% 之间，平均为 25.2%；渗透率分布

在 51～4585mD 之间，平均为 632.9mD；原始含油饱和度平面上分布在 50%～85% 之间，平均为 67%；剩余油饱和度分布在 40%～55% 之间，平均为 51%，与初期相比下降了 16 个百分点。砂体在全区大面积分布，纵向发育连续，横向分布稳定，平面上近南北向呈条带状分布，厚度为 8～25m，平均为 12.5m。油层含油性受岩性控制，砂岩和含砾不等粒砂岩含油性好，砂砾岩含油性略差；纵向上油层连通性较好，油层比较集中，油层系数为 0.84；平面上油层分布稳定，有效厚度变化在 3.0～18.5m 之间，平均为 9.1m。

50℃下脱气原油黏度变化在 100～1200mPa·s 之间，平均为 600mPa·s，根据黏温关系曲线折算到油藏温度下原油黏度变化在 1200～30000mPa·s 之间，平均为 7000mPa·s。黏度对温度较为敏感，当温度从 20℃上升到 80℃时，黏度可降低 70 倍以上。原油组分中胶质含量为 15%，酸值为 6.23mg KOH/g，原油凝点为 −22.5～8℃。截至 2020 年底，地层压力平均为 2.8MPa，压力系数为 0.6。

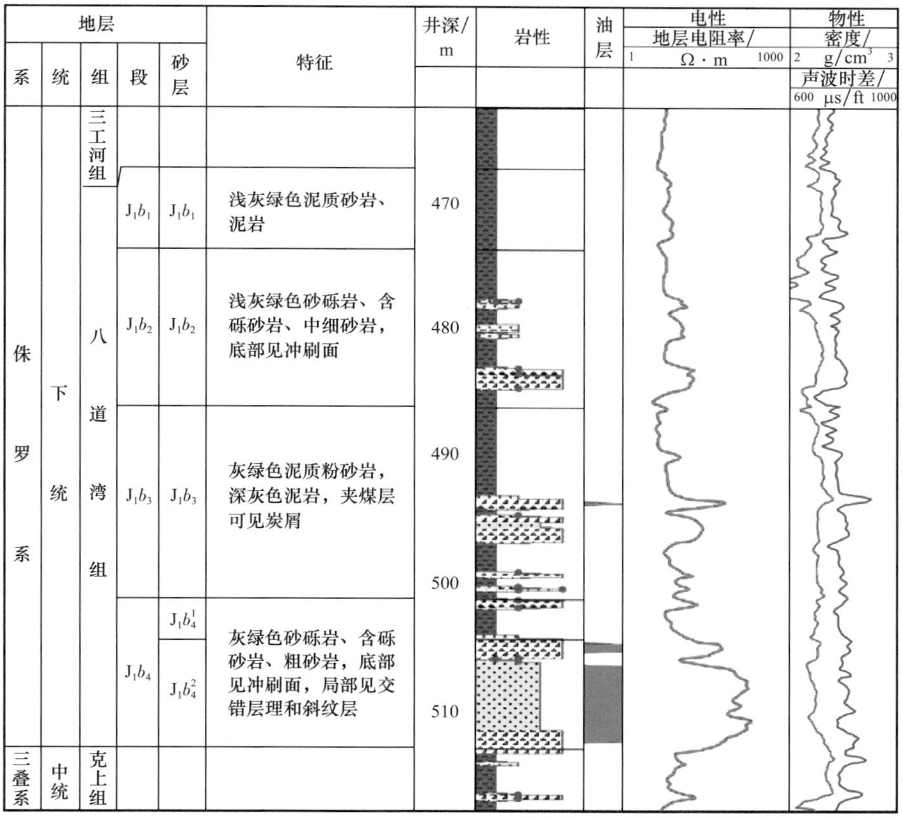

图 3-6-19　红浅 1 井区八道湾组地层柱状图

2. 火驱实施情况

方案设计在红浅 1 井区八道湾组 $J_1b_4^2$ 油层厚度大于 6m 的范围内，采用线性交错井网进行火驱开发，共部署 3 列注气井。八道湾组动用含油面积为 6.8km²，地质储量为 870×10⁴t。注气井排列与河道展布方向一致，总井数 75 口，均为新井（其中密闭取心井

2 口）；采油井总数 863 口，其中老井利用 708 口，根据现场测试结果，708 口老井中有 30% 左右不能继续使用，这部分井需要钻井更新。

在一期实施中，共部署注气井 75 口，采油井 518 口。其中，新钻加密井 155 口，老井 363 口（更新 109 口，齐古组下返 161 口，直接利用 95 口）。但是，从现场老井验套、修复结果看，老井更新的比例比方案设计值高，最终确定老井更新 266 口，直接利用 78 口，齐古组下返 19 口，新钻加密井 155 口。截至 2019 年 11 月，一期新钻井 421 口全部完钻。

红浅 1 井区八道湾 $J_1b_4^2$ 组油藏共完钻 75 口点火井，截至 2020 年底已完成 52 口井的点火工作。剩余 23 口未点火井均位于高黏区，正在吞吐预热阶段，待满足点火条件后即可点火。已点火的注气井中，46 口正常燃烧，6 口井燃烧状态不好，待进行下一步调整（图 3-6-20）。

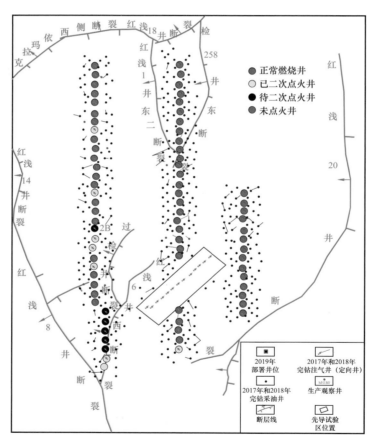

图 3-6-20　红浅 1 井区点火实施进展分布图

1）火驱开发增加表外储量

通过火驱一维燃烧管物理模拟试验研究发现，当含油饱和度为 20% 时，无法进行成功的点火；当含油饱和度为 30% 时，燃烧产生最高温度达 490℃ 的高温，并能稳定传播。火驱前后取心井资料及先导试验区生产动态均表明，注蒸汽开发的物性夹层（含油饱和度小于 45%）火驱阶段可有效动用，火驱动用油藏下限小于注蒸汽开发（图 3-6-21 和图 3-6-22）（黄继红等，2010）。

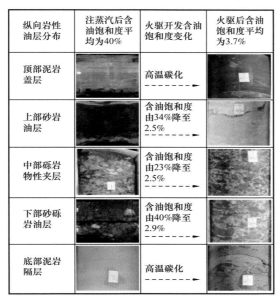

图 3-6-21　火驱开发前后储层岩心对比

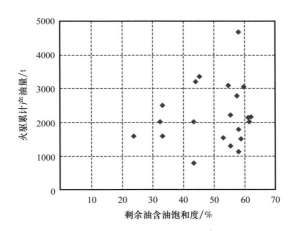

图 3-6-22　火驱单井累计产油量与开发前剩余油含油饱和度关系图

2）火驱前吞吐生产情况

红浅火驱工业化试验区点火前的地层温度在 26～46℃之间，该温度下高黏区的黏度在 5000mPa·s 以上，原油流动困难。因此，点火前需对点火井及生产井分别进行吞吐预热，提高注采井间温度，降低井间原油黏度，保证注采井间热连通。

根据方案设计及现场实施情况，2017 年 9 月开始注汽吞吐预热，截至 2020 年 5 月底，火驱工业化开发区累计实施注汽预热井 176 口（加密井 153 口，更新井 23 口），累计注汽 77.4×10⁴t，累计产油 16.8×10⁴t，累计产液 87.7×10⁴t，综合含水率为 81%，累计油汽比为 0.22，累计采注比为 1.20。

3）火驱生产情况

红浅火驱工业化试验 2017 年 9 月开始投产运行，首先对加密新井进行蒸汽吞吐生产，2018 年 7 月开始点火，截至 2020 年 10 月，注气井已点火 52 口，其中正常注气 45 口（包括 7 口二次点火井），累计注气 $2.94 \times 10^8 \text{m}^3$，累计产油 $21.1 \times 10^4 \text{t}$，累计注蒸汽 $72.4 \times 10^4 \text{t}$，综合含水率为 85.1%，空气油比为 $2785 \text{m}^3/\text{t}$。

截至 2020 年底，已点火注气井 52 口，正常开井注气 46 口，注气压力介于 0.9～7.7MPa，平均注气压力为 3.1MPa，日注气 $65.5 \times 10^4 \text{m}^3$。其中，除 hHD063 井注气压力较高（7.7MPa）以外，其余井注气压力均在 6MPa 以下。

截至 2020 年底，目标区 150m 范围内的井均已见气，从 3 排生产井的产出气组分来看，CO_2 含量逐步升高至 14%～16%，O_2 含量小于 1%；从取样井的原油分析数据来看，点火接近 2 年的井组的生产井产出原油的黏度（50℃）由 12000mPa·s 降到 6500mPa·s，降幅达 46%，原油发生明显改质，呈现高温燃烧特征。

红浅 1 区火驱开发区目前正常燃烧，井组 3 排生产井共 278 口，均已见气受效，依据生产井的见效特征判断，研究区目前见效生产井 90 口，处于排液阶段生产井 188 口。

4）火线推进情况

确定火线位置方法主要包括直接测试法和计算法。红浅 1 井区处于火驱开发初期，主要应用电磁监测法、数值模拟法及油藏工程法 3 种方法综合确定火线前缘，通过分析发现，点火较早的井组的燃烧前缘距注气井 15～20m（图 3-6-23 和图 3-6-24）（王威，2014）。

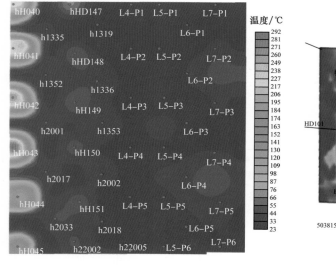

图 3-6-23　典型井组数值模拟预测温度场分布图

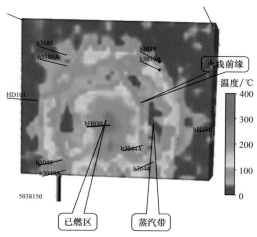

图 3-6-24　电磁法监测火线前缘分布图

5）初期开发效果

（1）注气井注气效果。

2020 年底，红线 1 区火驱开发区正常燃烧井组注气井的日注气量为 $61.4 \times 10^4 \text{m}^3$，符合方案设计要求（图 3-6-25），除 hHD063 井以外，均按方案设计正常注气。hHD063 井于 2020 年 8 月点火，点火期间平均日注气量为 5262m³，注气压力为 5.3MPa，热端温度维持在 450℃以上 19 天，周围生产井产出气 CO_2 含量一直维持在 9% 以下，该井点火后高温燃烧特征不显著。为改善其燃烧状态，于 2020 年 10 月开始提高日注气量，提气期间，注气压力持续上升，2020 年底注气压力为 7.4MPa，日注气量达到 20019m³。提高注气速度后，压力上升明显，周围井生产效果有待进一步观察。

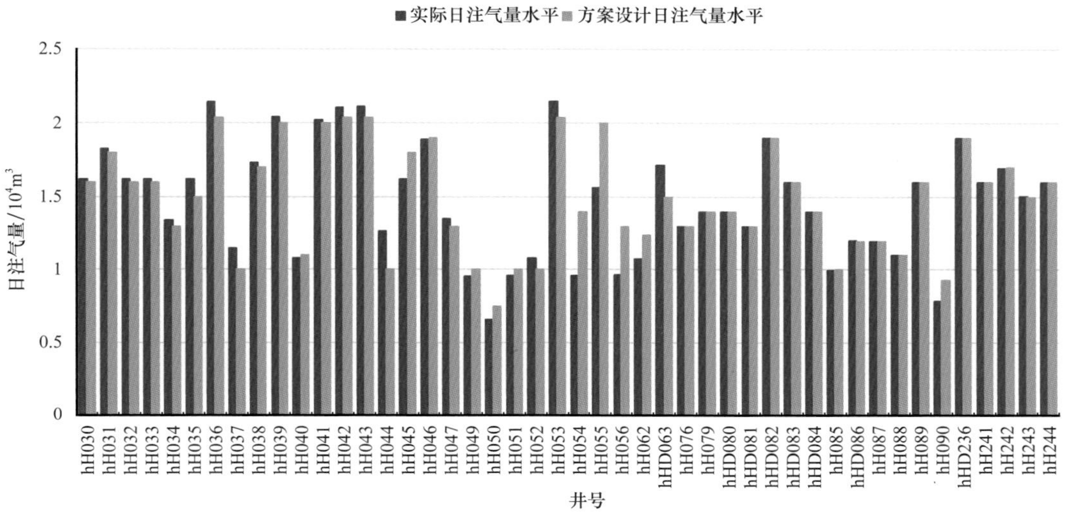

图 3-6-25　实际单井日注气量与方案日注气量对比图

（2）采油井生产效果。

截至 2020 年底，红浅 1 井区火驱开发区正常燃烧注气井 46 口，周围涉及生产井 278 口。为更好地分析生产效果及做出针对性的调控，按点火时间及原油黏度将该区划分为 5 个区域（表 3-6-6）。

表 3-6-6　红浅 1 井区火驱开发区分区统计表

序号	井排	注气井数／口	点火时间	采油井数／口
1	西列井排北部	13	2018 年 7 月—2018 年 12 月	91
2	西列井排南部	8	2018 年 11 月—2019 年 5 月	61
3	中列井排	12	2019 年 6 月—2019 年 9 月	86
4	东列井排	5	2019 年 9 月—2019 年 10 月	40
5	点火调整区域	8	2020 年 6 月—2020 年 11 月	
	合计	38		278

西列井排北部共有注气井 13 口，生产井 91 口，截至 2020 年底已点火运行 2~2.5 年；91 口生产井中见效 51 口、受效 40 口；累计注气 12824×10⁴m³，累计产油 4.99×10⁴t，累计空气油比为 2570m³/t；单井平均累计产油约 520t，综合含水率为 82%。西列井排南部

共有注气井8口，生产井61口，已点火运行1.5～2年；61口生产井中见效26口、受效35口；累计注气$5023×10^4m^3$，累计产油$1.7975×10^4t$，累计空气油比为$2791m^3/t$；单井平均累计产油约295t，综合含水率为84%。中列井排共有注气井12口，生产井86口，已点火运行1～1.5年；86口生产井中见效1口、受效83口、未受效2口；累计注气$6260×10^4m^3$，累计产油7136t，累计空气油比为$8772m^3/t$；单井平均累计产油约85t，综合含水率为95%。东列井排共有注气井5口，生产井40口，已点火运行1～1.5年；86口生产井中见效0口、受效40口；累计注气$2232×10^4m^3$，累计产油4265t，累计空气油比为$5233m^3/t$；单井平均累计产油107t，综合含水率为92%（表3-6-7）。

表 3-6-7　各井排生产效果统计表

序号	井排	注气井数/口	点火时间	平均点火注气时间/d	累计注气量/10^4m^3	采油井数/口	单井平均生产天数/d	累计产油量/t	累计产液量/t	综合含水率/%	累计空气油比/m^3/t
1	西列井排北部	13	2018年7月—2018年12月	759	12824	91	713	49910	278276	82	2570
2	西列井排南部	8	2018年11月—2019年05月	590	5023	61	492	17975	113033	84	2791
3	中列井排	12	2019年06月—2019年09月	448	6260	86	241	7136	115804	94	8772
4	东列井排	5	2019年09月—2019年10月	404	2232	40	314	4265	56600	92	5233
合计		38		550	26339	278	440	79286	563713	86	3322

通过对不同点火时间区域的生产井的生产情况对比发现，点火时间最早的西列井排北部的区域整体生产效果最好，而点火稍晚的西列井排南部区域其次，点火最晚的中、东列井排生产井普遍还未见效，生产效果较差。

6）火驱初期生产规律

红浅1井区火驱工业化点火运行两年多期间，点火较早的西列50m井排生产井已普遍见效，而中、东列井排因原油黏度较高且点火时间较晚，只有个别井已见效，大部分井仍处于排水阶段（张霞林等，2015）。为更好说明火驱工业化试验区运行初期的生产规律，选取西列井排生产井进行分析。

（1）50m 井排生产井点火时同步开井。

距点火井 50m 井排生产井在点火井点火同时或者提前开井时，在开井生产时就开始排液，将地层中黏度较小的液体先采出来，当点火井点火时，留在地层中的低黏度液体较少，点火后出现短暂的排水阶段后即进入烟道气受效阶段，产油量为 0.5～1t/d。在点火半年以后，产油量逐步升高，含水率降低，出现火驱见效特征；进入火驱见效稳产阶段后，生产井产油量保持稳定，基本维持在 1.5t/d 左右（图 3-6-26）。

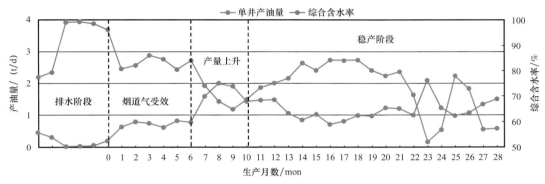

图 3-6-26　50m 井排提前或同步开井生产井生产规律

（2）50m 井排生产井点火后 3～6 个月开井。

红浅火驱部分 50m 生产井由于地面设施不完善，开井时间晚于点火时间 3～6 个月。这部分井点火时未及时开井生产，其井底周围的部分低黏度液体被烟道气驱走，导致其开井后经历短暂的排水期（1～2 个月）后，迅速出现烟道气驱受效的特征，烟道气驱受效阶段产油量峰值可达 3～4t/d，待聚集的烟道气能量释放后出现产量递减阶段，之后进入稳产阶段，产油量可达到 0.8～1.2t/d（图 3-6-27）。

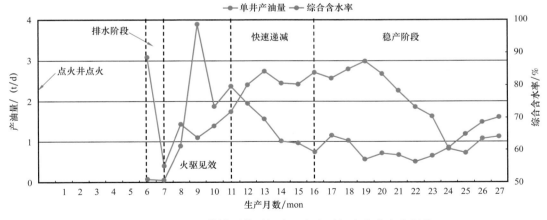

图 3-6-27　50m 井排开井时间晚于点火时间生产井生产规律

（3）100m 井排生产井。

按照方案要求，试验区 100m 井排生产井在点火井点火前均进行了吞吐，吞吐后地层温度场较高，且点火时吞吐生产时间较短，受到吞吐热场及烟道气受效的影响，点火初期即见高产，产油量超过 2t/d，可维持 6～12 个月，之后进入排水期（12 个月左右），产油量迅速减少，含水率升高。排水期结束，含水率开始下降，进入火驱见效阶段（图 3-6-28）。

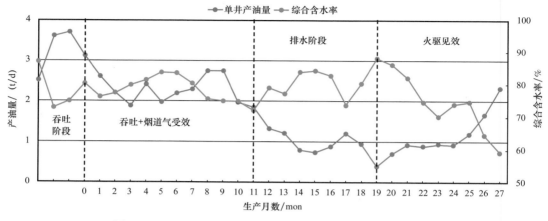

图 3-6-28　100m 井排开井时间晚于点火时间生产井生产规律

（4）150m 井排生产井。

由于工业化只运行两年有余，150m 井排生产井还未到火驱见效阶段，点火初期，受烟道气作用，出现含水率下降、产油量上升，之后含水率逐渐上升进入排水阶段，目前仍处于排水阶段（图 3-6-29）。

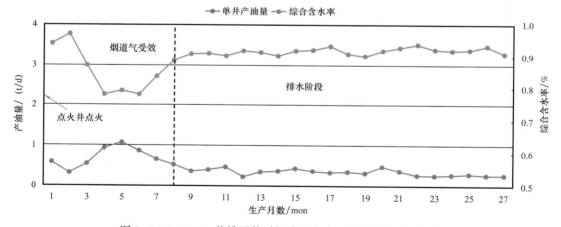

图 3-6-29　150m 井排开井时间晚于点火时间生产井生产规律

7）初期生产调控

（1）注气井调控。

红浅 1 区火驱前期注气压力高的井有 7 口。造成注气压力高的主要原因有以下两个方面：① 注气不稳定，注气压力和注气量波动大，点火井返液，造成注气压力高，实际注气量与方案相差较大；② 生产井开井晚或者排气、排液不畅导致注采不对应。针对上述问题，主要采取加强现场管理，稳定注气，对注气井洗井，对排气、排液不畅的生产井进行检泵，吞吐引效等措施，建立注采井间连通，保证通道畅通。

23 口点火井位于黏度（20℃）大于 20000mPa·s 的区域。根据数值模拟研究结果，20℃原油黏度大于 20000mPa·s 的区域吞吐一两轮后井间温度只有 30～40℃，此时原油黏度在 5000mPa·s 以上，流动困难，注采井间不能建立良好的热连通。为建立良好的井间热连通，位于高黏区点火井组，需先进行注蒸汽吞吐生产。针对火驱生产井的加密新井和老井分别制定了蒸汽吞吐预热参数。截至 2020 年底，23 个井组均在进行吞吐，其中 hH240 井组点火井已吞吐 2 轮，100m 井排生产井吞吐 2 轮以上，50m 井排生产井吞吐 1 轮以上，井组吞吐阶段累计注蒸汽 18896t，累计产油 1383t，累计产液 17978t，累计油气比为 0.07，累计注采比为 0.95。数值模拟研究表明，hH240 井组的注采井间温度已达到 50～80℃。对其进行了试注，试注 1h 注气压力保持在 2.3MPa，注气流量为 250m³/h，综合分析已满足点火条件。

（2）采油井调控。

目前，工业化见效的井主要为 50m、100m 井排的生产井，按照生产井产液量及各井生产曲线特征，将正常燃烧井组的 50m、100m 井排共 191 口井分为 4 类（表 3-6-8）。

表 3-6-8 红浅 1 井区火驱采油井分类统计表

类型	正常生产井	不出液、沉没度大于 100m 的井	不出液、沉没度小于 100m 的井	高温气窜井
井数 / 口	123	24	28	16
生产特征	产液量大于 1t/d，符合火驱的生产规律	产液量小于 1t/d 且沉没度大于 100m	产液量小于 1t/d 且沉没度小于 100m	井口温度高于 70℃，不能正产开井生产
原因分析	正常生产	泵效或者井筒温度低，流体不具有流动性	地层温度低，原油不具有流动性，造成堵塞	井间存在高渗透率条带

火驱开发区目前正常生产井共有 123 口，各井排均有分布。虽然中、东部井排部分生产井产油量较低，但是产液量大于 1t/d，分析认为该类井也是正常生产井，只是目前位于火驱排水阶段，还未见效。对于正常生产的井不进行调控，保持正常生产即可。

火驱开发区正常燃烧区域目前不出液但沉没度大于 100m 的井有 24 口。主要原因有以下两个方面：一是生产井检泵周期过长，泵况出现问题没有及时检修；二是井筒温度过低，原油黏度太大，不能正常流入井筒，导致不能被举升到地面。这类井主要是要通过检泵或者单井少量的注入蒸汽来吞吐引效，保证井筒原油流动性，将原油举升至地面。例如，hD1308A 井在 2020 年 4 月开始不出液，在 2020 年 5 月检泵以后产液量、产油量均有明显上升（图 3-6-30），且含水率下降，出现了火驱见效特征。

火驱开发区正常燃烧区域目前不出液且沉没度小于 100m 的井有 28 口。该类井大多出现在排水结束即将见效时，主要是由于注气井点火前，老井或者更新井未进行吞吐预热，井筒附近地层温度在 26～46℃，此温度下原油不具备流动性。当生产井经过排水期时，黏度较低的液体产出，而留在地层中的黏度较大的原油易造成井筒附近地层堵塞，导致供液不足。该类井的调控措施主要是吞吐引效，在生产井排水结束、产液量明显下降，即将进入见效期时，对其实施注蒸汽吞吐引效，保证注采通畅。

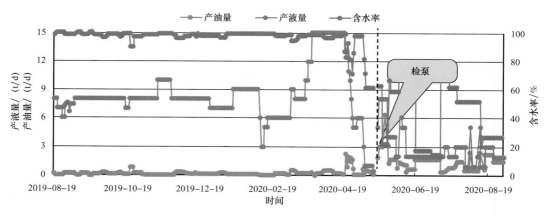

图 3-6-30　hD1308A 井生产曲线

火驱开发区正常燃烧区域目前出现高温、气窜的井共 16 口（图 3-6-31）。通过对高温、气窜井井组注蒸汽开发阶段的气窜通道、储层沉积相、物性以及火驱生产动态的分析发现，出现高温、气窜的井均位于蒸汽开发阶段的气窜通道，或者渗透率大于 2000mD 的高渗透率通道上。对于该类井，有以下 3 种调控方式：长期控关后间开生产、回注冷水 / 污水降温生产、化学封堵剂封堵高渗透率层。

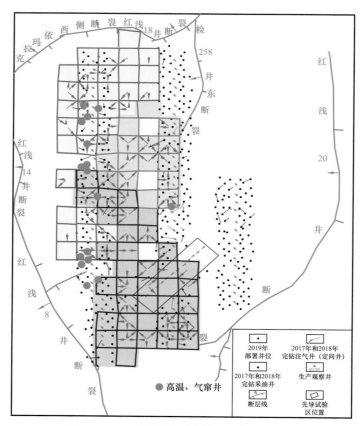

图 3-6-31　火驱开发区高温、气窜井分布图

　　长期控关后间开生产是目前高温、气窜井普遍的调控方式，其优点是调控简单且可以促进火线向其他方向推进。其缺点主要有以下两个方面：一是长期控关后开井会立即出现高温现象；二是长期控关不仅导致气窜通道方向的大量剩余油不能被采出，而且还会影响到高温井与相邻的另一口注气井方向的剩余油的动用。

　　通过在高温、气窜井中回注冷水／污水可有效降低气窜和井底温度，且注入水会进入高渗透率条带，对注入气具有一定的屏蔽作用，延缓气窜发生。数值模拟研究表明，回注冷水后，高温、气窜井高渗透率通道中的含水饱和度明显上升，且井底温度会明显下降，下降幅度大于直接控关。当间开生产时，当生产井有气窜趋势则继续注水，这样气窜、高温井的生产效果明显好于直接控关后间开生产。

　　对高渗透率通道的封堵是解决注入气体沿高渗透率通道指进的有效方法。泡沫体系在油藏的有效时间短，耐温性相对较差。因此，可以使用耐高温的凝胶、颗粒体系封堵高渗透率层，抑制注采井间的气窜。数值模拟研究显示，当对注采井间的高渗透率层进行封堵后，注采井间的气体流动方向发生了明显的改变，且最终注采井间的剩余油饱和度低，高温、气窜井的累计产油量明显高于其他调控措施。

　　截至 2020 年底，红浅 1 井区火驱开发区运行平稳，各井正常注入，2020 年 6—10 月生产井见效井数由 65 口增加到 91 口，产油量水平明显上升，由 199.6t/d 上升到 328t/d（图 3-6-32）。通过各类调控，生产状态得到明显改善。

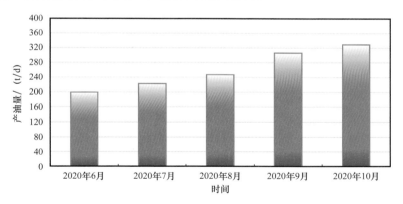

图 3-6-32　红浅 1 井区火驱开发区产油量水平

第四章　重力泄水辅助蒸汽驱技术

国内外生产实践证明，蒸汽驱是稠油油藏蒸汽吞吐后大幅度提高采收率的主要方式之一，比较适合油层相对较浅、油层厚度不是很大、地层压力较小的油藏。作为辽河油田原创技术，重力泄水辅助蒸汽驱的理念是针对深层、厚层块状超稠油油藏提出的。按照"垂向泄水提高热效率，直平采液提高采注比，水平井注汽提干度，注采泄稳定控制扩波及"的技术思路，采用上下叠置水平井及直井的立体井网实现了平面蒸汽驱替、垂向重力泄水的渗流模式，有效解决了因油藏埋藏深所带来的沿程热损失大、蒸汽腔无法有效扩展等问题。2009 年 10 月，在洼 59 块洼 60-H25 井组开展先导试验，井组初期产油量为 25t/d，2010 年 10 月上升到 75t/d，油汽比达到 0.23，采注比达 1.1 以上。2020 年 12 月，洼 59 块成功实施 6 个重力泄水辅助蒸汽驱井组，取得了较好的开发效果。通过室内机理研究与现场试验，该理念已逐渐发展成一项配套的提高采收率技术，填补了稠油开发方式的空白。本章重点介绍重力泄水辅助蒸汽驱开采机理、重力泄水辅助蒸汽驱技术应用界限、重力泄水辅助蒸汽驱注采参数及现场应用实例。

第一节　重力泄水辅助蒸汽驱开采基础

常规蒸汽驱是按照一定的注采井网，以面积井网为主，从注入井中连续注入蒸汽，把原油驱向周边生产井，并通过生产井将原油采出。其驱油机理主要包括升温降黏、热膨胀、蒸馏、溶解气驱和混相驱等。重力泄水辅助蒸汽驱是通过一种特殊的立体井网将常规蒸汽驱技术与蒸汽辅助重力泄油技术有机结合在一起，从而提高采收率的技术。特殊的立体井网（图 4-1-1），即在直井井网间部署上下叠置水平井，上水平井注汽，下水平井及周边直井生产，注入蒸汽所形成的冷凝水大部分在重力和压差作用下由下水平井采出，因此称"重力泄水"。图中 S1 为注汽水平井，S2 为重力泄水水平井，Z1—Zn 为重力泄水辅助蒸汽驱中的生产直井。通过双水平井与周边直井组合实现油、水分采。

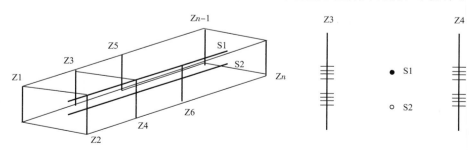

图 4-1-1　重力泄水辅助蒸汽驱井网示意图

一、开采机理

重力泄水辅助蒸汽驱采用直井和水平井组合的立体开发模式，与传统直井蒸汽驱有明显区别，其核心是平面驱动力与垂向重力共同作用于油藏流体，表现为蒸汽驱油与重力泄水双重特征。理论计算、物理模拟和数值模拟研究展示了其独特的渗流机理。

1. 重力分异

蒸汽驱动态与油藏中的各种力密切相关，蒸汽驱过程中涉及这些力与油藏和流体间的复杂相互作用。黏滞力是由压力梯度产生的，对于流体的水平驱替起主要作用。重力是流体间密度差产生的，引起垂向压力梯度，重力会引起蒸汽向上超覆、原油和凝结水向下流动。毛细管力是孔隙结构内的界面张力引起的附加力，对初始流体饱和度分布和残余油饱和度起支配作用，通过水的吸渗，毛细管力也能产生对油的驱替作用，但在稠油疏松砂岩这样的高渗透率、大孔隙系统中，毛细管力的作用相对可以忽略。

1）油水重力分异

油水重力分异作用实际上就是油水（主要是指双水平井之间的冷凝液）在复杂的多孔岩石介质中低速渗流，在横纵压力梯度、油水密度差、油水黏度差、油水相渗透率差、蒸汽腔倾角等诸多影响因素下，油水体现出不同方向、不同大小的运动规律。油水重力分异渗流数学模型可以表征油水两相的渗流特征。油水重力分异的数学基本方程如下：

$$v_{ox} = -K_H \frac{K_{ro}S_w}{\mu_o}\left(\frac{\partial p}{\partial x} + G_{ox}\right) \tag{4-1-1}$$

$$v_{oy} = -K_V \frac{K_{ro}S_w}{\mu_o}\left(\frac{\partial p}{\partial y} + \rho_o g - G_{oy}\right) \tag{4-1-2}$$

$$v_{wx} = -K_H \frac{K_{rw}S_w}{\mu_w} \cdot \frac{\partial p}{\partial x} \tag{4-1-3}$$

$$v_{wy} = -K_V \frac{K_{rw}S_w}{\mu_w}\left(\frac{\partial p}{\partial y} + \rho_w g\right) \tag{4-1-4}$$

式中　v_{ox}——油质点的渗流速度沿 x 方向的分量，m/s；

v_{oy}——油质点的渗流速度沿 y 方向的分量，m/s；

v_{wx}——水质点的渗流速度沿 x 方向的分量，m/s；

v_{wy}——水质点的渗流速度沿 y 方向的分量，m/s；

K_H——油藏横向渗透率，D；

K_V——油藏纵向渗透率，D；

K_{ro}——油相相对渗透率；

K_{rw}——水相相对渗透率；

μ_o——油相黏度，mPa·s；

μ_w——水相黏度，mPa·s；

ρ_o——油相密度，kg/m³；

ρ_w——水相密度，kg/m³；

$\dfrac{\partial p}{\partial x}$——横向压力梯度，MPa/m；

$\dfrac{\partial p}{\partial y}$——纵向压力梯度，MPa/m；

G_{ox}——油质点的启动压力梯度沿 x 方向的分量，MPa/m；

G_{oy}——油质点的启动压力梯度沿 y 方向的分量，MPa/m；

S_w——含水饱和度，%。

从水相与油相的水平与垂直运动速度表达式中的辅加项和作用方向（正负号）可以看到，黏滞力、重力对油水不同方向上的作用是不一致的，表现出较大的差异。油水重力分异的示意图显示了油滴与水滴的动力分析及速度差异分析。

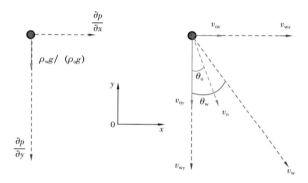

图 4-1-2　流动油滴与水滴的受力分析及流动速度分析

在多孔介质的蒸汽驱过程中，油滴与水滴的运动受驱动力、黏滞力以及重力条件下的相互作用。由于双水平井 SAGD 蒸汽腔扩展相态变化规律及流体质点颗粒受力情况复杂，提出用速度分异系数（ε_{wo}）和角度分异系数（J_{wo}）表征不同空间位置、不同开发阶段渗流速度大小及渗流方向的差异。速度分异系数表示由单位油水动能引起油水渗流速度大小的差异；角度分异系数则表示由单位油水动能引起油水渗流方向的差异［式（4-1-5）］，分异角度 $\theta_{o-w}=\theta_o-\theta_w$。

$$\varepsilon_{wo}=\frac{v_w-v_o}{\sqrt{v_w{}^2+v_o{}^2}}\;;\quad J_{wo}=\frac{\theta_w-\theta_o}{\sqrt{\theta_w{}^2+\theta_o{}^2}} \qquad (4-1-5)$$

式中　v_w——水滴的流速，m/s；

　　　v_o——油滴的流速，m/s；

　　　θ_w——水滴流动方向与垂直方向夹角，(°)；

　　　θ_o——油滴流动方向与垂直方向夹角，(°)。

横纵压力梯度、油水密度差、油水黏度差、油水相渗透率差、蒸汽腔倾角等诸多因素共同影响重力泄油及泄水速度。原油黏度（油藏温度）对重力泄水及泄油速度影响明显，驱泄复合过程中，压力梯度对泄水速度较泄油影响明显。在蒸汽腔形成与扩展程度的不同开发阶段，由于驱动力大小的变化、油水物性差异的共同影响，重力泄水辅助蒸汽驱过程中冷凝水并非均匀下泄，而是呈现由二维平面驱替向三维立体驱替转变。

在重力泄水辅助蒸汽驱过程中，重力与黏滞力具有同等重要的作用，其重要性不仅表现在它决定着蒸汽超覆的程度，而且还在于它决定着蒸汽驱动原油的能力。将黏滞驱动力引起的油的水平运动速度与重力引起的油的垂向运动速度加以对比：假设毛细管力忽略不计，则气相的压力梯度与油相的压力梯度相同，从而可推导出描述原油水平与垂向速度比的关系式如下：

$$\frac{U_{oh}}{U_{ov}} = \frac{K_{oh}}{K_{ov}} \cdot \frac{U_{sh}}{K_{sh}} \cdot \frac{\mu_s}{\Delta\rho} \tag{4-1-6}$$

式中　U_{oh}，U_{ov}——原油水平方向和垂直方向速度，m/s；

K_{oh}，K_{ov}——原油水平方向和垂直方向渗透率，D；

U_{sh}——蒸汽水平方向速度，m/s；

K_{sh}——蒸汽水平方向渗透率，D；

$\Delta\rho$——油/蒸汽密度差，kg/m³；

μ_s——蒸汽黏度，mPa·s。

以洼 59 块沙三段油藏为例，操作参数如下：（1）垂向与水平渗透率之比为 0.5；（2）蒸汽渗透率为 2.98D；（3）蒸汽带的温度大约为 177℃；（4）该温度下蒸汽的比体积为 0.206m³/kg，蒸汽黏度为 0.015mPa·s；（5）井组注汽速度为 480m³/d。

在洼 59 块沙三段油藏蒸汽驱典型操作条件下，计算得出仅在距离注入井 11m 的范围内，原油水平速度大于垂向速度。

数值模拟研究结果表明，上水平井注汽后，流线主要集中在向下水平井的方向上，在距离上水平井较近的区域流线出现向下的偏移（图 4-1-3），与公式计算结果相近。

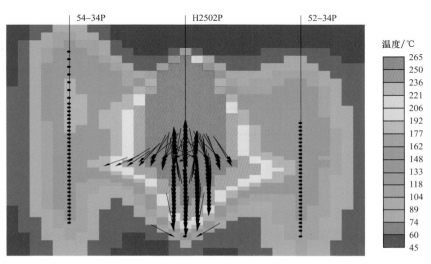

图 4-1-3　双水平井重力泄水辅助蒸汽驱流线图

2）蒸汽超覆

由于油藏流体与蒸汽之间存在显著的密度差，导致蒸汽超覆于原油之上流动，纵向上形成重力超覆带，蒸汽聚集在油层顶部，增加总加热面积。因此，针对重力泄水辅助蒸汽驱，控制蒸汽腔变化，充分利用蒸汽超覆作用扩大蒸汽波及区域，极大限度地发挥重力对热流体的泄流作用，成为蒸汽超覆机理研究的关键。深层、厚层砂岩稠油油藏特点及直平组合复杂的井组结构也使得其研究更为复杂。

分析评价蒸汽超覆较为简单的近似方法是范·卢凯伦方法，该方法提出蒸汽超覆的程度及其形状可由超覆系数 A_R 来表征，A_R 是一个无量纲系数，其正比于蒸汽带中的黏滞力与重力比值的平方根，定义式如下：

$$A_R = \sqrt{\frac{\mu_s w_{si}}{\pi(\rho_o - \rho_s)gK_s\rho_s h_t^2}}$$ （4-1-7）

式中　μ_s——蒸汽黏度，mPa·s；

w_{si}——注入蒸汽在井底的质量流速，kg/s；

ρ_o，ρ_s——原油及蒸汽的密度，kg/m³；

g——重力加速度，m/s²；

K_s——蒸汽有效渗透率，D；

h_t——油层厚度，m。

将洼59块参数代入式（4-1-7），计算得超覆系数为0.37。超覆系数对蒸汽带形状的影响如图4-1-4所示。对照图中所示比值所对应的蒸汽前沿形态，表现出较为严重的超覆状态，以垂向驱动为主。

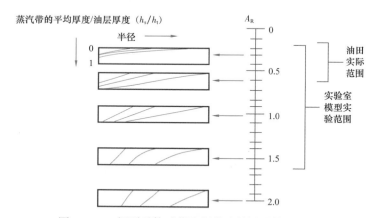

图4-1-4　超覆系数对蒸汽驱蒸汽前沿形状的影响

超覆系数定义式中唯一可调控的操作参数是蒸汽注入速度，蒸汽注入速度越大，即在重力相同的情况下黏滞力增加，超覆系数越大；较低的蒸汽有效渗透率也会导致较大的超覆系数。在较低的超覆系数情况下，蒸汽倾向于被限制在油层顶部流动，蒸汽前沿向水平方向的倾斜程度大，随着超覆系数的增加，蒸汽前沿趋向于垂直。超覆系数越大，蒸汽前沿越陡，蒸汽带越厚，原油采收率和油汽比都会相应增加。

　　超覆系数正比于油层单位厚度注入强度的平方根。厚油层与薄油层相比，在注汽强度相同时，厚油层的蒸汽超覆会更为严重。因此，仅油层顶部的原油被蒸汽驱扫，难以获得较高的油汽比和采收率。

　　稠油热采过程中，其地下渗流具有非牛顿特征，多数研究学者考虑了蒸汽超覆和拟流度比对蒸汽前缘的影响，但是未考虑稠油的启动压力梯度。针对稠油非牛顿特征，通过对蒸汽前缘上边界进行表征，基于渗流理论及重力泄水辅助蒸汽驱独特的井网结构，建立了同时考虑启动压力梯度、蒸汽前缘上边界变化和拟流度比的蒸汽前缘数学模型（周鹰，2018）。同时，借助数值模拟软件，直观展示液相等压面及蒸汽前缘变化趋势。在这个数学模型中，蒸汽超覆系数被认为是蒸汽在地层中的压力梯度与气液两相密度差的比值。因此，可将蒸汽超覆作用认为是蒸汽受浮力作用，在压力梯度相同的情况下，在压力梯度和蒸汽超覆的共同作用下向中心注汽水平井上方运移，油相、水相受重力和压力梯度作用向生产井方向运移。假设蒸汽相、油水混合相独立存在，两者之间仅有热焓联系。在压力梯度相同的情况下，蒸汽相受蒸汽超覆作用的影响，油水混合相受重力作用的影响，两者表现出不同的运移趋势，这种趋势差异随压力梯度减小而更加显著。

　　从井组单元内重力泄水辅助蒸汽驱蒸汽相前缘与油水混合相等压面运动趋势（图4-1-5）

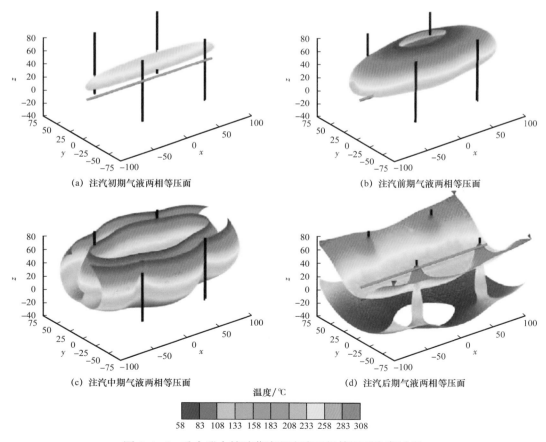

(a) 注汽初期气液两相等压面　　　　　　　　(b) 注汽前期气液两相等压面

(c) 注汽中期气液两相等压面　　　　　　　　(d) 注汽后期气液两相等压面

温度/℃

58　83　108　133　158　183　208　233　258　283　308

图4-1-5　重力泄水辅助蒸汽驱汽液两相等压面发育过程

可知，蒸汽超覆假设模型得到的井网中重力泄水蒸汽相前缘与液相等压面变形趋势（蓝色为液相，红色为蒸汽相）一致，注汽初期蒸汽腔形态基本沿水平井呈条带状展布，随着注汽过程进入中后期，蒸汽超覆逐步加剧，同时蒸汽腔形态也受到直井的拖拽作用影响。

2. 平面驱动与重力复合驱动

由于特殊的井网结构及重力分异作用，上部注汽水平井和周边直井形成平面驱替。由于下部水平井进行排液扩展蒸汽腔的同时，受重力影响，水（油）泄到下部生产井，实现了平面驱替与垂向泄水（油）相结合的开采机理。

1）垂向泄水通道

上部水平井注汽加热油层，降低原油黏度，形成蒸汽腔。在注汽水平井上方，被加热的原油及蒸汽冷凝液沿着气液界面向下运动，到达直井射孔井段位置时，在注汽水平井和直井间的压差作用下，形成蒸汽平面驱替，原油在生产直井产出。在注汽水平井下方，原油及蒸汽冷凝液在重力和注汽水平井与生产水平井间的微压差作用下向下移动，由生产水平井产出。水平井吞吐过程将附近的原油采出，同时在井间形成热连通，为泄水通道的建立创造了基础。

随着蒸汽大量持续注入，蒸汽腔周围的原油被加热，与冷凝水向下运动。由于水的黏度远小于油的黏度，水受到的黏滞力远小于油受到的黏滞力，因此水滴向下运动的速度较油滴快，在直井和生产水平井的拖拽作用下，较多的油在直井产出，较多的水在下部的生产水平井产出，建立起泄水通道。

数值模拟含油饱和度分布图显示，在重力泄水的主要产油期，注汽水平井动用趋于均匀，井段含油饱和度从 0.65 下降至 0.2，注汽水平井与直井/生产水平井之间含油饱和度从 0.65 下降至 0.4 左右（图 4-1-6）；而温度分布场图显示，随着水平井所在油层热连通之后水平井段油层温度整体提高，蒸汽腔进一步向周围生产直井/水平井推进（图 4-1-7）。

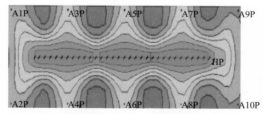
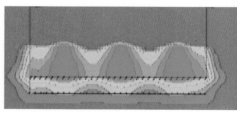

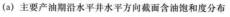

(a) 主要产油期沿水平井水平方向截面含油饱和度分布　　(b) 主要产油期沿水平井垂向截面含油饱和度分布

图 4-1-6　重力泄水主要产油期沿水平井水平方向和垂向含油饱和度分布图

生产水平井利用重力作用排水采油，防止注入蒸汽无效加热热容大的地下水，降低了油藏压力，有利于提高蒸汽干度，发挥蒸汽潜热作用，有利于蒸汽腔的形成和均衡扩展。

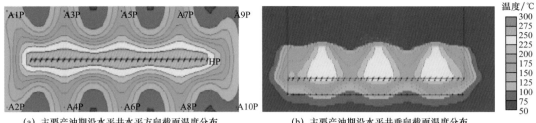

(a) 主要产油期沿水平井水平方向截面温度分布 　　(b) 主要产油期沿水平井垂向截面温度分布

图 4-1-7　重力泄水主要产油期沿水平井水平方向和垂向截面温度分布

2）复合驱动

直井—双水平井组合模式蒸汽腔的形成与扩展过程清晰展示了蒸汽平面驱动与重力泄油泄水的过程。在双水平井间、水平井与直井间蒸汽腔形成后，受超覆作用影响，蒸汽腔优先向油层上方扩展到达油层顶部，然后横向扩展，在横向扩展过程中由于直井的拖拽作用，沿着直井方向蒸汽扩展较快，然后蒸汽腔向下扩展，最后蒸汽在直井段突破，蒸汽腔变化缓慢。从横切水平井的数值模拟剖面（图 4-1-8）可以看到，双水平井间的区域维持高温液态水的状态，随着蒸汽腔向上到达油层顶部后，在注汽水平井与直井间的高温区域逐渐增加，并呈现出几个明显的温度带特征，温度由蒸汽腔中部的 350℃（蒸汽带）逐渐降低到直井周边的 160℃（热水带）。

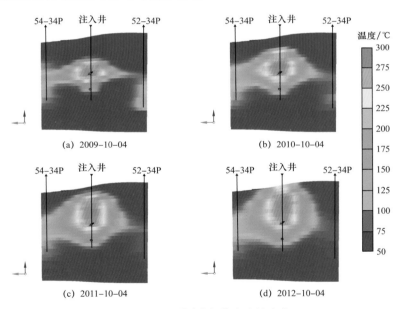

图 4-1-8　不同阶段蒸汽腔的发育

物理模拟重力泄水辅助蒸汽驱的生产井产量变化特征展示了立体开发过程。比例模型模拟了油藏原型 1 个井距单元（图 4-1-9）。实验模型中布置两口水平井，两口直井，双水平井位于中间，垂向距离为 10cm。两口直井位于模型两边，直井间距为 50cm，与两口直井一起形成立体开发井网。

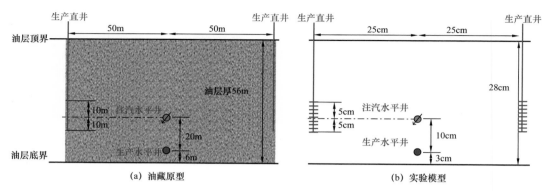

图 4-1-9 油藏原型及实验模型结构示意图

随着蒸汽的持续注入，水平生产井产液量高且含水率上升快（图 4-1-10 和图 4-1-11），是排水的主要通道；直井含水率上升慢，产油量高（图 4-1-12），是原油生产的主要通道，呈现直井产油、水平井大量排液的生产特征。

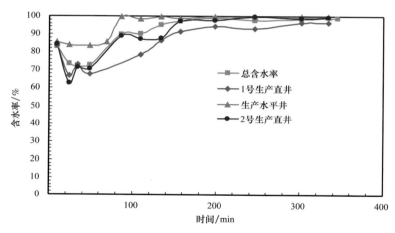

图 4-1-10 含水率变化曲线

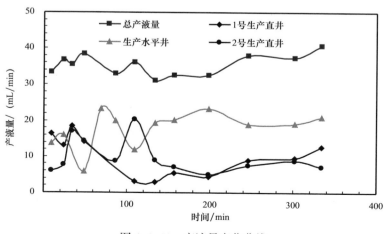

图 4-1-11 产液量变化曲线

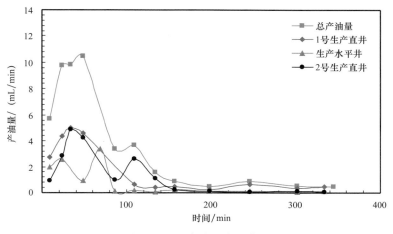

图 4-1-12 产油量变化曲线

二、开发模式

1. 开发阶段划分

转入重力泄水辅助蒸汽驱后，典型井组生产曲线呈现出比较明显的阶段性（图 4-1-13）。根据井组产液量、产油量、含水率变化规律和压力、温度、含油饱和度三场分布特点，将重力泄水辅助蒸汽驱划分为 3 个阶段。

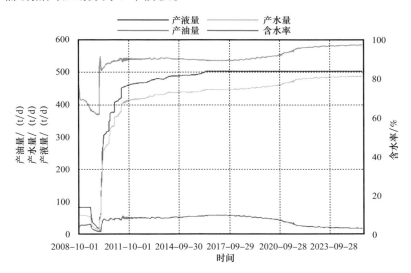

图 4-1-13 重力泄水辅助蒸汽驱井组典型特征曲线

（1）第一阶段：注汽水平井与周围直井、排液水平井热连通阶段。井组产液量、产油量出现一定幅度波动，产液量为 150～200t/d，产油量为 30～60t/d。产水量、含水率不断升高，产水量由 150t/d 上升至 300t/d；井组油汽比由初期 0.05 上升至 0.10 以上，采注比由初期 0.40 上升至 0.80 以上。

（2）第二阶段：水平井注入蒸汽和直井形成平面驱替以及注汽水平井与排液水平井形成重力泄水阶段。阶段产液量、产油量达到较高水平，产液量达到400t/d，产油量达到80t/d以上，且基本平稳，含水率下降至80%左右，油汽比为0.10～0.20，采注比为1.0～1.2。

（3）第三阶段：蒸汽驱结束及注汽调整改善开发效果阶段。井组产油量、油汽比等指标发生明显变化且波动较大。在注汽量不变的情况下，井组产液量不变，井组产油量为40～60t/d，井组含水率持续攀升至90%以上，油汽比下降至0.10～0.15。

2. 各阶段蒸汽腔发育特点及规律

1）第一阶段特点及规律

第一阶段主要是注汽水平井通过连续注入热量与周围直井、排液水平井形成热连通。

蒸汽吞吐结束时，吞吐直井和水平井油层加热范围小，直井与水平井间温度仅为100～120℃，生产井附近温度仅为150～200℃。而在形成热连通之后，水平井段温度升至250℃，直井与水平井间温度达到150～200℃，但生产井温度下降至100～150℃。

对比蒸汽吞吐结束和热连通结束时沿水平井纵向温度分布，可以看到，蒸汽吞吐结束时，上下水平井间温度最高为150℃，只有局部区域形成热连通。而在预热结束时，水平井间温度上升到210℃。注汽井上部蒸汽腔形成并逐渐上升，温度达到220～250℃（图4-1-14）。

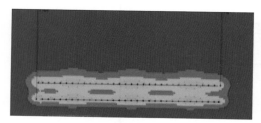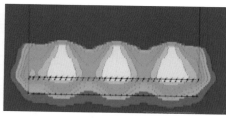

（a）蒸汽吞吐结束时　　　　　　　　（b）第一阶段结束时

图4-1-14　蒸汽吞吐结束时与第一阶段结束时沿水平井垂向截面温度分布图

蒸汽吞吐结束时，直井与水平井动用程度基本相当，油井周围含油饱和度在0.3以上，直井间大部分区域未得到动用，含油饱和度变化不大。在预热之后，注汽水平井附近含油饱和度大幅下降至0.2以下，注汽井与直井间含油饱和度由0.62下降至0.43，发生了明显的驱替作用。

对比蒸汽吞吐结束和热连通结束时沿水平井纵向含油饱和度分布，可以看到，在蒸汽吞吐结束时，上下水平井之间受直井影响的区域含油饱和度在0.48左右，而未受影响的区域含油饱和度在0.6以上。上水平井大部分区域处于未动用状态。经历热连通阶段后，注汽水平井上部油层含油饱和度明显降低，受直井蒸汽吞吐影响，出现3个明显的蒸汽腔发育区，蒸汽腔内部含油饱和度下降至0.2以下（图4-1-15）。

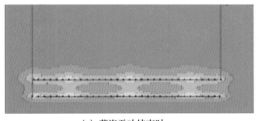

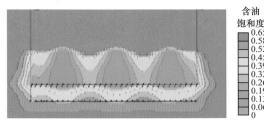

(a) 蒸汽吞吐结束时   (b) 第一阶段结束时

图 4-1-15　蒸汽吞吐结束时与第一阶段结束时沿水平井垂向截面含油饱和度分布图

在蒸汽吞吐结束时，水平井所在的油层压力大约为 3.1MPa，在热连通阶段之后油层压力回升至 3.5MPa 左右。蒸汽吞吐结束时，直井间产生压力波动，体现单井点生产特点，而在热连通结束时，注汽水平井与周围直井形成压力梯度。

2）第二阶段特点及规律

第二阶段是水平井注入蒸汽和直井形成平面驱替以及注汽水平井与排液水平井形成重力泄水阶段。平面上，注入蒸汽在油藏中形成蒸汽腔，在压力推动下，将加热原油从注汽井驱替至生产直井。水平井所在油层高温区域进一步扩大，水平井段温度达到 275℃。蒸汽腔进一步向周围生产井推进，注汽井与直井之间温度达到 175～220℃，直井与直井之间温度仍然较低，仅 100℃左右。

对比水平井纵向温度剖面，可以看到，注汽水平井上部蒸汽腔进一步扩大至水平井上部整个油层。蒸汽腔温度进一步升高到 280℃，热连通阶段的两个蒸汽腔之间的低温区域进一步缩小，由于蒸汽腔的进一步扩展，呈现出两个低温的圆形区域（图 4-1-16）。

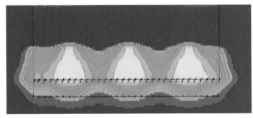
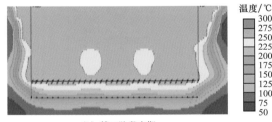

(a) 第二阶段初期   (b) 第二阶段末期

图 4-1-16　第二阶段初期与末期沿水平井垂向截面温度分布图

注汽水平井井段含油饱和度下降至 0.2 以下，注汽水平井与直井之间含油饱和度下降至 0.4 左右。对比沿水平井纵向含油饱和度分布，注汽水平井上部油层含油饱和度进一步下降至 0.2 以下。上下水平井之间含油饱和度较第一阶段发生明显变化，低含油饱和度区域下移，油层动用更加充分，该阶段是重力泄水辅助蒸汽驱的重要开发阶段（图 4-1-17）。

油藏压力出现回升，油层压力由热连通阶段的 3.5MPa 上升至 4.6MPa，油层整体压力水平提高，油层压力趋于均匀（图 4-1-18）。

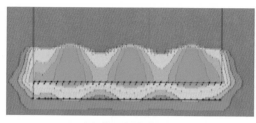 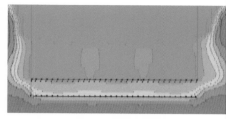

含油饱和度
0.65
0.58
0.52
0.45
0.39
0.32
0.26
0.19
0.13
0.06
0

(a) 第二阶段初期   (b) 第二阶段末期

图 4-1-17　第二阶段初期与末期沿水平井垂向截面含油饱和度分布图

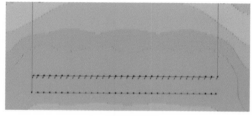 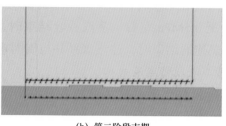

压力/kPa
6000
5500
5000
4500
4000
3500
3000
2500
2000
1500
1000
500
0

(a) 第二阶段初期   (b) 第二阶段末期

图 4-1-18　第二阶段初期与末期沿水平井垂向截面压力分布图

3）第三阶段特点及规律

第三阶段是蒸汽驱结束及注汽调整改善开发效果阶段。在形成较长时间的蒸汽驱替后，含油饱和度逐渐降低，井组产油量降低、含水率不断升高。

蒸汽腔将进一步向生产井推进，水平井与直井之间、直井与直井之间低温区域进一步缩小。注汽井与直井之间油层温度升高至210℃，直井与直井之间油层温度上升至90℃，直井井底温度上升至150℃左右。

对比水平井纵向温度分布，可以看到，蒸汽腔上升至油层顶部之后开始向动用差的水平井两端未动用油层扩展，高温区域进一步扩大，但整体增加的高温区域有限。在井组注汽量不变的情况下，油层温度基本同驱替阶段一致，没有明显变化（图 4-1-19）。

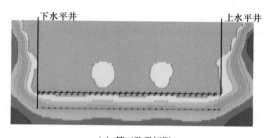 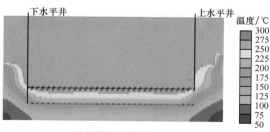

温度/℃
300
275
250
225
200
175
150
125
100
75
50

(a) 第三阶段初期   (b) 第三阶段末期

图 4-1-19　第三阶段初期与末期沿水平井垂向截面温度分布图

水平井与直井之间含油饱和度下降至 0.26，直井与直井之间含油饱和度变化不大。水平井两端未动用区域含油饱和度进一步下降，至重力泄水辅助蒸汽驱结束时两端含油饱和度均降至 0.2 以下（图 4-1-20）。

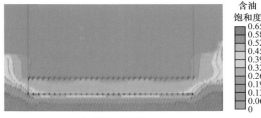

（a）第三阶段初期　　　　　　　　　　　（b）第三阶段末期

图 4-1-20　第三阶段初期与末期沿水平井垂向截面含油饱和度分布图

水平井所在层的压力升高至 5.2MPa，分析原因是油层中有效加热原油的热量减少，产出液中含水比例加大，注入蒸汽体积超过原油、水等流体热力膨胀所带来的压力变化。对比沿水平井纵向压力分布，注汽水平井上部压力出现回升，在水平井两端仍然维持蒸汽驱替时的油层压力水平（图 4-1-21）。

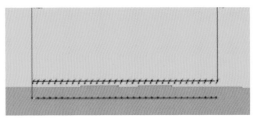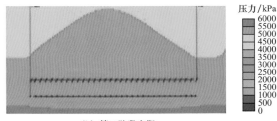

（a）第二阶段初期　　　　　　　　　　　（b）第二阶段末期

图 4-1-21　第三阶段初期与末期沿水平井垂向截面压力分布图

三、技术界限

关于蒸汽驱的油藏筛选条件已经有了很多研究成果。辽河油田在对国内外成功蒸汽驱效果定量研究的基础上，参考油藏特征和技术进步等因素，形成了稠油蒸汽驱油藏的分类筛选条件。由于重力泄水辅助蒸汽驱的理念是针对深层、厚层块状超稠油油藏而提出的，为进一步明确应用油藏范围，以洼 59 块先导试验井网为基础，建立数值模拟模型，重点研究了油藏埋深、油层厚度、垂向渗透率与水平渗透率比值（K_v/K_h）、原油黏度及油藏压力等参数界限，进而得出适合重力泄水辅助蒸汽驱的油藏条件。

1. 油藏埋深界限

油藏埋深的影响，一是体现在蒸汽最高注入压力上，二是体现在井筒热损失率上，综合体现在蒸汽干度指标上。油藏埋深越深，注入蒸汽过程中井筒热损失越大，井底干度越低，开发效果也越差。通过综合对比不同井底干度条件下的开发指标（表 4-1-1），当井底蒸汽干度达到 50% 时，能够取得较好的经济效益和开发效果。应用井筒热损失模型计算此时对应的油藏埋深为 1700m。

表 4-1-1　不同注入蒸汽干度开发效果统计表

井底干度 / %	生产时间 / a	累计注汽量 / 10^4t	累计产油量 / 10^4t	累计产水量 / 10^4t	净产油量 / 10^4t	油汽比	采出程度 / %	采油速度 / %
20	3.4	56.45	5.94	58.25	1.91	0.105	10.58	3.08
40	6.0	98.73	11.17	97.62	4.12	0.113	19.89	3.31
50	10.3	164.71	18.97	158.69	7.21	0.115	33.79	3.28
60	9.8	156.97	18.99	150.83	7.78	0.121	33.82	3.44
80	9.1	144.52	19.09	138.19	8.77	0.132	33.99	3.75

2. 油层厚度界限

油层厚度对重力泄水辅助蒸汽驱产油量影响较大。在模拟计算不同厚度油层的开发效果时，对注汽水平井和排液水平井的纵向位置、两口水平井纵向上的距离、注采参数进行了优化设计。综合对比不同油层厚度情况下的开发指标，发现随着油层有效厚度增加，井组累计产油量增加，采出程度不断增大，油汽比不断提高（表 4-1-2）。

表 4-1-2　不同厚度油层重力泄水辅助蒸汽驱效果统计

油层厚度 / m	生产时间 / a	累计注汽量 / 10^4t	累计产油量 / 10^4t	累计产水量 / 10^4t	净产油量 / 10^4t	油汽比	采出程度 / %
10	3.1	10.89	1.03	8.68	0.26	0.095	12.82
20	5.9	31.16	3.15	24.97	0.92	0.101	19.78
30	7.4	51.40	5.91	42.16	2.24	0.115	24.75
40	7.9	68.57	8.25	56.78	3.35	0.120	25.92

通过经济性分析来确定合理厚度界限。油层有效厚度大于 20m 后，蒸汽吞吐开发和重力泄水辅助蒸汽驱开发的阶段收益均为正值，且随着厚度增大，阶段综合收益均有明显增加（表 4-1-3）。为此，确定重力泄水辅助蒸汽驱油层厚度下限是 20m。

表 4-1-3　不同厚度油层蒸汽吞吐和重力泄水辅助蒸汽驱阶段经济计算结果

油层 有效厚度 /m	吞吐阶段 累计产油量 /10^4t	蒸汽吞吐 累计注汽量 /10^4t	蒸汽吞吐 阶段收益 / 万元	重力泄水 阶段收益 / 万元	综合收益 / 万元
10	2.37	4.74	−549.10	−223.20	−772.30
20	4.68	9.37	1762.98	135.72	1898.69
30	7.02	14.04	4102.20	3074.40	7176.60
40	9.36	18.72	6441.43	5571.56	12012.99

3. K_v/K_h 界限

K_v/K_h 是垂向渗透率与水平渗透率的比值，其值大小反映出垂向渗透率与水平渗透率的相对水平。比值越小，水平渗透性越强；比值越大，垂向渗透性越强。综合对比 4 种 K_v/K_h 值条件下的开发指标（表 4-1-4），发现 K_v/K_h 值越大，采油速度越高。考虑到储层非均质性及稳定泄油需要，借鉴 SAGD 方式 K_v/K_h 值大于 0.35 的限制要求。

表 4-1-4　不同 K_v/K_h 值条件下重力泄水辅助蒸汽驱效果统计

K_v/K_h值	生产时间 / a	累计注汽量 / 10^4t	累计产油量 / 10^4t	累计产水量 / 10^4t	净产油量 / 10^4t	油汽比	采出程度 / %	采油速度 / %
0.2	11.5	184.94	20.47	178.59	7.26	0.111	36.45	3.16
0.4	10.9	173.72	19.97	167.61	7.56	0.115	35.55	3.28
0.6	10.0	160.12	18.95	154.05	7.51	0.118	33.75	3.37
0.8	9.8	146.82	18.71	149.70	8.23	0.127	33.32	3.42

4. 原油黏度界限

综合对比不同原油黏度情况下的开发效果（表 4-1-5）。可以看出，原油黏度越高，油汽比越低，采出程度越低。依据极限油汽比要求，确定原油黏度最高界限值为 30×10^4mPa·s。

表 4-1-5　不同原油黏度条件下重力泄水辅助蒸汽驱效果统计

原油黏度 / 10^4mPa·s	生产时间 / a	累计注汽量 / 10^4t	累计产油量 / 10^4t	累计产水量 / 10^4t	净产油量 / 10^4t	油汽比	采出程度 / %	采油速度 / %
10	10.8	133.69	17.65	166.98	8.10	0.132	31.43	2.90
20	11.2	138.80	15.82	173.45	5.91	0.114	28.17	2.51
30	11.6	143.17	14.74	178.81	4.52	0.103	26.25	2.27
40	11.6	144.01	13.73	179.68	3.44	0.095	24.44	2.10
50	11.9	146.82	12.94	182.97	2.45	0.088	23.04	1.94

5. 油层压力界限

蒸汽的热焓是压力（温度）和蒸汽干度的函数。汽化潜热随压力增大而减小，而饱和水热焓随压力增大而增大，饱和蒸汽热焓在压力为 3MPa 附近达到最大值后，随着压力增大逐渐减小。随着压力增大，蒸汽的比体积降低。低压注入蒸汽，蒸汽波及体积较大，开发效果更好。但是考虑需要具有一定油藏压力以提高排液量，使加热后的原油正常采出，确定最佳油藏压力为 4～5MPa。

综合前述研究成果，确定重力泄水辅助蒸汽驱筛选标准（表 4-1-6）。通过该筛选条件，可以进一步优选适宜的油藏开展重力泄水辅助蒸汽驱。

表 4-1-6 重力泄水辅助蒸汽驱筛选标准

项目	数值
油藏埋深 /m	<1700
连续油层厚度 /m	>20
孔隙度 /%	>20
渗透率 /mD	>1000
含油饱和度 /%	>50
原油黏度 /（10^4mPa·s）	<30
K_v/K_h 值	>0.35
油层压力 /MPa	4～5

按照筛选标准，辽河油田适合重力泄水辅助蒸汽驱的开发单元有 7 个，主要包括洼 59 块沙三段、洼 38 块沙三段、高 3 莲花、欢 127 兴隆台、冷 41 块沙三二段、杜 239 块大凌河、冷 43 沙三二段，覆盖地质储量为 $1.1×10^8$t，预计可驱替储量 $5800×10^4$t，可增加可采储量 $1040×10^4$t，提高采收率 18 个百分点。

第二节 重力泄水辅助蒸汽驱油藏工程设计

合理的油藏工程设计既能保证油藏实现高效经济开发，又为后期调整留有余地。以洼 59 块沙三段油藏地质特点及原油物性为基础，应用数值模拟和油藏工程技术分析等技术手段，对井网井距和注采参数等开展优化设计。

一、井网井距优化设计

重力泄水辅助蒸汽驱井网井距的设计，主要考虑注汽后在平面上蒸汽的均匀驱替以及纵向上冷凝水的成功排出。油层产状、储层物性及油品性质都会影响注汽水平井与排液水平井的垂向位置关系以及注汽水平井与生产直井的平面位置关系。

1. 井网形式

直平井网组合模式可以有两种不同井网设置。第一种是经典的、借鉴双水平井 SAGD 开发经验的水平井注汽井网，井网设计采用成对的水平井设置，上下两口水平井，呈上下叠置关系，上水平井注汽，下水平井及周围直井采油［图 4-2-1（a）］；第二种是借鉴直平组合 SAGD 开发经验的直井注汽井网形式，与水平井注汽井网的差异表现在采用直井作为注汽井，上下水平井和注汽直井周边的直井作为生产井［图 4-2-1（b）］。

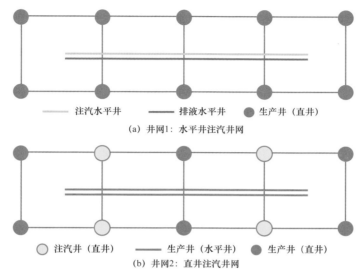

（a）井网1：水平井注汽井网

（b）井网2：直井注汽井网

图 4-2-1　注汽井网组合形式

水平井注汽井网具有产油量水平高、稳产时间长的特点，且在保障注汽质量、维持蒸汽腔形态稳定、提高采收率幅度和经济效益方面具有较为明显的优势。

2. 合理井距

依照开发机理，直井与直井之间的距离、水平井与直井的距离、叠置水平井纵向距离成为该技术成功应用与否的核心。注汽水平井与泄水水平井的距离直接影响注入蒸汽的利用率。水平井与直井的距离直接关系到注入蒸汽后平面驱替是否有效。直井与直井间的距离直接决定着剩余油的分布，关系到重力泄水辅助蒸汽驱方式的长期稳定生产。平面上，根据单井在蒸汽吞吐阶段的动用范围确定合理井距；纵向上，根据注汽水平井的注入能力、蒸汽腔波及特征及排液井的排液能力来设计注汽井与排液井的垂向距离。

1）直井与直井之间的距离

直井间距离越小，井间动用程度越高，井组采出程度越高。对比直井间距离分别为 50m、70m 和 100m 情况下的开发效果，3 种井距情况下井组采出程度分别为 26.1%、25.7% 和 25.5%，相差不大。但小井距情况下的部署直井数会明显增加，成本增加会造成经济效益变差。由于蒸汽吞吐阶段直井加热半径在 30～40m 之间，井间油层加热范围较大，因此直井间距离选择 100m 较为合理。

2）水平井与直井的距离

水平井与直井的距离越小，蒸汽腔形成时间越早，蒸汽腔的发育越均衡，对驱动力的要求越小，井组的采出程度也越高。对比水平井与直井的距离分别为 50m、70m 和 100m 情况下的开发效果，水平井加热半径与直井相近，一般为 30～35m，且在原油黏度较高的情况下，水平井与直井的距离越大，需要的驱动能量越高，越易受到蒸汽超覆效应的影响，不利于水平方向的驱动。因此，水平井与直井的距离选择为 50m 较为合理。

3）叠置水平井纵向距离

油藏内的原生水及注入蒸汽的冷凝水在重力及压力梯度场复合作用下顺势泄至下水平生产井是重力泄水辅助蒸汽驱成功的关键。注汽水平井与下部排液水平井的距离直接影响到重力泄水辅助蒸汽驱的经济效益。距离过大，注入蒸汽不能及时扩散形成蒸汽腔，造成憋压，下部排液井需要时间长，泄水作用滞后，不利于形成稳定的井底压力；距离过小，注入蒸汽加热范围小，蒸汽冷凝后温度较高的热水甚至是蒸汽会直接从下水平井直接排出，导致蒸汽热效率降低，起不到蒸汽驱替的作用。

对比叠置水平井间不同纵向距离情况下的开发效果（图 4-2-2）。可以看出，当纵向距离分别为 5m 和 10m 时，蒸汽波及范围过早扩展到下水平井，有效生产时间短，阶段采出程度低；当纵向距离为 20m 时，开采效果最好；纵向距离大于 25m 后，下水平井局部泄水，蒸汽腔体积较小。

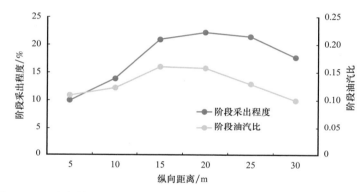

图 4-2-2　注汽井、排液井不同纵向距离阶段采出程度及油汽比对比曲线

3. 水平井的纵向位置

水平井的纵向位置决定了蒸汽腔的扩展范围，也决定了泄油高度。借鉴双水平井 SAGD 的模式，即在靠近油藏的底部钻一对水平井。距离油层底部预留 3～5m 油层厚度。

双水平井 SAGD 蒸汽腔向外扩展期的产油量计算公式如下：

$$q = 2L\sqrt{\frac{1.3Kg\alpha\phi\Delta S_{\mathrm{o}}h}{mv_{\mathrm{s}}}} \qquad (4\text{-}2\text{-}1)$$

式中　q——产油量，m^3/d；

　　　L——水平井水平段的有效长度，m；

　　　K——油层中油相的有效渗透率，D；

　　　g——重力加速度，m/s^2；

　　　α——油层热扩散系数，m^2/d；

　　　m——原油黏度系数；

　　　v_{s}——蒸汽注入速度，m^3/d；

ϕ——油层孔隙度，%；

ΔS_o——蒸汽温度下的可动油饱和度，等于 $S_{oi}-S_{or}$，%；

h——生产井以上部分的纯油层厚度，m。

在油藏参数和注汽参数确定的情况下，原油产量与生产井以上纯油层厚度的平方根成正比关系。因此，在确保下部生产水平井轨迹稳定的条件下，水平井的纵向位置尽量靠近油层底部。

二、注采参数优化设计

重力泄水辅助蒸汽驱能否成功取决于在油藏中能否形成稳定的蒸汽腔并有效扩展。注采参数优化除井底蒸汽干度、单位油藏体积注汽速率、采注比之外，增加了直井射孔层段优化和后期注采关系调整设计内容。

1. 井底蒸汽干度

蒸汽干度是衡量注入蒸汽质量的重要标志，不仅关系到单位时间注入油层中的热量大小，还关系到能否在油层中建立起不断向前推进的蒸汽带。蒸汽干度越高，注入蒸汽的冷凝水比例低，潜热就越大。随着井底蒸汽干度的提高，重力泄水辅助蒸汽驱阶段的采出程度不断提高。当井底蒸汽干度由 40% 提高到 50% 时，阶段采出程度有较大幅度上升（图 4-2-3）。

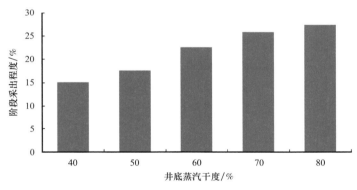

图 4-2-3　井底蒸汽干度优选结果

2. 单位油藏体积注汽速率

单位油藏体积注汽速率是指井组范围内单位油藏体积下的日注汽量，表征向油藏提供热量的速率。不同的油层厚度和不同井距对应不同的注汽速率，折算到单位油藏体积条件下的注汽速率应有一个最优值。在最优注汽速率下，油层加热效率高，热损失较小，蒸汽超覆或蒸汽窜进程度轻，蒸汽带体积大。匹配采液速度，可获得较好的油汽比、采油速度和采收率。

模拟对比了井口干度为 75% 时，不同单位体积注汽速率情况下的开发效果（图 4-2-4）。从图中可以看出，随着单位体积注汽速率增加，采出程度和净产油量呈现先增后降变化趋势。当单位体积注汽速率为 1.6～1.7t/（d·ha·m）时，采出程度和净产油量最大；与根据成功经验推荐的 1.6～1.8t/（d·ha·m）范围一致。

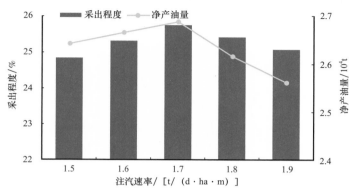

图 4-2-4　不同注汽速率开发效果对比曲线

3. 采注比

采注比是重力泄水辅助蒸汽驱阶段保证蒸汽腔形成和扩展的重要操作参数，如果生产井实际排液能力过低，会造成井底持续积液，气液界面不断上升影响蒸汽腔发育；如果排液量过高，会造成气液界面不断降低，注入蒸汽直接流入生产井底，生产井直接产出蒸汽，也无法高效利用蒸汽。因此，合理的排液速度应该与蒸汽腔的泄油速度相匹配，使气液界面相对稳定。

对比不同采注比情况下的开发效果（图 4-2-5），阶段采出程度随着采注比增加而增加，当采注比小于 1.1 时，阶段采出程度在 15% 左右；当采注比为 1.2 时，采出程度最高；当采注比大于 1.2 时，采出程度降低。分析原因主要是地层压力下降快，注汽井与生产井之间的压力梯度较大，蒸汽过早突破造成阶段生产时间短。

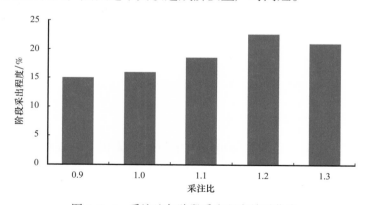

图 4-2-5　采注比与阶段采出程度关系曲线

4. 生产直井射孔井段

生产直井射孔井段对蒸汽腔的扩展和平面驱替有着重要影响。直井射孔井段过高，储量损失严重；射孔井段过低，蒸汽很容易向压力较低的水平井推进，造成汽窜，使蒸汽波及体积减小。

模拟对比了直井对应注汽井上部油层、双水平井间油层不同射孔比例的开发效果。直井对应注汽井上部油层以已经明显动用的油层为界向上避射，设计了射开水平井上部油层 1/4、1/3、1/2、2/3、3/4 和全部射开 6 种方案，对应水平井间油层全部射开。直井对应双水平井间油层，设计了射开双水平井间油层厚度 1/3、1/2、2/3 和全部射开 4 种方案。

生产直井对应注汽井上部已经明显动用的油层，以其为界向上避射，射开水平井上部油层 1/3、双水平井间油层全部射开时，净产油量最多，整体开发效果最好（图 4-2-6 和图 4-2-7）。

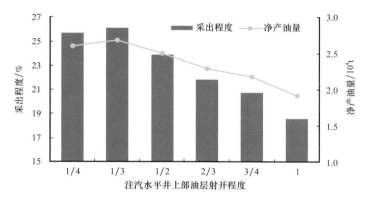

图 4-2-6 注汽水平井上部油层射开程度对开发效果的影响

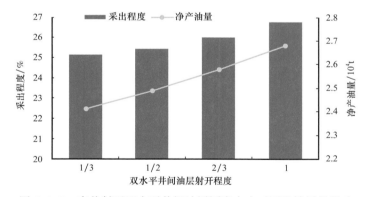

图 4-2-7 直井射开双水平井间油层厚度大小对开发效果的影响

5. 注采关系调整

重力泄水辅助蒸汽驱进入开发中后期，当含水率达到 95% 以上时，需调整注采关系，即关闭上部注汽水平井，下部生产水平井改为注汽水平井，直井射孔井段改为油层中下部射孔，进一步增加蒸汽腔未波及区域储量动用。从图 4-2-8 中可以看出，直井将下部油层射开后，原未动用区的温度有了明显的增加；从图 4-2-9 中可以看出，在下生产水平井改为注汽井后，周边直井含水率出现明显的降低阶段。

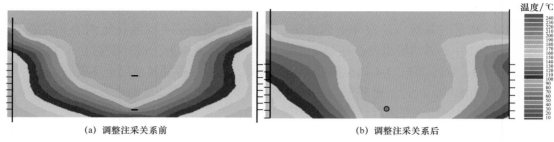

(a) 调整注采关系前　　　　　　　　　　　(b) 调整注采关系后

图 4-2-8　调整注采关系前后温度分布对比

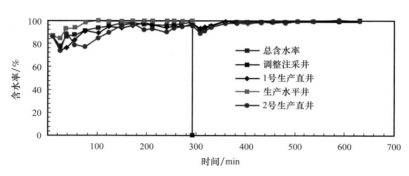

图 4-2-9　调整注采关系前后含水率变化曲线

第三节　重力泄水辅助蒸汽驱技术试验实例

重力泄水辅助蒸汽驱技术在辽河油田洼 59 块成功应用。洼 59 块沙三段油藏共实施重力泄水辅助蒸汽驱井组 6 个，取得了较好的开发效果。其中，2009 年开展的先导试验效果尤为显著。本节以先导试验为例介绍重力泄水辅助蒸汽驱技术的应用。

一、区块概况

1. 区块主要地质特点

洼 59 块位于辽河盆地西部凹陷中央凸起南部倾没带北段，构造形态总体上为一北西—南东走向的断裂背斜。开发目的层为古近系沙河街组沙三段油层。储层为扇三角洲沉积体系，平均孔隙度为 24.54%，平均渗透率为 1462.6mD，属于高孔隙度、高渗透率储层；油层顶面埋深为 1375～1565m，油藏类型为中—厚层状边底水油藏，含油井段平均为 120m，油层平均有效厚度为 33m，50℃脱气原油黏度为 194037mPa·s，原始含油饱和度为 67%。

2. 开发历程及主要问题

洼 59 块沙三段 1997 年采用蒸汽吞吐开发方式 100m 井距正方形井网投入开发。1997—2005 年属于一次开发阶段，2005—2008 年处于二次开发试验阶段，2008 年开始进行了全面的水平井叠置二次开发。经过多年的开发，存在主要问题如下：一是油藏压力低（3~4MPa），吞吐开发周期产量下降快，吞吐阶段采出程度有限，继续吞吐可提高采出程度仅 4.5 个百分点；二是开发方式转换难度大，油藏埋深大，原油黏度高，超过蒸汽驱、SAGD 筛选界限；三是直井 + 多层叠置水平井开采，井网组合复杂，常规综合调整难度大。

3. 试验历程及现状

2009 年，完成了"重力泄水辅助蒸汽驱先导试验方案"，同年 10 月在洼 60–H25 井组开展先导试验，井组产油量由初期的 25t/d 上升到 75t/d，油汽比达 0.23，采注比达 1.1 以上，取得了显著的开发效果。2012 年编制"洼 59 块重力泄水辅助蒸汽驱扩大试验方案"，并于同年开始陆续扩大实施。截至 2020 年 12 月，共有试验井组 6 个，处于垂向泄水与平面驱替复合开发阶段，井组日注汽 767t，日产油 175t，油汽比为 0.23，阶段采出程度为 20.9%，吞吐 + 蒸汽驱采出程度 58.6%。

二、先导试验方案设计要点

首个重力泄水辅助蒸汽驱先导试验井组为洼 60–H25 井组，位于洼 59 块主体部位。该井组采用洼 60–H25 水平井注汽，周围 9 口直井和 1 口下水平井生产，共 10 口生产井。试验区油藏埋深为 1360~1540m，平均油层有效厚度为 69m，平均有效孔隙度为 24.5%，平均渗透率为 1462.6mD，K_v/K_h 值为 0.64，20℃原油密度为 1.0048g/cm³，50℃地面脱气原油黏度为 271044mPa·s，原始地层压力为 13.69MPa，原始地层温度为 60℃，转驱前地层压力为 4.1MPa，地层温度为 110℃。试验区面积为 0.0825km²，储量为 90×10⁴t。设计要点如下：

（1）井网：上部 1 口水平井注汽，下部 1 口水平井辅助排液，周边 9 口直井采油。

（2）井距：直井间距离为 100m，直井与水平井距离为 50m，两口水平井纵向距离为 20m。

（3）注汽速度为 1.6t/（d·ha·m）。

（4）采注比为 1.2。

（5）油层压力小于 4MPa。

（6）井底干度大于 50%。

三、先导试验效果

1. 实现采收率大幅提高

先导试验井组转驱开发 10 年，阶段采出程度为 30.2%，平均年采油速度为 3.0%，峰值采油速度达到 5.2%（图 4–3–1）。

2. 井组及单井符合蒸汽驱开采规律

从先导试验井组生产规律（图 4–3–2）可以看出，重力泄水辅助蒸汽驱开发阶段生产符合蒸汽驱开采规律；从单井受效特点来看，下部泄水井采液量较为稳定（图 4–3–3），

含水率保持90%以上，呈现稳定泄水的特征，生产直井受效特征符合蒸汽驱开采规律
（图4-3-4）。

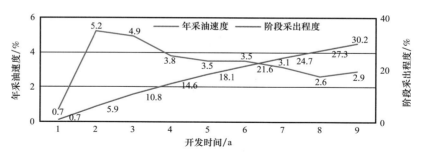

图4-3-1 先导试验井组年采油速度与阶段采出程度曲线

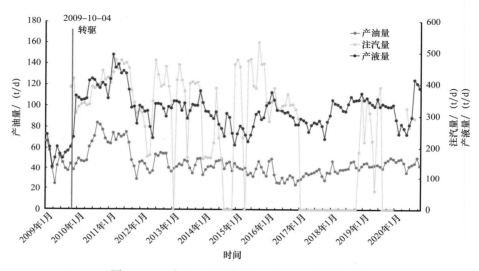

图4-3-2 洼60-H25井组重力泄水阶段产量曲线

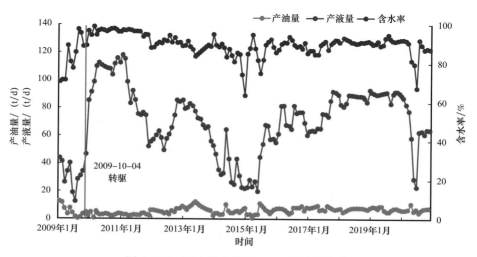

图4-3-3 下水平井洼60-H2502产量曲线

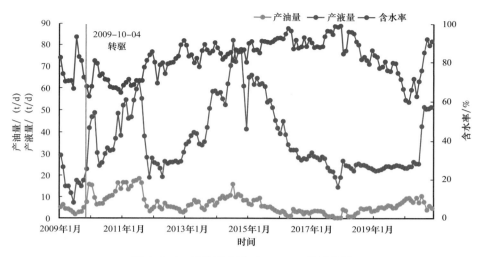

图 4-3-4　受效直井沣 60-54-34 产量曲线

3. 实现了蒸汽腔复合扩展

转驱后蒸汽腔扩展均匀，井间实现了热连通，油层得到了整体加热（图 4-3-5 和图 4-3-6）；地层压力由转驱前的 4MPa 上升至转驱后的 4.5～5MPa，转驱后动液面水平得到了有效提高，动液面上升 50m 左右。

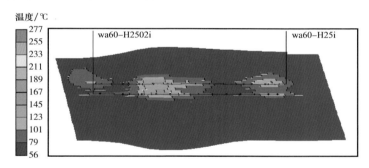

图 4-3-5　沣 60-H25 先导试验井组转驱前温度场图

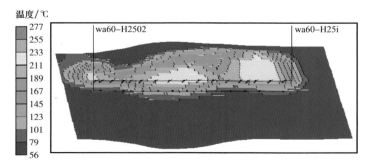

图 4-3-6　沣 60-H25 先导试验井组转驱后温度场图

第五章 稠油转换开发方式配套工艺技术

辽河油田经历了 50 多年的开发历程，在常规稠油吞吐的基础上，针对不同的油藏与油品特性，形成了蒸汽驱、SAGD、火驱及重力泄水等一系列的开发技术，这些技术实施成功的前提之一就是配套工艺技术的成熟与完备。本章主要介绍近 5 年形成的转换开发方式的配套工艺技术，包括防砂、注入、举升、调堵 4 个方面。

第一节 稠油转换开发方式防砂工艺新技术

辽河油田在用的防砂工艺有多种，有不同类型的筛管防砂、管内砾石充填防砂、压裂防砂以及化学防砂等，取得了较好的防砂效果。生产过程中，常规的防砂技术已逐渐不能满足生产要求，主要体现在以下两个方面：一是随着稠油转换开发方式的进行，出砂的问题变得严重，造成井内砂埋管柱的问题概率增加；二是先期防砂完井时需要防砂管柱完井后有更大的井眼尺寸，以便后期的各种作业措施（张军，2012）。

针对上述方面的需求，在"十三五"期间形成了可冲洗解卡筛管防砂技术和膨胀筛管防砂技术。可冲洗解卡筛管防砂技术是一种利用可冲洗的管柱，实现管柱被砂埋后首先通过振动冲洗将淤积的地层砂携带出地层，然后可起出防砂管柱进行后续作业的防砂新技术；膨胀筛管防砂技术是利用膨胀筛管及配套的工具、工艺实现大通径防砂的技术，膨胀筛管防砂后内通径可比普通筛管防砂内通径大 10~20cm，大通径的井眼方便后续各种措施的实施。

一、可冲洗解卡筛管防砂技术示范

1. 常规筛管防砂管柱

1）管柱结构及特性

常规筛管防砂管柱自上而下一般由封隔器、盲管、筛管和死堵（丝堵）构成，管柱中有时还安装安全接头，将其下入出砂油气井筒内，利用筛管的过滤功能，将产出液中所携带的地层砂阻挡在筛管外部，从而达到防砂的目的（图 5-1-1）。筛管防砂因具有施工简便、措施成本低的特点而成为石油开采中应用最广泛的防砂技术之一。但是，现场应用发现，这种防砂管柱后期打捞十分困难，原因是经过一段时间后在管柱外与井筒环空形成砂层，防砂管柱被砂层卡死。因此，通常需要采用大修作业配合打捞，存在打捞作业起下管柱次数多、打捞周期长、打捞作业费用高等问题。

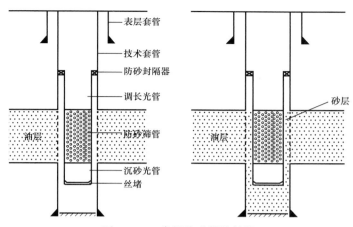

图 5-1-1　常规防砂管柱结构

2）管柱打捞受力分析

常规筛管防砂管柱打捞作业过程中，管柱需要承受提拉力与砂子的摩擦力共同组成的作用力与反作用力〔式（5-1-1）〕。

$$F_1 = f = pCLs \qquad (5-1-1)$$

式中　F_1——管柱打捞过程中承受的最大拉力，N；

　　　f——砂子对管柱的摩擦力，N；

　　　L——管柱长度，m；

　　　p——砂子对管柱的压力，Pa；

　　　C——管柱外圆周长，m；

　　　s——砂子与管柱的摩擦系数。

油井生产过程中，防砂管柱与原井筒环空逐渐堆积地层砂，直至砂子堆满环空形成"砂环"，由于地层产出流体在经过砂环时会产生压差 p'，该压差就会转化为砂子对防砂管柱的压力。当油井停产时，由于砂环难以退回地层中，p' 就会转化为残余应力，即产生 p。其余各参数都可以根据采油技术手册、材料手册或计算得到。

在不考虑砂子的流变性和内聚效应打捞情况下，同时 p' 被 100% 残留，根据达西渗流理论，单位长度筛管上的 p' 值可按下式计算：

$$p' = \frac{Q\mu L'}{KA} \qquad (5-1-2)$$

$$K = \frac{\phi r^2}{8\tau} \qquad (5-1-3)$$

式中　p'——生产压差，Pa；

　　　Q——产量，m³；

　　　μ——原油黏度，mPa·s；

　　　L'——砂环厚度，mm；

- 245 -

K——渗透率，mD；

A——流动面积，mm^2；

ϕ——孔隙度，%；

r——孔道半径，mm；

τ——迂曲度。

2. 可冲洗解卡筛管防砂管柱

1）管柱结构

可冲洗解卡筛管防砂管柱由防砂留井管柱和冲洗管柱组成（图5-1-2）。

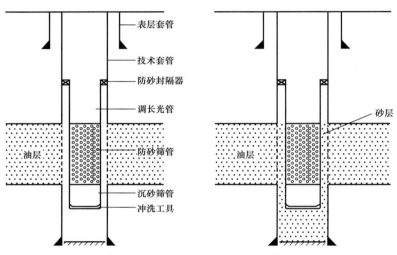

图 5-1-2 可冲洗解卡筛管防砂管柱

2）技术原理

冲洗时的流道如图5-1-3所示。冲洗管柱从地面井口一直连接至井底的冲洗工具，冲洗液依次流经冲洗管柱与防砂留井管柱环空，经筛管至防砂管柱与井筒环空，再经底部冲洗工具至冲洗管柱内，最后返回至地面。实施解卡施工时，向冲洗管柱与防砂留井管柱之间的内环空注入冲洗液，使得振动冲洗器产生液体压力波，对防砂筛管与套管之间的外环空的砂层进行振动冲击，同时冲洗液通过防砂筛管上的孔隙流至防砂筛管与井筒的外环空进行冲砂，冲洗液带着砂子通过冲洗工具进入冲洗管柱，最终返至地面。

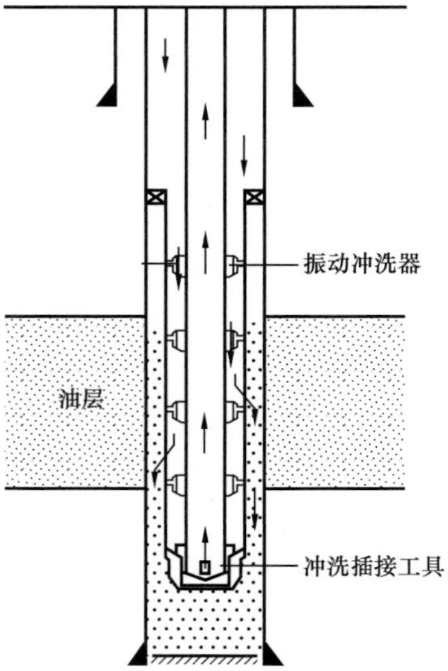

图 5-1-3 冲洗流道示意图

3）管柱特性

防砂留井管柱部分的构成简单，施工简易。与常规筛管防砂相比，防砂留井管柱部分只是将原来的丝堵换成了冲洗工具，不会带来额外的风险；冲洗管柱部分构成简单，易于小修作业操作；可实现对筛管外环空砂层进行冲洗的功能，解除了筛管防砂管柱被卡死的风险，实现了筛管防砂管柱低负荷打捞、快速打捞及可控打捞；打捞作业只需小修作业配合施工即可，大大降低了筛管防砂管柱的打捞费用（廖华林等，2019）。

二、膨胀筛管防砂技术示范

膨胀筛管在防砂中应用具有独特的优势，可防止井壁坍塌、形成大通径方便后续作业施工。大通径悬挂器、可变径液压胀锥、高强度膨胀筛管、对扣接头等配套工具是形成膨胀筛管防砂技术必不可少的。

1. 大通径悬挂器

双向锁紧大通径悬挂器具有双向锚定功能和密封防砂能力，通过下接头与膨胀筛管连接，上接头连接油管管柱，膨胀筛管管柱通过油管下至设计位置（赵平等，2003）。从油管中投球，利用高压泵打压，密封机构下行。当压力达到设计值时，双向卡瓦剪断销钉，下卡瓦坐封锚定；继续加压，双向卡瓦剪断第二个销钉，上卡瓦坐封锚定，同时胶筒坐封密封；继续加压直至丢手机构的销钉被剪断泄压，丢手机构丢手成功，上提管柱起出丢手。悬挂器如图 5-1-4 所示。

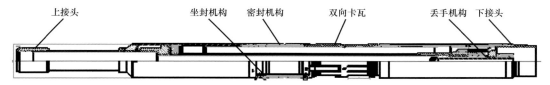

上接头　坐封机构　密封机构　双向卡瓦　丢手机构　下接头

图 5-1-4　悬挂器结构图

2. 可变径液压胀锥

现有的 7in 套管井配套可变径液压胀锥外径为 118mm，大于 112mm 筛管内通径（杜锐等，2006）。因此，目前的膨胀筛管防砂技术在下入膨胀筛管管柱时就将胀锥提前放置在筛管下方的套管内，然后使用油管管柱对接胀锥，利用作业机上提胀锥管柱，膨胀筛管在胀锥本体的作用力下发生第一次膨胀；重新下放至初始位置，在地面通过泵车打压，滚轮在液压的作用下沿径向向外运动，产生的径向力作用在膨胀筛管内壁上，使膨胀筛管再次发生塑性变形紧贴套管内壁或者裸眼井壁，保持泵压，上提管柱，膨胀筛管实现全部膨胀。完成膨胀作业后，停止打压，滚轮在弹簧作用力下回收，避免了卡井事故发生。

在筛管膨胀过程中，当遇到井眼缩径情况，胀锥轮所受外压力大于滚轮的内顶力时，胀锥上的滚轮可以自动收缩，胀锥的滚轮根据井眼大小自动伸缩实现变径的目的，且可变径液压胀锥设计有循环孔，可以循环，方便工具的起下作业。

图 5-1-5 为可变径液压胀锥结构示意图。

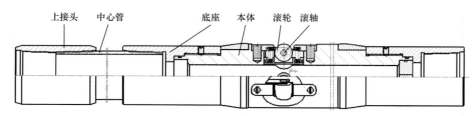

图 5-1-5　可变径液压胀锥结构示意图

1）滚轴

滚轮在胀出后对筛管进行膨胀时，主要受力集中在滚轴上。滚轴主要结构包括上接头、本体、限位块、滚轮、弹簧等。上接头用来连接送入管柱；限位块用来限制滚轮的位置；弹簧用来使滚轮收缩。胀锥工作时，滚轮朝向需与拉力方向一致。

2）滚轮

胀锥使筛管发生膨胀时，需要克服与筛管之间的摩擦力。胀锥打压时只有滚轮与筛管内壁发生接触摩擦。为了降低施工时所需轴向加载力，需要降低滚轮与筛管的摩擦力，因此必须对滚轮进行表面硬化处理。处理后表面硬度可达 HRC50–55，芯部硬度为 HRC32–35，以提高滚轮强度，达到膨胀筛管技术的要求。

3）胀锥

胀锥主要结构包括上接头、液缸、锥体和膨胀块。打压时，液缸带动锥体右移，膨胀块发生径向膨胀，外径变大，从而实现筛管膨胀。图 5-1-6 为实体胀锥结构图。

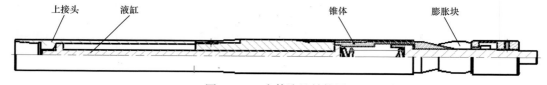

图 5-1-6　实体胀锥结构图

3. 高强度膨胀筛管

膨胀筛管由可膨胀接箍、基管、过滤层和保护套组成（图 5-1-7）。

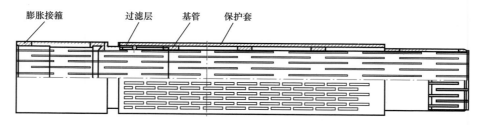

图 5-1-7　膨胀筛管结构示意图

1）膨胀接箍

接箍与基管同为一体。接箍采用与基管相同的布缝设计，接箍上的缝与基管上的割缝相互搭接，便于螺纹相互配合，降低了膨胀接箍部分所需的膨胀力，使筛管整体易于膨胀，膨胀后形成完整的防砂筛管。接箍外面的保护套也采用冲缝设计，降低了膨胀时所需加载力。在接箍与保护套中间有过滤层，实现防砂目的。

接箍的螺纹采用倒钩齿结构，而且螺纹底端加工有配合槽，并且相互夹持，限制了螺纹的轴向膨胀，防止内外螺纹在筛管膨胀过程中发生变形、脱扣以及内螺纹膨胀后的扩口，保证了膨胀后螺纹的啮合。

接箍采用摩擦焊接加工，接箍与基管采用相同材料，加工完成后两者通过摩擦焊接加工为一体，强度高，而且容易后期进行加工处理。

图5-1-8和图5-1-9分别为接箍结构示意图和接箍样机图。

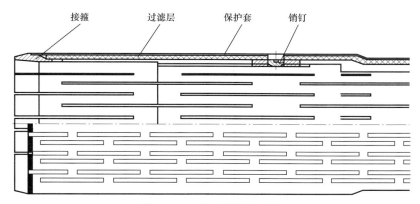

图5-1-8　接箍结构示意图

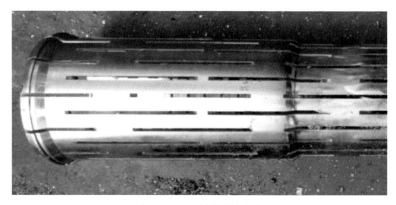

图5-1-9　接箍样机图

2）基管布缝设计

膨胀筛管基管采用图5-1-10所示割缝方式进行割缝设计。采用冷加工方式进行加工，割缝采用交错布缝，同时缝槽两端采用圆弧过渡设计，避免膨胀时缝槽两端产生应力集中开裂，且易于膨胀。

（1）膨胀后缝隙形状。

膨胀筛管膨胀后，缝隙由四边形变为八边形（图5-1-11）。为了计算变形后缝隙的形状，假设结点处的钢条宽度不变。

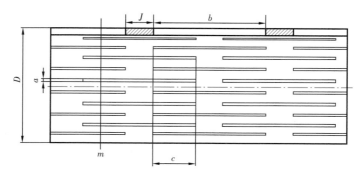

图 5-1-10　膨胀筛管基管割缝设计

b—每条缝的长度；J—轴向上两条缝的间隔长度；c—径向上两条缝的重合长度；

m—每个圆周上的缝数；a—每条缝的缝宽；D—基管的外径

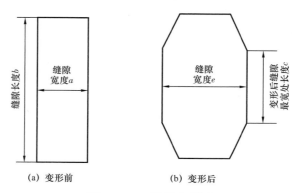

（a）变形前　　　　　　　（b）变形后

图 5-1-11　缝隙变形图

变形前结点宽度计算如下：

$$h_0 = \frac{2\pi D}{m} - a \qquad (5\text{-}1\text{-}4)$$

式中　h_0——变形前结点宽度，mm；

　　　D——筛管变形前外径，mm；

　　　a——缝隙宽度，mm；

　　　m——缝排数。

变形后结点宽度计算如下：

$$h_1 = \frac{2\pi D_1}{m} - e \qquad (5\text{-}1\text{-}5)$$

式中　h_1——变形后结点宽度，mm；

　　　D_1——筛管变形后外径，mm；

　　　e——变形后缝隙宽度，mm；

　　　m——缝排数。

将式（5-1-4）和式（5-1-5）联立，并利用假设求得：

$$e = \frac{2\pi}{m}(D_1 - D) + a \qquad (5\text{-}1\text{-}6)$$

应用实例中，$D_1 = 152$mm，计算得出 $e = 10.85$mm。

（2）膨胀过程轴向拉力。

在胀管过程中，轴向拉力通过胀锥的斜面转化为作用于筛管内壁的内压力。内压力使筛管发生塑性变形。为此，需要先计算筛管发生塑性变形时的内压力，然后计算轴向力。

由于筛管的缝排数是变量，因此需分别计算。

无缝筛管扩孔就是在内压力作用下，筛管本体发生塑性变形。发生塑性变形时，内压力为

$$p_{i0} = \frac{(D-d)\sigma_s}{d} \qquad (5\text{-}1\text{-}7)$$

式中　p_{i0}——发生变形时的内压力，MPa；

D——筛管变形前外径，mm；

d——筛管变形前内径，mm；

σ_s——筛管材质的屈服强度，MPa。

将 $d = 112$mm、$D = 127$mm、$\sigma_s = 265$MPa 代入式（5-1-7），计算得出 $p_{i0} = 35.5$MPa。

胀锥导角斜面上所受正压力和摩擦力如图 5-1-12 所示。其中，根据摩擦定律：

$$F = fN \qquad (5\text{-}1\text{-}8)$$

在胀管过程中，径向压应力为 p_{i0}，为此：

$$p_{i0} = N\cos\theta - fN\sin\theta \qquad (5\text{-}1\text{-}9)$$

可得

$$N = \frac{p_{i0}}{\cos\theta - f\sin\theta} \qquad (5\text{-}1\text{-}10)$$

轴向分应力：

$$T_\sigma = p_{i0} \frac{\sin\theta + f\cos\theta}{\cos\theta - f\sin\theta} \qquad (5\text{-}1\text{-}11)$$

对承受压力的面积进行积分：

$$\begin{aligned} T_0 &= \int_{\frac{d}{2}}^{\frac{d_1}{2}} 2\pi\cot\theta \frac{\sin\theta + f\cos\theta}{\cos\theta - \sin\theta} p_{i0} y \mathrm{d}y \\ &= p_{i0}\cot\theta \frac{\pi}{4} \cdot \frac{\sin\theta + f\cos\theta}{\cos\theta - f\sin\theta}(d_1^2 - d^2) \end{aligned} \qquad (5\text{-}1\text{-}12)$$

式中　F——锥角斜面上的摩擦应力，N；

f——摩擦系数；

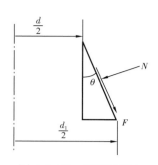

图 5-1-12 胀锥斜面上
力的分解

N——正压应力，N；

θ——胀锥锥角，（°）；

T_0——无缝管扩径时的轴向拉力，N；

d——筛管变形前内径，mm；

d_1——筛管变形后内径，mm。

将 $\theta=8°$、$f=0.15$ 代入式（5-1-12），计算出 $T_0=365622N$。

多行缝的筛管的扩径是在内压力作用下，缝与缝之间的钢条在剪切和弯曲条件下发生塑性变形的结果。

在相邻两条缝重合较少时，由于弯矩较小，以剪切破坏为主。发生剪切破坏时，单个条上承受的剪力为

$$F_s = \tau_s(\frac{\pi D}{m}-a)\frac{D-d}{2}$$ （5-1-13）

所能承受的内压力为

$$p_{ms} = \frac{2\tau_s}{b+c}(\frac{\pi D}{m}-a)(\frac{D}{d}-1)$$ （5-1-14）

式中 F_s——单个条上承受的剪力，N；

τ_s——钢材抗剪强度，MPa；

m——缝排数；

a——缝隙宽度，mm；

D——筛管变形前外径，mm；

d——筛管变形前内径，mm；

a——缝隙宽度，mm；

p_{ms}——m 条缝的筛管发生剪切破坏时的内压力，MPa；

b——缝隙长度，mm；

c——同行缝的间距，mm。

根据 $\tau_s=328MPa$、$D=127mm$、$m=20$、$a=3mm$、$d=112mm$、$b=120mm$、$c=30mm$，计算出 $p_{ms}=9.93MPa$。

在相邻两条缝重合较多时，由于弯矩较大，以弯曲破坏为主。此时，重合条中间部分弯矩为 0。两端处于塑性铰状态。如图 5-1-13 所示，虚线为塑性铰。

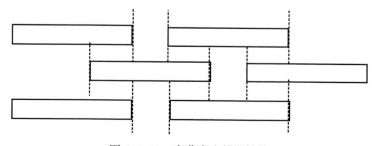

图 5-1-13 弯曲产生的塑性铰

设单个筋条所受剪力为 F_t，则有

$$F_t = 4\sigma_s \frac{D-d}{b-c} \int_0^{\frac{\pi D}{m} - a} y\mathrm{d}y = \frac{\sigma_s}{2} \cdot \frac{D-d}{b-c} \cdot (\frac{\pi D}{m} - a)^2 \qquad （5-1-15）$$

内压力：

$$p_{mt} = \frac{2\sigma_s}{b^2 - c^2}(\frac{\pi D}{m} - a)^2(\frac{D}{d} - 1) \qquad （5-1-16）$$

计算出 $p_{mt} = 0.11\mathrm{MPa}$。

实际所能承受的内压力是剪切破坏和弯曲破坏中较大的一个，为此，实际承受的内压力为

$$p_m = \max(p_{ms}, \ p_{mt}) = 9.93(\mathrm{MPa}) \qquad （5-1-17）$$

最终计算轴向拉力 $T_m = 102270\mathrm{N}$。

4. 对扣接头

对于井深较浅的井，当管柱重量达不到筛管膨胀加载力时，膨胀筛管防砂技术不能应用。这种情况下，可以依靠修井机上提管柱提供筛管膨胀所需的加载力，使胀锥管柱从下向上膨胀筛管。因胀锥外径大于筛管原始内通径，不能通过下压管柱下至筛管底部，需要对扣接头工具（图 5-1-14）。先把胀锥放置在筛管管柱底部，通过下入管柱对接上胀锥，然后上提管柱膨胀。

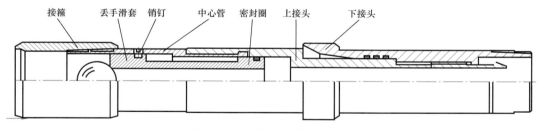

接箍　丢手滑套　销钉　中心管　密封圈　上接头　下接头

图 5-1-14　对扣接头结构示意图

2017—2020 年，共完成现场试验 14 井次，累计增油 $1.1 \times 10^4\mathrm{t}$。例如，锦 2-7- 更 7 井，出砂层位为 1452.7～1491.3m，共下入 7 对膨胀接箍，采用提拉膨胀工艺，施工时打压 8～10MPa，提拉力为 7～10tf，膨胀筛管及接箍顺利膨胀。

第二节　稠油转换开发方式注入工艺技术

注入是稠油转换开发方式中的关键环节，尤其是蒸汽驱、火驱分层开发过程中，如何实现精准配注是保证该类型开发方式成功的基础。

蒸汽驱分层汽驱，首选需要根据层间差异及动用程度，确定合理的注汽参数和各层

的配汽量。对于注入工艺,根据注入管柱结构的不同,汽驱注入技术分为偏心式分层汽驱、同心式分层汽驱和环形可调式分层汽驱。2006年开始,辽河油田偏心式分层汽驱技术在辽河油田蒸汽驱区块得到规模化推广应用;2010年开始,同心式分层汽驱技术投入研发并逐渐实现规模化应用;2015年开始,环形可调式分层汽驱技术开展了矿场试验,并成功实现了两层以上分层汽驱的突破。目前的分层注汽管柱密封、隔热方面性能可靠,整体管柱耐温350℃、耐压17MPa,能够适应1600m以内的中深层稠油蒸汽驱的需求。

火驱在辽河油田开展20多年来,经历了先导试验、扩大试验、规模实施3个阶段,火驱规模逐步扩大,火驱开发也从厚层向薄互层不断延伸应用。辽河油田形成了火驱分层注入配套的电点火器及分层注气管柱,并形成了相应的点火及注气工艺方法。

一、分层注汽管柱

辽河油田蒸汽驱注入工艺一直在进行适用性的完善。在提高纵向动用程度的分层汽驱技术方面,研制了同心式分层注汽技术、偏心式分层注汽技术和环形可调式分层注汽技术,适用于ϕ177.8mm套管井筒,千米井深井底干度达50%以上、配注准确率80%以上,为成功汽驱提供了技术支持。针对套管损坏现象日益严重的情况,目前也在进行侧钻小井眼的分层汽驱的开发和试验性应用。辽河油田成熟的分层注汽管柱和配套工具一般适用条件如下:井深小于1600m;耐压17MPa;耐温350℃。

1. 同心式分层汽驱管柱

同心式分层汽驱管柱采用分流道设计,通过控制阀门开度可实现地面动态调整油藏各储层注汽量。

管柱结构自上而下包括ϕ114.3mm×ϕ76mm隔热管 + 汽驱伸缩管 +ϕ48mm无接箍油管 + 锚定器 + 汽驱封隔器 + 同心配汽装置 + 汽驱封隔器 + 伸缩式滑动密封装置,其管柱通径为ϕ76mm(ϕ40mm)、管柱外径为ϕ152mm,适用套管ϕ177.8mm,具体结构如图5-2-1所示。

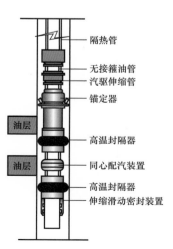

同心式分层汽驱管柱的优点有以下几个方面:分流道设计,配汽直观精确,可实现地面调整各层配汽量;无须井下作业,操作便捷、准确、安全;同心双管的内管在隔热管内,整体管柱的绝热系数高,管柱干度保持好,更有利于深层分注,也更适用于大斜度井、水平井和井筒完整性情况不佳的情况。目前,该种结构在辽河油田齐40块和锦45块的两层汽驱应用中占比较多,现场也更倾向于选择该种结构。该管柱的缺点是管内通径只有40mm,无法进行吸汽剖面测试。

隔热管
无接箍油管
汽驱伸缩管
锚定器
油层
高温封隔器
油层
同心配汽装置
高温封隔器
伸缩滑动密封装置

图5-2-1　同心式分层汽驱管柱

2. 偏心式分层汽驱管柱

偏心式分层汽驱管柱根据井筒内压力分布和干度分布的计算方法、大量的地面试验数据检验理论与实际分层配汽量的符合程度，提出必要的配汽计算及后期调整修正关系式，在不动管柱的前提下通过配汽装置对各储层配汽量进行调整。

管柱结构自上而下包括隔热管＋压力补偿式隔热伸缩管＋汽驱密封器＋强制解封汽驱封隔器＋多级长效汽驱密封器＋安全接头＋分层汽驱层间密封器＋偏心配汽阀＋丝堵，其管柱通径为 $\phi62mm$、管柱外径为 $\phi152mm$，适用套管 $\phi177.8mm$，具体结构如图 5-2-2 所示。

偏心式分层汽驱管柱结构的优势在于能够进行超过两层的分层注汽的设计与实施，其比同心式双管结构节省了内层管柱，前期投入更为经济。但后期偏心式分层汽驱工艺需要使用钢丝作业进行定位投捞来调配注气参

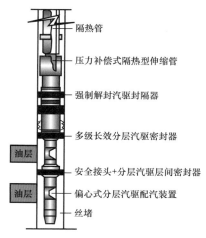

图 5-2-2　偏心式分层汽驱管柱

数，而投捞过程中存在作业风险和较高的投捞失败率，尤其在大斜度和深井上，投捞作业效率和成功率更低，有时会影响作业区注采运行计划的正常进行。

3. 环形可调式分层汽驱管柱

环形可调的技术原理是根据油层井段内各小层的物性数据，利用分层配汽计算软件优化设计环形配汽嘴的大小，实现对各层注汽量的配注。环形可调注汽的改进之处在于用同心的注汽阀替代了偏心的注汽阀，提高了投捞的成功率；同时，采用分段补偿、分段解封的方式，降低管柱变形的概率、降低了解封吨位。

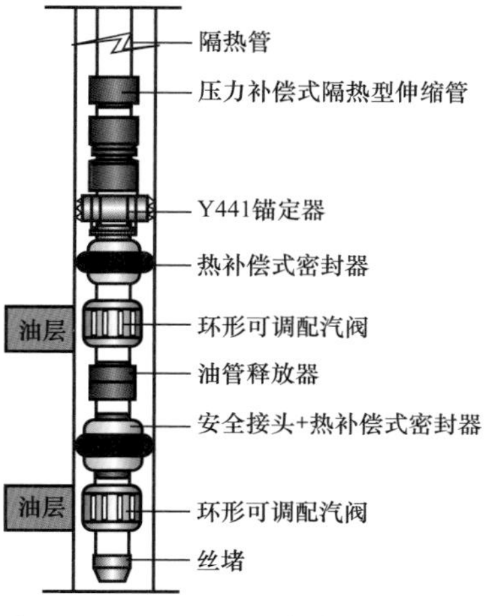

管柱结构自上而下包括 $\phi114.3\times\phi76mm$ 隔热管＋压力补偿式隔热伸缩管＋锚定器＋热补偿式密封器＋环形可调配汽阀＋油管释放器＋安全接头＋热补偿式密封器＋环形可调配汽阀＋丝堵，其管柱通径为 $\phi76mm$（$\phi40mm$），适用套管 $\phi177.8mm$，具体结构如图 5-2-3 所示。

环形可调注汽技术的优点如下：一是设计了以环形缝隙流为物理模型的环形流量配注阀，该种设计最大的优点是破坏晶格的形成，防止水垢的形成，为投捞、测试提供了有利条件；二是进行了整体管柱优化、设计了层间补偿结构，改善了管柱的受力及适应性。

图 5-2-3　环形可调式分层汽驱管柱

二、分层汽驱管柱力学分析

在不同井眼轨迹造成的复杂井身结构条件下，汽驱井下注汽管柱要受到内外温度场力、压力场力、轴向力、管柱与套管接触处的支反力和弯矩、鼓胀力等多重影响因素的

共同作用；对于多轮次反复注汽、间歇注汽、变参数分层注汽的汽驱井，必须考虑锚定装置的作用，同时要设计层间油管释放补偿装置；还要根据分层汽驱工况，注意锚定类和非锚定类管柱的适用范围及其特殊性。

以下结合辽河油田现场应用情况对分层注气管柱的轴向变形和螺旋弯曲变形的情况进行分析。由于偏心式分层汽驱管柱和同心式双管分层汽驱管柱的外管结构基本相似，它们使用的油管锚和伸缩管也为同规格型号，因此在管柱受力和变形方面可以近似地归属为一种类型问题进行分析。

一般情况下，伸缩管在管柱位置的设计原则如下：（1）伸缩管大体上位于管柱的中性点附近，使伸缩管在整体管柱中受力最小；（2）锚定封隔器之上、伸缩管之下的管柱重量要能够承受注汽过程中的上浮力，保证封隔器受力均衡。

研究过程中，注意到间歇注汽条件下汽驱管柱补偿装置易存在补偿失效问题，即当时的补偿距仅针对热补偿而未考虑间歇注汽时的冷补偿问题。管柱入井作业过程中，伸缩管在管柱悬重状态下处于完全拉伸状态。开始注汽后，温度自上而下逐渐升高，在达到200℃前管柱受热伸长，达到200℃后热敏封隔器开始坐封；停止注汽后，温度自上而下降低，在热敏封隔器解封前，上方回缩的管柱将带动热敏封隔器进行拔活塞动作，从而造成了注汽管柱变形、油套管结构的破坏或者热敏封隔器的封隔面损坏失效的可能。因此，温度补偿不仅应该考虑管柱注汽的遇热伸长补偿，还应考虑注汽管柱坐封后的遇冷回缩补偿，即间歇注汽和反复注汽降温期伸缩管仍然发挥补偿效能问题。体现在工程设计和施工作业时，管柱锚定的工序应发生在注汽之前，这也是管柱为了在热敏封隔器坐封前实现管柱的锚定，将原有双热敏封隔器改进为双向锚定油管锚结合热敏封隔器，完成锚定动作后再坐封封隔器的原因。但偏心式分层汽驱管柱两层封隔器间的补偿当时仍存在这个问题，因此在原来的油管释放器伸缩结构上增加相应的机构设计，对入井管柱保留收缩补偿量，即油管释放器在随管柱下入过程中不是完全拉伸状态，其保留的拉伸余量在管柱遇冷收缩的拉力超过某一阈值后才会打开和释放。

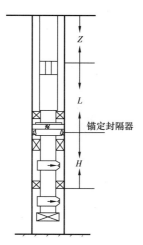

图 5-2-4　分层汽驱管柱
力学分析分段示意图

综上分析，辽河油田汽驱注汽井在用注汽管柱，可以简化为3部分分段分析（图5-2-4）。第一部分从井口至伸缩管位置，总长度为 Z；第二部分从伸缩管至锚定位置，总长度为 L；第三部分从锚定位置至夹层封隔器位置，总长度为 H。

其他假设条件包括：注汽管柱是线性均匀和各向同性的；注汽管柱强度破坏符合密赛斯准则；只考虑轴向应力和鼓胀力的变形因素，忽略井斜等造成的径向应力和切向应力的影响；忽略注汽管柱随井眼屈曲产生的弯曲应力。

锚定封隔器

1. 第一部分管柱受力与变形分析

重力作用引起的管柱伸长量：

$$Z_1 = \frac{NZ}{EA} \qquad (5\text{-}2\text{-}1)$$

温度效应引起隔热管内管伸长量：

$$Z_2 = \alpha Z (T_{注入} - T_{预制}) \qquad (5\text{-}2\text{-}2)$$

温度效应引起隔热管外管伸长量：

$$Z_3 = \alpha Z (T_{注入} - T_{环空}) \qquad (5\text{-}2\text{-}3)$$

摩擦阻力效应引起隔热管伸长量：

$$Z_4 = \frac{pr^2}{E(R^2 - r^2)} Z \qquad (5\text{-}2\text{-}4)$$

膨胀效应引起的隔热管柱缩短量：

$$Z_5 = \frac{2\mu pr^2}{E(R^2 - r^2)} Z \qquad (5\text{-}2\text{-}5)$$

式中　N——重力；

　　　Z——第一部分管柱长度；

　　　E——弹性模量；

　　　A——管柱横截面积；

　　　α——管柱热膨胀系数；

　　　T——相应的温度；

　　　p——注汽压力；

　　　r——管柱内径；

　　　R——管柱外径；

　　　μ——泊松比。

综合上述，可得在注汽条件下第一部分管柱的变形量为

$$\Delta Z = Z_1 + Z_3 + Z_4 - Z_5 \qquad (5\text{-}2\text{-}6)$$

由分析结果可知，第一部分管柱的整体趋势是向下运动，但是，其下部的伸缩管释放了其伸长部分，因此该部分管柱不容易变形，总体上仍然处于伸长状态。此外，由计算可知，Z_3 远大于 Z_2，即隔热管外管的伸长量远大于其内管的伸长量。因此，可得第一部分管柱的隔热管内管在受热时伸长量被外管受热伸长量中和，第一部分管柱在井口悬挂状态下不易弯曲和变形。

2. 第二部分管柱受力与变形分析

第二部分管柱组成是从伸缩管至封隔器位置，该部分管柱的压重完全作用在封隔器之上。

重力作用引起的管柱压缩量：

$$L_1 = \frac{NL}{EA} \tag{5-2-7}$$

温度效应引起隔热管伸长量：

$$L_2 = \alpha L (T_{注入} - T_{预制}) \tag{5-2-8}$$

摩擦阻力效应引起隔热管压缩量：

$$L_3 = \frac{pr^2}{E(R^2 - r^2)} L \tag{5-2-9}$$

膨胀效应引起的隔热管柱缩短量：

$$L_4 = \frac{2\mu pr^2}{E(R^2 - r^2)} L \tag{5-2-10}$$

式中　L——第二部分管柱长度；

　　　N——重力；

　　　E——弹性模量；

　　　A——管柱横截面积；

　　　α——管柱热膨胀系数；

　　　T——相应的温度；

　　　p——注汽压力；

　　　r——管柱内径；

　　　R——管柱外径；

　　　μ——泊松比。

综上所述，在注汽条件下，第二部分管柱的变形量为

$$\Delta L = L_1 + L_2 + L_3 + L_4 \tag{5-2-11}$$

根据分析和算例可知，第二部分管柱整体趋势是向下压缩，其底部为锚定状态，因此靠近封隔器的隔热管在以上多种应力的作用下，容易处于锥弯状态，长期锥弯将导致油管发生塑性变形（图 5-2-5）。

此外，隔热管加工时内管在 180℃预制完成，注汽过程中井筒内温度在 250～280℃，因此内管仍然是处于受热伸长状态。由分析结果可知，第二部分管柱整体上受到压缩，这样不但不能补偿内管的伸长，反而限制了内管的伸长，因此内管极易变形。受到以上两种因素的影响，每根隔热管内管被压缩量大约为 0.043m，即有

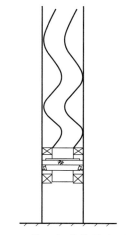

图 5-2-5　第二部分管柱变形示意图

$$L_{内管}=\xi\alpha L_{单根}(T_{注入}-T_{预制}) \tag{5-2-12}$$

式中　ξ——修正系数；

　　$L_{单根}$——单根隔热管长度；

　　α——管柱热膨胀系数；

　　T——相应的温度。

3. 管柱弯曲变形与压缩力的关系分析

假设管柱弯曲曲线上某点切线与井筒轴线间的夹角为 θ，隔热管两端受到的轴向压缩力为 F，a 表示管柱上弯曲的挠度，M 表示隔热管上某点受到的轴向压缩力产生的弯矩，则管柱弯曲曲率半径与压缩力的关系如下：

$$R=\frac{EI}{M} \tag{5-2-13}$$

弯矩与管柱两端受到的轴向压缩力关系为

$$M=Fa\cos\theta \tag{5-2-14}$$

因此可得

$$R=\frac{EI}{Fa\cos\theta} \tag{5-2-15}$$

根据圆柱螺旋曲线的性质可得

$$R=\frac{h^2+4\pi^2 a^2}{4\pi^2 a} \tag{5-2-16}$$

$$\cos\theta=\frac{h}{\sqrt{h^2+4\pi^2 a^2}} \tag{5-2-17}$$

$$R = \frac{h^2}{4\pi^2 a \cos^2 \theta} \qquad (5\text{-}2\text{-}18)$$

$$h^2 = \frac{4\pi^2 EI \cos\theta}{F} \qquad (5\text{-}2\text{-}19)$$

由于 θ 值很小（$2° \sim 5°$），$\cos\theta$ 接近于 1，因此可得

$$h^2 = \frac{4\pi^2 EI}{F} \qquad (5\text{-}2\text{-}20)$$

进一步可得管柱在刚开始发生锥弯时弯曲压力计算公式为

$$F = \frac{4\pi^2 EI}{h^2} \qquad (5\text{-}2\text{-}21)$$

相比较而言，管柱自重远大于初始弯曲压力，因此封隔器实施坐封操作后，只要开始释放管柱，就会发生管柱弯曲。根据分析可知，管柱上锚定器和伸缩管之间的管柱长度越短，抗弯能力越强。

管柱锥弯初始长度计算公式为

$$qL = \frac{4\pi^2 EI}{h^2} \qquad (5\text{-}2\text{-}22)$$

辽河油田蒸汽驱所用 $4\frac{1}{2}$in 隔热管管柱单位长度重量 $q \approx 274.4$N/m，计算可得 $L = 30.6$m，即在距离封隔器以上 30m 左右的位置最先发生弯曲，并且向上随重力作用减弱，曲率会逐渐变大。在高温高压工况下，多种应力综合作用，随着压缩力的增加，最终发生锥弯破坏，沿套管内壁产生圆柱螺旋弯曲。

由于

$$h^2 = \frac{4\pi^2 aEI}{M_{压重} + M_{摩擦} + M_{热力}} = \frac{4\pi^2 aEI}{F_{管重}a + F_{摩擦}r + F_{热力}a} \qquad (5\text{-}2\text{-}23)$$

因此可得最大螺距为

$$h_{\max} = \sqrt{\frac{4\pi^2 aEI}{F_{管重}a + F_{摩擦}r + F_{热力}a}} \qquad (5\text{-}2\text{-}24)$$

最小螺距为

$$h_{\min} = \sqrt{\frac{4\pi^2 aEI \cos\theta}{F_{管重}a + F_{摩擦}r + F_{热力}a}} \qquad (5\text{-}2\text{-}25)$$

式中　R——管柱上某点的曲率半径；

　　　I——管柱的惯性矩；

　　　E——弹性模量；

　　　h——隔热管管柱上某点锥弯后的螺距；

　　　$M_{压重}$——弯曲管柱压重产生的弯矩；

$M_{摩擦}$——弯曲管柱弯曲段某点受到的摩擦力产生的弯矩；

$M_{热力}$——热应力作用产生的弯矩；

$F_{管重}$——管柱压重；

$F_{摩擦}$——管壁摩擦力；

$F_{热力}$——管柱热应力。

结合辽河油田蒸汽驱现场实际，注汽管柱的弯曲螺距 h 变化范围为 $3\sim4.5m$。由此可知，长度大于 3m 的高温测试仪器或投捞工具有可能在管柱中不能顺利通过。此外，一般来说，管柱上锚定器和伸缩管之间的管柱长度越短，抗弯能力越强，目前使用的伸缩管为套筒式结构，为保证伸缩补偿的有效性，在设计伸缩管位置时也应综合考虑避开注汽井筒套管的应力集中处和大斜度段，这样有利于作业安全。

4. 第三部分管柱受力与变形分析

第三部分管柱组成是从锚定封隔器至层间封隔器位置，该部分管柱多采用 $2\frac{7}{8}$in 平式油管，由于长度短，该部分管柱主要受到热效应、摩擦阻力效应和膨胀效应的影响。

温度效应引起的管柱伸长量：

$$H_1 = \alpha H (T_{注入} - T_{环空}) \tag{5-2-26}$$

摩擦阻力效应引起的管柱压缩量：

$$H_2 = \frac{pr^2}{E(R^2 - r^2)} H \tag{5-2-27}$$

膨胀效应引起的管柱缩短量：

$$H_3 = \frac{2\mu pr^2}{E(R^2 - r^2)} H \tag{5-2-28}$$

式中　H——第三部分管柱长度；

α——管柱热膨胀系数；

T——相应的温度；

p——注汽压力；

R——管柱外径；

r——管柱内径；

μ——泊松比；

E——弹性模量。

综合式（5-2-26）至式（5-2-28），可得在注汽条件下第三部分管柱的变形量为

$$\Delta H = H_1 - H_2 - H_3 \tag{5-2-29}$$

原偏心式分层注气管柱在第三部分管柱层间设置的油管释放器在间歇注汽环境下会存在冷补偿失效的问题，考虑到该问题，在新设计的油管释放器上保留了销钉限位的冷补偿距，依此解决了温度对伸长量的影响问题。

三、分层汽驱工艺中的关键设备及工具

1. 新型 BG80H 型隔热油管

BG80H 管材在 350℃下，钢的高温强度提高了近 150MPa，抗高温变形能力更好，解决了隔热管在长期注汽时发生变形、内管缩径、测试仪器无法通过等问题。

图 5-2-6 为新型 BG80H 型隔热油管结构示意图。表 5-2-1 中列出了新型 BG80H 型隔热油管主要技术指标。

图 5-2-6　新型 BG80H 型隔热油管结构示意图

表 5-2-1　新型 BG80H 型隔热油管主要技术指标

项目	指标
适应套管内径 /mm	157～161
钢体最大外径 /mm	114
钢体内通径 /mm	76
最大工作压力 /MPa	25
适用温度 /℃	350
两端连接螺纹	4 $\frac{1}{2}$ in BCSG

2. 油管锚定器

该锚定器采用液压坐封、上提解封的方式。坐封后具有双向锚定功能。防止管柱在注汽过程中发生蠕动。卡瓦采用内置式设计，增强了卡瓦的同轴度，解决了锚定类封隔器在长期注汽后解封失灵的难题，有效减少了修井事故的发生。

图 5-2-7 为 Y441-150/62-350/17-LHZC 汽驱用油管锚定器结构示意图。表 5-2-2 中列出了油管锚定器主要技术指标。

图 5-2-7　Y441-150/62-350/17-LHZC 汽驱用油管锚定器结构示意图

3. RY361 封隔器

该封隔器利用井筒内热能，加热密封腔膨胀液，推动活塞实现封隔器的坐封。上提管柱实现解封。目前，该封隔器可以实现 3 个温度梯度（250℃、300℃和 350℃）密封要求，耐压均能达到 17MPa。

图 5-2-8 为 RY361-150/62-350/17-LHZC 封隔器结构示意图。表 5-2-3 显示了封隔器主要技术指标。

表 5-2-2　油管锚定器主要技术指标

项目	指标
适应套管内径 /mm	157～161
钢体最大外径 /mm	152
钢体内通径 /mm	76
耐压差 /MPa	17
适用温度 /℃	≤350
坐封载荷 /kN	80～100
解封载荷 /kN	50～70
两端连接螺纹	$3\frac{1}{2}$in TBG

图 5-2-8　RY361-150/62-350/17-LHZC 封隔器结构示意图

表 5-2-3　封隔器主要技术指标

项目	指标
适应套管内径 /mm	157～161
钢体最大外径 /mm	150
适用温度 /℃	≤350
内径 /mm	62
耐压差 /MPa	17
适用套管 /mm	177
坐封温度 /℃	180～230
解封载荷 /kN	30～40
钢体最大外径 /mm	150
两端连接螺纹	$3\frac{1}{2}$in TBG

4. 注汽封隔器

该封隔器采用热力坐封、上提解封的原理，具有结构简单、密封可靠的优点。在设计过程中，充分考虑到密封的压紧力，设计完成了液缸的横截面积及液量的控制，达到坐封充分、解封可靠的目的。

图 5-2-9 为注汽封隔器结构示意图。表 5-2-4 中列出了注汽封隔器主要技术指标。

图 5-2-9 注汽封隔器结构示意图

表 5-2-4 注汽封隔器主要技术指标

项目	指标
适应套管内径 /mm	157～161
钢体最大外径 /mm	152
钢体内通径 /mm	76
耐压差 /MPa	17
适用温度 /℃	≤350
两端连接螺纹	$3\frac{1}{2}$in TBG

5. 层间封隔器

该封隔器采用热力坐封、上提解封的原理。此外,该封隔器的外径设计为 140mm,在保证密封效果的同时,降低了封隔器的解封吨位,也提高了套管发生轻微套变情况下能够正常提出管柱的可能性。

图 5-2-10 为层间封隔器结构示意图。表 5-2-5 中列出了层间封隔器主要技术指标。

图 5-2-10 层间封隔器结构示意图

表 5-2-5 层间封隔器主要技术指标

项目	指标
适应套管内径 /mm	157～161
钢体最大外径 /mm	140
钢体内通径 /mm	76
耐压差 /MPa	5
适用温度 /℃	≤350
两端连接螺纹	$3\frac{1}{2}$in TBG

6.大通径伸缩管

可根据井况的实际情况来调整伸缩距，用来补偿和释放隔热管热胀冷缩所产生的伸缩距离和张力，内通径为76mm。

图 5-2-11 为大通径伸缩管结构示意图。表 5-2-6 中列出了大通径伸缩管主要技术指标。

图 5-2-11　大通径伸缩管结构示意图

表 5-2-6　大通径伸缩管主要技术指标

项目	指标
适应套管内径 /mm	157～161
钢体最大外径 /mm	114
钢体内通径 /mm	76
耐压差 /MPa	17
适用温度 /℃	≤350
两端连接螺纹	$3\frac{1}{2}$in TBG

7.层间油管释放器

该释放器主体采用双层管结构，两端采用不同材质的密封材料，生产过程中，装置能够缓慢释放补偿距离。该装置不仅解决了管柱下入过程中补偿距离丢失的问题，同时有效补偿并释放了油管所产生的位移及张力，实现了管柱封隔器的逐级解封功能。

图 5-2-12 为 SFQ/132-350/17-LHZC 油管释放器结构示意图。表 5-2-7 中列出了油管释放器主要技术指标。

图 5-2-12　SFQ/132-350/17-LHZC 油管释放器结构示意图

表 5-2-7　油管释放器主要技术指标

项目	指标
适应套管内径 /mm	157～161
钢体最大外径 /mm	150
钢体内通径 /mm	76

项目	指标
耐压差 /MPa	17
适用温度 /℃	≤350
初封温度 /℃	200
两端连接螺纹	$3\frac{1}{2}$in TBG

8. 金属密封环形可调式配汽阀及配套投捞工具

1）金属密封环形可调式配汽阀

环形配汽阀内芯采用高强度合金，配汽量可根据情况利用开窗缝隙或配汽阀与主体之间的环形面积进行调节，实现配汽量的双级调控。工具过流通道采用合金堆焊或合金喷涂工艺，旨在降低金属表面氧化速率，提高耐腐蚀强度，防止结垢现象的发生。同时，环空通道注汽，避免了金属自锁现象的发生，为投捞工艺创造了良好的条件。

图5-2-13和图5-2-14分别为环形配汽阀结构示意图和环形配汽阀内芯结构示意图。表5-2-8中列出了金属密封环形可调式配汽阀主要技术指标。

图 5-2-13　环形配汽阀结构示意图

图 5-2-14　环形配汽阀内芯结构示意图

表 5-2-8　金属密封环形可调式配汽阀主要技术指标

项目	指标
适应套管内径 /mm	157～161
钢体最大外径 /mm	132
钢体内通径 /mm	70
耐压差 /MPa	17
适用温度 /℃	≤350
两端连接螺纹	$3\frac{1}{2}$in TBG

2）环形配汽阀配套打捞工具

打捞时，行到指定位置后，可进行定位，上提进行锁定，完成打捞。打捞动作简便可靠，安全销钉的设计实现可退式打捞。投送时，下到指定位置后，靠压重使锁爪和外筒相互锁定，上提完成释放动作。配汽阀释放简便可靠。

图 5-2-15 为环形配汽阀投送及打捞工具结构示意图。

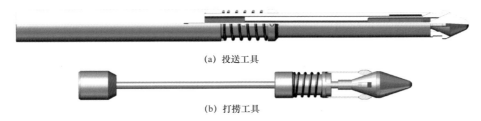

(a) 投送工具

(b) 打捞工具

图 5-2-15　环形配汽阀投送及打捞工具结构示意图

四、火烧油层注入工艺技术

目前，火烧油层的点火工艺有注蒸汽自燃点火、注蒸汽 + 化学剂助燃点火、移动式电点火 3 种，其各自的工艺特点及适用性见表 5-2-9。区块单井点火，应在考虑油藏情况、井身结构、工艺要求等前提下，结合物理模拟试验确定点火门槛温度及点火方式。

表 5-2-9　点火工艺现状及存在问题

点火工艺	工艺特点	优势	不足	适用范围
注蒸汽自燃点火	向地层中注入蒸汽（大于200℃）后，再向油层注入空气，点燃油层	（1）工艺简单、成本低； （2）对管柱尺寸要求低； （3）点火半径大	（1）油层纵向动用不均； （2）返吐，易引起井筒着火； （3）返吐、腐蚀、高温，极易引起套管损坏； （4）对油藏条件要求高； （5）点火不可控	（1）地层亏空，但含油饱和度大于35%； （2）笼统、分层、分段； （3）渗透率极差小的油层； （4）自燃点较低的油品
注蒸汽 + 化学剂助燃点火	首先向油层注入蒸汽，随后向井内投入点火化学剂，再注入空气点燃油层	（1）工艺简单； （2）对管柱尺寸要求低； （3）点火半径大； （4）达到高温氧化时间短	（1）油层纵向动用不均； （2）返吐，易引起井筒着火； （3）返吐、腐蚀、高温，极易引起套管损坏； （4）对油藏条件要求高； （5）点火不可控	（1）地层亏空，但含油饱和度大于35%； （2）笼统、分层、分段； （3）渗透率极差小的油层； （4）自燃点较低的油品
移动式电点火	将电点火器从油管中下入，加热注入空气点燃油层，点火后起出电点火器	（1）工艺简单； （2）高温点火； （3）点火时间可控； （4）对油藏地质条件要求低	（1）高温、腐蚀，易引起套管损坏； （2）点火半径小； （3）对管柱尺寸要求高	（1）笼统、分段、分两层； （2）地层亏空较小； （3）近井含油饱和度大于15%； （4）各种油品

1. 移动式电点火工艺

现场试验结果表明，移动式电点火工艺是一种高效的点火方式，点火器可带压起下、重复利用。辽河油田自主研发的移动式电点火器在现场试验成功实现了高温点火，形成较为成熟的火驱移动式电点火技术系列并制订出相应的施工操作标准。2017—2020年，已在辽河、吉林等油田成功实施41井次，满足不同井深、不同油藏及不同井况的高温点火需求，并且能够实现分层高温点火。

1）移动式电点火工艺原理

将注气点火管柱完全下入后，连接井口装置及过连续管密封装置等，将注气装置与注气井口的油管接头连接，注气试压。在注气过程中，利用连续管注入装置通过将移动式电点火器先下入至封隔器位置，对封隔器进行热力坐封，然后继续下入点火器至预定位置，然后在隔热管内通电对注入空气进行加热，同时可采用管外捆绑方式下入监测系统，根据温度监测结果及油藏特点来对点火过程进行调控。待达到油藏方案的设计要求后，该井转为火驱注气井，带压作业提出连续管点火器，拆卸连续管注入装置，使点火器可以达到重复使用的目的。

图5-2-16为移动式电点火工艺原理图。

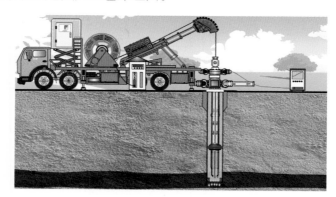

图 5-2-16　移动式电点火工艺原理图

2）大功率集中式加热器

移动式电点火器是以镍铬丝作为加热导体，无缝不锈钢管作为护套，氧化镁粉作为绝缘的一种高温耐火电缆。一代加热器热端长度为50～60m，功率为100kW。二代加热器采用双臂直拉和中频电磁退火同步拉拔工艺，突破了点火器功率和长度的技术瓶颈，加热器性能参数如下：（1）外径为25.4mm；（2）热端长度为50m，冷端长度为70m；（3）额定功率为150kW；（4）耐压2000V/min；（5）冷端长期工作温度为150℃，热端长期工作温度为600℃（设计温度为700℃）；（6）工作电压为950V（AC）。

加热器的最大抗拉强度为502MPa，屈服强度为365MPa，焊缝强度为517MPa。

3）高压连续管电缆

高压连续管电缆为井下集中式加热器提供高压电力，还承担井下大功率集中式加热器的带压起下作业。狭小空间内既要保证高压线缆的可靠绝缘，又要保证抗拉强度。

在火驱电点火的过程中，配套连续管高压电缆应满足如下要求：

（1）连续管与加热器为等径结构，外径为 25.4mm；

（2）使用电压 1100V 以内，工作电流为 125A，耐压 2000V/min；

（3）长期使用温度为 175℃；

（4）整体预制，绝缘满足设计要求；

（5）外护套整体耐压 ≥20MPa，抗拉强度 ≥8tf，材质应同时满足在 150℃高温空气中长期工作要求。

因此，设计的外护管选用 CT80 材质，采用环缝焊接工艺，屈服强度为 385MPa，抗拉强度为 530MPa，本体焊缝强度为 530MPa。图 5-2-17 为配套连续管电缆结构简图。

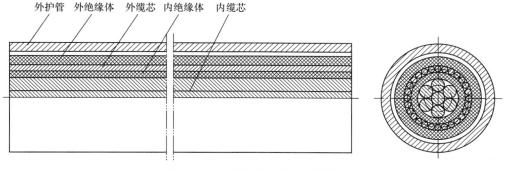

图 5-2-17　连续管电缆结构简图

4）井口过连续管密封装置

井口过连续管密封装置用于火驱注气井注气过程中带压起下连续管电点火装置。井口过连续管密封装置采用多级密封结构，由在测试阀门上部卡瓦连接的半圆夹持半封器、井下工具液压密封器、连续管液压密封器、配套液压泵及管线等组成（图 5-2-18）。

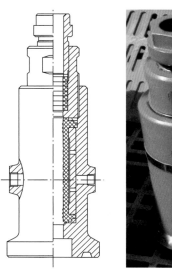

图 5-2-18　井口过连续管（点火器）密封装置结构简图及实物图

井口过连续管密封装置主要技术指标见表 5-2-10。

表 5-2-10　井口过连续管密封装置主要技术指标

技术参数	指标
额定工作压力 /MPa	10
主通径 /in	$1\frac{1}{8}$
工作温度 /℃	$-30\sim125$
液压连接口	$\frac{1}{4}$in NPT
压力表接口	$\frac{3}{8}$in NPT
使用点火器尺寸 /in	1
最大液压压力 /MPa	21
质量 /kg	12.9

5）注入井口

点火过程中在用的注气井口有 3 种，对应的结构参数见表 5-2-11。

表 5-2-11　注气井口参数

规格型号	KQ65/80-21	KSQR-21/370T-F	KR（Q）-21/370
公称通径 /mm	$\phi65$	$\phi65$	$\phi65$
适用温度 /℃	$-46\sim82$	$-29\sim370$	$-29\sim370$
大四通垂直通径 /mm	$\phi230$	$\phi230$	$\phi230$
连接形式	法兰	法兰	法兰
最大工作压力 /MPa	21	21	21
试验强度压力 /MPa		42	42

2. 火烧油层注入配套工艺

1）注气井温度监测工艺

注气井采用耐高温热电偶测温，随注气油管捆绑下入到测试段，实时监测注入井底温度，为判断电点火器加热气流是否满足点火要求提供依据，监测注入井近井地带温度变化，为安全生产提供保障。监测元件长度应充分考虑可能存在的管柱伸长，避免监测线路断路。

图 5-2-19 显示了火驱笼统注气井温度测试管柱。

2）注气井吸气剖面监测

根据加热体在流场中的热损失与流体流速有关的原理研制形成了热式质量流量计，实现了对空气流量的精确测量，测试注入的空气进到哪一层、进多少，以进一步判断火驱后续的效果。

电缆直读式热式质量流量计的主要技术参数如下：

（1）仪器外径为 38mm；

（2）温度测量范围为 0～150℃，温度最大允许误差为 0.5℃；

（3）压力测量范围为 0～60MPa，压力测量精度为 0.1%FS；

（4）流量测量范围为 20～20000m³/d，流量测量允许误差为 3%；

（5）深度校正采用磁定位、自然伽马；

（6）数据传输采用单芯电缆。

存储式热式质量流量计的主要技术参数如下：

（1）仪器外径为 38mm；

（2）温度测量范围为 0～350℃，温度最大允许误差为 0.5℃；

（3）压力测量范围为 0～40MPa，压力测量精度为 0.1%FS；

（4）流量测量范围为 20～20000m³/d，流量测量允许误差为 3%；

（5）深度校正采用磁定位、自然伽马；

（6）数据传输采用地面回放。

图 5-2-20 为吸气剖面测试示意图。

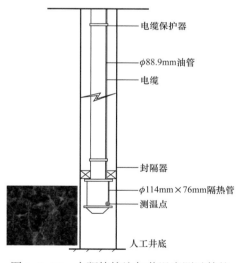

图 5-2-19　火驱笼统注气井温度测试管柱

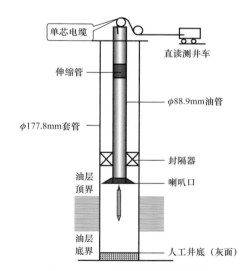

图 5-2-20　吸气剖面测试示意图

3）井间火线监测

在注气井注入气体示踪剂，在对应生产井取样分析示踪剂的产出浓度，利用软件拟合计算，结合储层物性、生产动态进行综合分析，从而掌握注气井的波及情况、井间主流通道、油藏非均质性等情况，为注气参数的调整提供依据。

第三节　稠油转换开发方式举升工艺技术

举升工艺技术是稠油转换开发方式的关键技术之一，稠油生产过程中的工况表现出井筒油稠、黏度大，产液含砂量高，井液温度高且从井底到井口温度范围变化大等特点，因此对于稠油举升设备及工艺的要求与稀油举升有很大不同。

一是要合理地设计参数，包括泵挂深度、抽汲参数、杆柱组合等，稠油要求更大的沉没度以防止蒸汽闪蒸，具体的泵挂参数要根据具体井况条件而定，一般要求泵挂深度沉没度大于 200m；同时稠油要求大冲程、低冲次。此外，由于油稠，在杆柱组合上要求重球、粗杆。

二是辽河油田 SAGD 转换开发中，一般采用的泵径都大于 ϕ95mm，对于这种大泵径的非标准抽油泵，需要有特殊的脱与接的技术，实现柱塞随泵筒先下井后杆柱与柱塞的对接。

三是常规稠油转换开发方式举升都以有杆泵举升为主，但有杆泵对地层砂的耐受性没有螺杆泵强，因此借鉴稀油举升的经验，试验全金属螺杆泵举升，提高对出砂地层的适应性。

一、举升参数优化设计

1. 下泵深度的确定

1）产量确定

首先根据开发方案或配产配注方案中要求的产量和逐年油藏压力保持水平，推算产量和流动压力，或者根据方案中提出的驱替压差要求推算出流动压力。然后根据 IPR 曲线预测产量，或已知产量推算出流动压力。

当 $p_f \geqslant p_b$ 时：

$$q_o = J_o \left(p_s - p_f \right) \tag{5-3-1}$$

当 $p_f \leqslant p_b$ 时：

$$q_b = J_o \left(p_s - p_b \right) + \frac{J_o p_b}{1.8} \left[1 - 0.2 \left(\frac{p_f}{p_b} \right) - 0.8 \left(\frac{p_f}{p_b} \right)^2 \right] \tag{5-3-2}$$

当 $p_f \leqslant p_b$ 且 $f_w \neq 0$ 时：

$$J_1 = \frac{q_1}{\left(1 - f_w \right) \left\{ p_s - p_b + \dfrac{p_b}{1.8} \left[1 - 0.2 \left(\dfrac{p_f}{p_b} \right) - 0.8 \left(\dfrac{p_f}{p_b} \right)^2 \right] + f_w \left(p_s - p_f \right) \right\}} \tag{5-3-3}$$

式中　p_f——流动压力，MPa；

p_b——饱和压力，MPa；

q_o——产油量，m^3/d；

J_o——产油指数，$m^3/(d \cdot MPa)$；

p_s——油层静压，MPa；

J_1——产液指数，$m^3/(d \cdot MPa)$；

q_1——产液量，m^3/d；

f_w——含水率，%。

以上公式中静压、饱和压力都是已知的，而产量、流动压力、含水率是油井日常录取的数据，因此只要有一组数据，就可以求出产油指数或产液指数，确定该井的 IPR 曲线，从而预测产量，进而计算出流动压力。

2）沉没度和沉没压力的确定

（1）公式计算法。

用多相垂直管流模型，计算出井筒中压力分布和液面高度。利用充满系数和沉没压力的关系公式：

$$\eta = \frac{9.81K(p+1)(1+\varphi)}{0.25(G_o - \alpha p)F' + p + 1} \quad (5-3-4)$$

式中　η——充满系数，小数；

K——弹性变形影响系数，这时泵深还没定，只能先初定一个泵深，进行迭代计算，小数；

φ——余隙体积占比，小数；

p——沉没压力（吸入口压力），MPa；

G_o——地面气油比，m^3/m^3；

α——天然气溶解系数，$m^3/(m^3 \cdot MPa)$；

F'——天然气进泵系数。

$$F' = \frac{A_p}{A_c} + \frac{A_p}{A_c - A_t} \quad (5-3-5)$$

式中　A_p——泵径面积，mm^2；

A_c——套管内圆面积，mm^2；

A_t——油管外圆面积，mm^2。

泵筒气液比可用实测油管气液比或者用上述天然气进泵系数乘以气液比，都必须换算到沉没压力下的体积，由于泵深和吸入口压力都是未知数，因此只能用初步设定值进行迭代计算，求出沉没压力，确定下泵深度。

（2）经验法。

确定沉没度的一般原则是，生产气油比较低（小于80）的稀油井，定时或连续放套管压力生产时，沉没度应大于50m；生产气油比较高（大于80）且控制套管压力生产时，沉没度应保持在150m以上；当产液量高、液体黏度大（如稠油或油水乳化液）时，沉没度应该更高（大于 200m）；装气锚时，沉没度应小一些。

当沉没度确定后，便可利用有关计算方法或根据静液柱估算泵吸入口压力。

3）下泵深度的确定

当井底流压和泵吸入口压力确定后，应用多相管流计算方法，可求出泵吸入口在油层中部以上的高度，则下泵深度为油层中部深度减去泵吸入口在油层中部以上的高度（杨志等，2001）。

2. 抽吸参数的确定

为了减轻抽油杆的疲劳，减少弹性变形影响，以及减少泵阀工作次数，原则上按照抽油机的最大冲程来初选冲程。冲程、冲次是确定抽油泵直径、计算选点载荷的前提，选择时应遵循以下原则：

（1）一般情况下应选择大冲程、小泵径的工作方式，这样既可以减小气体对泵效的影响，也可以降低液柱载荷，从而减小冲程损失；

（2）对于原油比较稠的井，一般是选择大泵径、大冲程和低冲次的工作方式；

（3）对于连抽带喷的井，则选用高冲次快速抽汲，以增强诱喷作用；

（4）深井抽汲时，要充分注意振动载荷影响和配合不利区；

（5）所选择的冲程、冲次应属于抽油机提供的选择范围内。

3. 杆柱结构设计

1）悬点载荷的分析计算

抽油机正常工作时悬点所承受的载荷根据性质可分为静载荷、动载荷和其他载荷。静载荷通常是指抽油杆柱和液柱所受重力以及液柱对抽油杆浮力所产生的悬点载荷；动载荷是指由于抽油杆运动时的振动、惯性以及摩擦所产生的悬点载荷；其他载荷主要包括沉没压力、套管压力以及井口回压在悬点上形成的载荷（李美求等，2011；杨波等，2008）。计算悬点载荷所应用的公式如下：

抽油杆重力产生的悬点静载荷 W_r：

$$W_r = q_r g L \tag{5-3-6}$$

式中　q_r——抽油杆质量，kg/m；

　　　g——重力加速度，m/s^2；

　　　L——抽油杆长度，m。

液柱中抽油杆重量产生的悬点载荷 W_{rl}：

$$W_{rl} = W_r(\rho_s - \rho_o)/\rho_s \tag{5-3-7}$$

式中　ρ_s——抽油杆材料密度，kg/m^3；

　　　ρ_o——井液密度，kg/m^3。

液柱重力产生的悬点载荷 W_l：

$$W_l = \rho_o g(A_p - A_r)h \tag{5-3-8}$$

式中　A_p——柱塞截面积，m^2；

　　　A_r——抽油杆截面积，m^2；

　　　h——深度、高度和长度，m。

抽油杆上冲程最大惯性载荷 F_{iru}：

$$F_{iru} = W_r sn^2(1+\lambda)/1790 \qquad （5-3-9）$$

液柱上冲程最大惯性载荷 F_{ilu}：

$$F_{ilu} = W_l sn^2(1+\lambda)\varepsilon/1790 \qquad （5-3-10）$$

$$\varepsilon = (A_p - A_r)/(A_{ti} - A_r) \qquad （5-3-11）$$

式中　s——光杆冲程，m；

　　　n——冲次，次/min；

　　　λ——曲柄连杆半径比值；

　　　ε——加速度变化系数；

　　　A_{ti}——油管连通截面积，m^2。

抽油杆下冲程最大惯性载荷 F_{ird}：

$$F_{ird} = W_r sn^2(1-\lambda)/1790 \qquad （5-3-12）$$

管杆摩擦 F_{rt}：该摩擦力在上冲程和下冲程中都存在，其大小在直井内通常不超过抽油杆重量的 1.5%。

$$F_{rt} = 1.5\% W_r \qquad （5-3-13）$$

活塞套筒摩擦 F_{pb}：该摩擦力在上冲程和下冲程中都存在，一般在泵径不超过 70mm 时，其值一般小于 1717N。

杆液摩擦 F_{rl}：该摩擦力发生在下冲程，其方向向上，是稠油井内抽油杆柱下行遇阻的主要原因。阻力的大小随杆柱下行速度变化，其最大值可近似表示如下：

$$F_{rl} = 2\pi\mu_r \left\{ (m^2-1)/\left[(m^2+1)\ln m - (m^2-1) \right] \right\} v_{max} \qquad （5-3-14）$$

式中　m——油管内径和抽油杆外径比值，等于 d_{ti}/d_r；

　　　v_{max}——杆柱最大下行速度，等于 $\pi sn/60$，m/s；

　　　μ_r——井液黏度，Pa·s。

管液摩擦：

$$F_{lt} = F_{rl}/1.3 \qquad （5-3-15）$$

沉没度对载荷的影响：

$$F_c = h_2 \rho_o g A_p \qquad （5-3-16）$$

式中　h_2——沉没度，m。

套管压力对载荷的影响：

$$F_t = p_t A_p \tag{5-3-17}$$

式中 p_t——套管压力，Pa。

油压对载荷的影响：

$$F_o = p_o(A_p - A_r) \tag{5-3-18}$$

上冲程最大载荷 W_{max}：

$$W_{max} = W_{rl} + W_l + F_{iru} + F_{ilu} + F_{rt} + F_{pb} + F_{lt} - F_c - F_t + F_o \tag{5-3-19}$$

下冲程最小载荷 W_{min}：

$$W_{min} = W_{rl} - F_{ird} - F_{rt} - F_{pb} - F_{rl} - p_i \tag{5-3-20}$$

2）抽油杆强度校核

抽油杆柱设计中较常用的疲劳强度有折算应力强度条件和 API 推荐的最大许用应力强度条件。

（1）折算应力强度条件：循环应力法。

抽油杆柱在工作时承受着交变载荷的作用，因此在抽油杆内产生由最小应力 σ_{min} 到最大应力 σ_{max} 变化的非对称循环应力的作用。抽油杆的疲劳寿命主要取决于最大应力 σ_{max} 和应力幅 σ_a。

$$\sigma_a = \frac{\sigma_{max} - \sigma_{min}}{2} \tag{5-3-21}$$

因此，抽油杆柱必须根据疲劳条件设计。

$$\sigma_{max} = W_{max}/A_r \; ; \; \sigma_{min} = W_{min}/A_r \tag{5-3-22}$$

$$\sigma_c = \sqrt{\sigma_a \sigma_{max}} \tag{5-3-23}$$

抽油杆柱的折算应力强度条件为

$$\sigma_c \leqslant [\sigma_c] \tag{5-3-24}$$

式中 σ_{max}——最大应力，MPa；

σ_{min}——许用应力，MPa；

σ_c——折算应力，MPa；

$[\sigma_c]$——许用折算应力，MPa。

（2）API 最大许用应力强度条件。

API 推荐的最大许用应力条件是以修正 Goodman 应力图作为依据。图中的纵坐标为抽油杆柱的最大许用应力 σ_{max}，横坐标为最小工作应力 σ_{min}。图中阴影三角区为疲劳安全区，抽油杆的应力点落在该区内，将不会发生疲劳破坏。根据修正的 Goodman 应力图，抽油杆柱的最大许用应力与最小工作应力的关系为

$$[\sigma_{\max}] = (\sigma_{b}/4 + 0.5625\sigma_{\min})F \tag{5-3-25}$$

式中　$[\sigma_{\max}]$——最大许用应力，MPa；

　　　$\sigma_{\min}$——最小工作应力，MPa；

　　　σ_{b}——抽油杆的最小抗拉强度，MPa；

　　　F——抽油杆使用系数，与油井液体腐蚀有关，取 $F=1$。

要保证抽油杆不发生疲劳破坏，实际的抽油杆最大应力不能超过上式计算出的许用应力，即满足强度条件：

$$[\sigma_{\max}] \geqslant \sigma_{\max} \tag{5-3-26}$$

应力范围比：

$$SR = \frac{\sigma_{\max} - \sigma_{\min}}{[\sigma] - \sigma_{\min}} \times 100\% \tag{5-3-27}$$

一般要求 SR 在小于 1 的情况下越大越好，以保证在安全的前提下使抽油杆利用率达到最大。

4. 抽油泵的确定

泵径是根据前面确定的冲程、冲次、设计排量及泵效，由式（5-3-28）计算得出。

$$Q_{o} = 360\pi d_{p}^{2} s n \eta_{v} \tag{5-3-28}$$

式中　Q_{o}——设计排量，m³；

　　　d_{p}——泵径，m；

　　　s——冲程，m；

　　　n——冲次，min⁻¹；

　　　η_{v}——泵效。

5. 抽油机及其他

选择抽油机时，要求 $W_{\max} < [W_{\max}]$，所选择的抽油机能够提供之前确定的冲程、冲次。其他附属设备要根据油井的具体情况和某些特殊要求进行选择。此外，还要考虑这些设备应满足以后参数调整以及油井条件变化的需要。

举升参数优化设计是一个相互验证的过程，如泵径的影响因素包括配产、冲程、冲次等，冲程、冲次是根据抽油杆设计的结果，同时泵径、产量、冲程、冲次影响最大悬点载荷，控制着抽油机选型，抽油机型号直接决定最大冲程，因此在举升优化设计过程中需要多次计算，优选合适的举升参数，或根据生产需求及实际情况，首先确定不变量，方便确定其他参数。

二、有杆泵

用于稠油举升的有杆泵有很多类型，本书不进行一一介绍，只重点介绍"十三五"

期间形成的 SAGD 大排量泵、火驱特种泵及全金属螺杆泵，以及相应的配套举升工艺。

1.SAGD 大排量泵

随着 SAGD、水平井、蒸汽驱等技术的发展，辽河油田的高温高产油井日渐增多，对举升技术的需求日益迫切。标准泵径的抽油泵不能满足 SAGD 油井的产量要求。形成了一项泵径为 70～140mm 的综合性系列化的配套技术，为 SAGD 采油技术的进一步应用奠定了基础，填补了国内非标准大泵径抽油泵的技术空白。SAGD 大排量举升工艺技术的核心是研制 ϕ108mm 以上规格的非国标泵径耐高温抽油泵。

SAGD 大泵的制造工艺为 45# 精拔→滚压校直→珩磨→镀铬→珩磨＋抛光，最终形成泵筒。该种加工工艺的特点是泵筒变形量小，镀层结合力强，不易脱落，泵筒质量高。泵筒的表面处理工艺则采用铬化合物电镀，表面直线度精度为 0～0.04mm。

表 5-3-1 中列出了 SAGD 大排量泵技术指标。

表 5-3-1　SAGD 大排量泵技术指标

名称	技术参数（设计 / 测量）
泵径系列	108mm，120mm，140mm
最大冲程	8000mm
间隙	≤0.22mm/0.20～0.22mm（参考国外泵）
泵筒长度	10500mm
泵筒处理方法	镀铬
泵筒内表面硬度	HRC67-71
泵筒处理层平均厚度	0.07～0.10mm
柱塞总成长度	1300mm
柱塞处理方法	Ni-Fe-Si 基粉末喷焊
柱塞表面硬度	HRC55-58/HRC55-58
柱塞处理层厚度	0.25mm/0.25～0.27mm
阀球直径（游动 / 固定）	83mm/95mm
辅助功能	防气、防止井斜影响
脱接器工作方式	往复对接自锁

2. 火驱特种泵

Ⅰ代火驱特种泵泵筒采用刚玉泵筒，具有较强的防腐蚀、耐磨性能；柱塞采用自润滑性和耐磨、耐腐性良好的普通长柱塞，具有较好的金属韧性和可塑性。

目前形成了Ⅱ代火驱特种抽油泵，相对于Ⅰ代火驱特种泵，主要的改进之处是柱塞采用喷焊非晶态金属，非晶态合金柱塞硬度能达到 HRC60 以上，在保留相同的防腐性的同时，摩擦系数从镍基合金柱塞的 0.35～0.65 降低至 0.09～0.11，从而提高了耐磨性，降低了泵效递减幅度，延长了高效举升持续时间。

图 5-3-1 为火驱特种泵结构示意图。

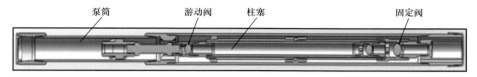

图 5-3-1　火驱特种泵结构示意图

非晶态长柱塞的性能优势如下：

（1）非晶态长柱塞采用美国液态金属公司生产的 ARMACOR 非晶态丝材，该特殊材料性能优异。

（2）非晶态长柱塞采用超音速电弧喷涂加高温熔融二次成型工艺。

（3）非晶态长柱塞硬度能达到 60HRC 以上，且由于其表面具备的高弹性模量特点，在耐磨损方面远超 Ni 基涂层。

（4）非晶态长柱塞的涂层由于没有晶界，其耐腐蚀性也比 Ni 基涂层有很大的提升。

3. 全金属螺杆泵

热采普遍采用有杆泵，螺杆泵由于耐温问题很少在稠油开采中应用。在示范工程的运行过程中，采用新的思路，设计并研发了一种定子和转子都是金属的"全金属螺杆泵"，用于热采稠油的举升试验。

1）结构

耐高温全金属螺杆泵由金属定子、金属转子和限位器三部分组成。金属定子采用 38CrMoAl 作为定子母材，通过高精密数控车床完成双螺旋 1～4m 内深孔一次成型。实际使用时，将金属定子、限位器组成的固定组件随油管下入固定位置，转子随抽油杆下入金属定子内，完井后可进行生产。转子与一体化金属定子的螺旋状间隙配合形成连续密封的腔体，随着转子的转动，密封腔由吸入端沿轴向向排出端推移，随之介质也由吸入端到达排出端。

图 5-3-2 为全金属螺杆泵结构图。

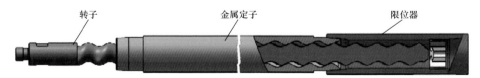

图 5-3-2　全金属螺杆泵结构图

2）尺寸

（1）排量计算。

当螺杆泵转动一周（2π）时，封闭腔中的液体沿 Z 轴（螺杆泵几何中心线）移动的

距离为 $T=2t$。在任意横截面内，液体占有的面积为定子截面积与转子截面积之差，即 $4e \times 2R = 8eR = 4Ed$，因此每转一周，泵的理论排量为

$$q = 4eDT \times 10^9 \tag{5-3-29}$$

泵的理论排量与转速成正比，即

$$Q_{th} = 1440 \times 4eDTn \times 10^9 \tag{5-3-30}$$

式中 Q_{th}——泵的理论排量，m^3/d；

      q——螺杆泵（转子）每转一周的理论排量，m^3；

      e——泵的偏心距，变化值范围为 $1\sim8mm$；

      D——螺杆泵转子的直径，mm；

      T——定子导程，mm；

      n——螺杆泵转子转速，r/min。

（2）参数确定。

① 偏心距 e、直径 D 和导程 T。

对现有单螺杆泵的结构和使用情况进行分析表明，在 e、D 和 T 三者间存在一定联系，只有在这三个参数维持一定比例的条件下，单螺杆泵才能保证高效率和长期工作（付亚荣等，2017）。

对于采油用的小排量、高压头的单螺杆泵，可取下列比值：

$$2 \leqslant \frac{T}{D} \leqslant 2.5 \tag{5-3-31}$$

$$28 \leqslant \frac{T}{e} \leqslant 32 \tag{5-3-32}$$

对于采油用的大排量、中压头的单螺杆泵，可取下列比值：

$$5 \leqslant \frac{T}{D} \leqslant 15 \tag{5-3-33}$$

$$50 \leqslant \frac{T}{e} \leqslant 70 \tag{5-3-34}$$

以螺杆泵最大排量设计为 $100m^3/d$ 为例，属于大排量、中压头系列，采用式（5-3-33）及式（5-3-34）比值，由于直径 D 受油管直径限制，因此以直径 D 为计算基础。

$$D = \sqrt[3]{\frac{15mQ}{k^2 m\eta_v}} \quad T = \sqrt[3]{\frac{15mkQ}{m\eta_v}} \quad e = \sqrt[3]{\frac{15kQ}{m^2 m\eta_v}} \tag{5-3-35}$$

$$k = \frac{T}{D} \quad m = \frac{T}{e}$$

综合以上计算方法，最终确定：$e=4mm$，$D=50mm$，$T=250mm$。

② 定子、转子长度。

定子工作部分的长度 L 可由下式确定：

$$\Delta p \frac{L}{T} = \rho g H \qquad (5-3-36)$$

式中　ρ——液体密度，kg/m^3；

　　　g——重力加速度，m/s^2；

　　　H——泵挂深度，m；

　　　Δp——定子单个导程压力梯度，可选择在 0.5～0.7MPa 范围内。

当取 H=800m 时，通过理论计算得 L=3920mm。

3）材质选择

表 5-3-2 为定子材料分析表。

表 5-3-2　定子材料分析表

材质	抗拉强度 σ_b/MPa	屈服强度 σ_s/MPa	延伸率 δ_5/%	断面收缩率 ψ/%	布氏硬度/HB	备注
45 钢	≥600	≥355	≥16	≥40	≤197	调质后综合机械性能良好
38CrMoAl	≥980	≥835	≥14	≥50	≤229	氮化后，强度、硬度较高，耐磨性良好
40Cr	≥980	≥785	≥9	≥45	≤207	调质处理后具有良好的低温冲击韧性和低的缺口敏感性
304 不锈钢	≥520	≥205	≥40	≥60	≤187	很强的耐腐蚀性能，一定的耐温性能

通过数据对比分析，45 钢、38CrMoAl、40Cr 和 304 不锈钢 4 种材质均具有较高的力学性能。其中，40Cr 具有良好的硬度和韧性，有利于定子机械加工成型，但后续表面处理难度大，综合性能提升不足；38CrMoAl 作为最好的氮化材料，经氮化热处理后基体母材具有更高的硬度和耐磨性能。综合以上材质，选取 38CrMoAl 作为定子母材，具有良好的综合性能。

4.脉冲辉光离子低温氮化工艺

表 5-3-3 为热处理工艺参数表。

表 5-3-3　热处理工艺参数表

热处理方法	碳氮共渗	渗碳	镀铬	脉冲辉光离子氮化	盐浴钛氮化
温度/℃	820～870	900～950	40～45	540～610	540～570
硬度/HV	620～740	660～740	800～1100	900～960	910～990

通过数据对比，碳氮共渗与渗碳热处理温度过高，定子基体母材 38CrMoAl 高温易变形；镀铬所需温度最低，且硬度最大，但一体化定子的内孔特殊的双螺旋表面结构镀层均匀性差，造成贫铬区，且金属螺杆泵高速旋转运动会造成镀层脱落形成卡泵；盐浴钛氮化热处理尺寸局限于中小件，且氮化工艺环保要求高，已不适用于当前工业生产；脉冲辉光离子氮化属于低温氮化，通过 920℃高温淬火、600℃回火定型、540℃低温氮化，最终形成厚度超过 0.05mm，硬度大于 900HV，具有良好的硬度、耐磨性和耐腐蚀性的氮化表面。

通过多种热处理工艺对比分析，加工成型后选择脉冲辉光离子氮化工艺，提高定子内表面硬度、耐磨性和耐腐蚀性。

图 5-3-3 为辉光离子氮化效果图。

图 5-3-3　辉光离子氮化效果图

5. 稠油举升一体化管柱设计

针对辽河油田稠油热采特点，研制出耐高温全金属螺杆泵一体化举升管柱，可实现注汽—焖井—放喷—转抽多轮次注蒸汽吞吐一体化作业。

图 5-3-4 为全金属螺杆泵举升管柱图。

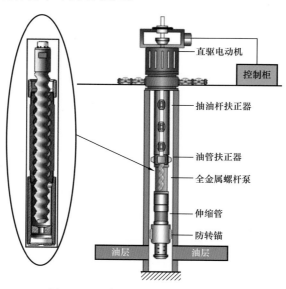

图 5-3-4　全金属螺杆泵举升管柱图

三、举升配套工艺技术

1. 火驱三相分离配套工具

自主设计了井下自旋转双级螺旋油气分离装置。该装置由进液腔和气液分离腔两部分组成，在两个腔内创新设计了多组螺旋转子和轴承，随着抽油泵抽汲和管柱不停蠕动，转子不停转动，充分利用了气体的滑脱效应、离心效应、气泡捕集效应和气帽排气效应，具有气液的多次分离功能。抽油泵上冲程实现了 2 次气液旋转离心分离、2 次负压分离、2 次气泡滑脱和 2 次气泡捕集共 8 次气液分离，使气体析出最大化。抽油泵下冲程实现了 1 次气液旋转离心分离、1 次负压分离和 1 次气泡捕集共 3 次气液分离，使气体析出不间断。气泡分离能力从 $\phi2mm$ 气泡提高至 $\phi0.4mm$ 气泡，最大限度地降低气液比，进一步提高了泵效和单井产量。

表 5–3–4 为该高效气体分离装置性能参数表。

表 5–3–4　高效气体分离装置性能参数表

项目		规格
		ZSQM–114
钢体内径通径 /mm		45.5
钢体最大外径 /mm		114
钢体长度	进液腔 /mm	4788
	气液分离腔 /mm	3133
气泡析出直径范围 /mm		0.1～0.4
两端连接螺纹		$2^7/_8$in TBG

2. SAGD 大泵脱节器

由于大泵的柱塞尺寸大于油管内径，因此下泵的过程中柱塞需要随泵筒一起下入，然后通过特殊装置——脱接器实现抽油杆与柱塞的对接。

脱接器采用自锁式结构，由爪簧和锁套构成，释放时由释放接头强制脱开。为适应 120mm 长柱塞结构，脱接下接头和扶正导向管增加了导向和扶正结构，减小了由于井斜造成的偏心对对中的影响（图 5–3–5）。长柱塞工作至上冲程时，由于柱塞较长，会伸出在泵筒外一段距离，在井斜影响下，会产生一定的挠曲。

图 5–3–5　脱接器结构示意图

同时，脱接扶正器上端加装释放管来引导长柱塞进行工作，对长柱塞以及脱接器起扶正作用，增强脱接器的稳定性，可以保证大直径长柱塞抽油泵脱接器工作的稳定性，避免在井斜较大条件下偏心对对接的影响，减小大直径长柱塞在上冲程时由于井斜和重力造成的挠曲，增强大直径长柱塞抽油泵的工作稳定性。

第四节　稠油转换开发方式调堵工艺技术

随着稠油转换开发方式的深入进行，层间及层内窜通的问题也逐渐暴露出来并且影响生产，因此稠油调堵工艺是保证有效开发的关键技术。同时，在稠油调堵中还有几个与稀油调堵不同的问题。稠油调堵最关键的就是药剂要耐温，注入蒸汽时井底温度能达到300℃，如此高温条件下如何保证调堵剂长期实现有效封堵是稠油开发中最关键的问题。稠油要通过注入气体（氮气、二氧化碳、减氧空气等）补充地层能量，以提高回采水率和缩短排水期。此外，火驱生产井上窜通过的尾气中含氧，对于含氧的伴生气体，如何在地层调堵中消耗掉从而保证生产的安全，也是关键技术之一。稠油调堵中还会有许多其他问题，如如何设计组合段塞与药剂达到相辅相成的效果等。

本节主要介绍了耐高温的调剖剂、复合的段塞注入工艺、针对火驱生产井含氧消耗的技术，以及形成的技术在辅助增能、蒸汽驱窜通井、火驱窜通井中的应用。

一、吞吐井调剖工艺技术

油泥是油田开发过程中产生的主要污染物之一。近年来，由于中国环保法规的逐步完善和绿色环保发展的要求，油泥治理问题日益引起人们的关注。辽河油田每年产生油泥18.8×10^4t，历史囤积5×10^4t，由于油泥没有科学有效的处理途径，污水厂和联合站存储能力已达极限，严重威胁到原油生产的正常运行。针对上述问题，开发出一种高效廉价的油泥处理技术，研制出油泥调剖配方体系，形成油泥调剖不同段塞组合注入工艺。同时，建立了一套油泥调剖工艺技术规范，为油泥调剖现场施工提供科学指导。

1. 油泥调剖的封堵机理

油泥调剖的主要封堵机理是利用油泥产于油层、与油层有良好配伍性及其自身含有一定含量固相颗粒的有利因素，对油泥实施化学处理，变成油泥调剖剂，用于高渗透率热采井调剖，封堵高吸汽层和汽窜通道，扩大波及体积，提高油层动用程度，从而提高稠油热采井的开发效果（赵金省等，2007）。

2. 污油泥调剖剂配方体系

1）污油泥颗粒调剖剂

该体系以油泥为基本原料，加入不同粒径、不同浓度的固相颗粒后，将油泥调配成具有一定悬浮性和稳定性的颗粒型调剖剂，注入地层后产生桥架作用，对地层孔道进行封堵，从而改善地层非均质性，提高稠油热采吞吐效果。该体系悬浮时间大于6.5h，封堵率在 45%～84% 之间可调。该体系适用于封堵高渗透率储层和大孔道、汽窜通道等。

图 5-4-1 显示了污油泥颗粒调剖剂。

图 5-4-1　污油泥颗粒调剖剂

2）油泥改性高温封口剂

油泥改性高温封口剂由油泥、固化剂、增强剂、活化剂、悬浮剂等按适当比例复配而成，通过控制温度和活化剂的用量，来调节成胶速度和成胶后的强度。该体系在成胶前黏度低，利于泵注；在地层中成胶后，强度高，耐温性好，能够满足蒸汽条件下的耐蒸汽高温冲刷的要求，并长期有效。该体系耐温 350℃，突破压力大于 10.5MPa，封堵率不小于 92%。该体系对稠油井的近井地带进行高强度封堵，有利于提高油泥调剖的有效期，最终提高调剖施工效果。

图 5-4-2 显示了油泥改性高温封口剂。

图 5-4-2　油泥改性高温封口剂

3. 油泥调剖剂适用性及性能指标

选井原则如下：

（1）注汽压力较低（小于 13MPa）、地下亏空大的稠油热采井；

（2）生产历史有汽窜史的稠油热采油井；

（3）纵向动用不均、需改善动用程度的稠油热采井；

（4）井筒无套管变形，或有轻微套管变形但不影响冲砂作业的油井。

基于室内研究成果和现场施工经验，针对不同类型油藏条件，规范不同油藏调剖用油泥性能参数，包括油泥黏度指标和油泥调剖封堵率指标，为现场实施提供技术指导。

（1）对于地层亏空大的超稠油油藏，油藏储层物性好，高孔隙度、高渗透率，要求现场调剖用配制的油泥具有更高的黏度，并且满足施工泵注条件，具体指标如下：

① 调剖用污油泥黏度范围为 90～550mPa·s；

② 污油泥调剖封堵率范围大于 90%。

（2）对于存在高渗透率储层和大孔道、汽窜通道的稠油油藏，要求现场调剖用配制的油泥具有较高的黏度，并且满足施工泵注条件，具体指标如下：

① 调剖用油泥黏度范围为 70～300mPa·s；

② 油泥调剖封堵率范围大于 80%。

4. 油泥调剖剂注入工艺

针对不同类型油藏生产矛盾和现场实际情况，设计油泥调剖不同段塞组合注入工艺和注入参数，使其满足污油泥调剖现场施工的需求。

1）常规油泥调堵注入工艺

对于地层亏空大的超稠油油藏，段塞配方为油泥 + 油泥颗粒调剖剂 + 油泥改性高温封口剂。其中，第一段塞采用流动性较好的污油泥段塞对油层进行预处理，填充亏空地层，建立起封堵强度；第二段塞采用油泥颗粒调剖剂对油层进行"填缝"处理，提高封堵强度；第三段塞使用油泥改性高温封口剂进行封口。该段塞配方体系耐温 350℃，封堵率大于 93%。同时，现场注入排量控制在 6～15m³/h，施工压力控制在 15MPa 以下。

对于高渗透率储层和大孔道、汽窜通道的稠油油藏，段塞配方为油泥 + 油泥改性高温封口剂。其中，第一段塞采用流动性较好的油泥段塞对油层进行预处理，填充高渗透率储层和大孔道、汽窜通道，建立起封堵强度，最后使用油泥改性高温封口剂进行封口，形成耐高温蒸汽冲刷的保护段塞。该段塞配方体系耐温 350℃，封堵率大于 82%。同时，现场注入排量控制在 6～15m³/h，施工压力控制在 15MPa 以下。

2）高强度油泥调堵注入工艺

对于部分高周期超稠油油藏汽窜严重、亏空大、地层压力低，施工过程中压力上升缓慢甚至负增长的情况，段塞组合设计为油泥颗粒调剖剂 + 凝胶颗粒调剖剂 + 无机凝胶封口剂或凝胶颗粒调剖剂 + 油泥颗粒调剖剂 + 无机凝胶封口剂，根据油井实际情况调整油泥段塞和凝胶段塞的注入顺序，根据现场施工情况调整各段塞用量和浓度。该段塞配方体系耐温 350℃，封堵率大于 93%。同时，现场注入排量控制在 6～15m³/h，施工压力控制在 15MPa 以下。

二、汽驱高温调剖工艺技术

1. 汽驱高温调剖剂配方体系

汽驱高温调剖剂主要由强凝胶堵剂和耐高温无机凝胶封口剂相结合而成，现场实施时分段塞注入。其中，强凝胶堵剂起到地层深部调堵的作用，具有较好的抗温性和封堵性能；耐高温无机凝胶封口剂用于近井地带封堵，具有较好的耐温性能和耐蒸汽冲刷性能，主要起到隔挡蒸汽的作用，保护前段凝胶堵剂不被蒸汽破坏，提高封堵效果，延长封堵有效期。通过多段塞的组合应用，能够实现高温下地层深部调堵，减少井间汽窜的程度，提高汽驱井组的采收率（龙华等，2002）。

1）强凝胶调剖剂

强凝胶调剖剂主要由聚丙烯酰胺、有机交联剂、耐高温油溶性树脂、橡胶粉、无机增强剂及热稳定剂组成。聚丙烯酰胺和有机交联剂在一定的时间内可形成黏度大于 $1.5 \times 10^5 mPa \cdot s$ 的凝胶，该凝胶耐温可达 200℃ 以上。在凝胶调剖剂中加入耐高温油溶性树脂、橡胶粉及无机增强剂，对大孔道和高渗透率层起到填充、压实作用。填充的橡胶粉是一种柔性颗粒，具有高压变形作用，能够进入微小通道形成封堵作用。刚柔相结合的填充颗粒能有效增加耐高温堵剂的封堵强度，该堵剂具有封堵强度高、耐高温等特点。

强凝胶调剖剂技术指标如下：（1）成胶温度为 40～110℃，成胶时间在 8～72h 可调；（2）使用温度为 40～220℃；（3）胶体黏度不小于 $1.5 \times 10^5 mPa \cdot s$；（4）封堵率不小于 95%。

2）耐高温无机凝胶封口剂

耐高温无机凝胶封口剂通过控制温度和无机/有机复合活化剂的用量，来调节成胶速度和成胶后的强度，稠化时间在 30min 至 8 天的范围内可调，终凝时间在 10h 至 16 天之间可调。该高温调剖剂在成胶前黏度低，利于泵注；在地层中成胶后，强度高，耐温性好，能够满足蒸汽驱条件下的耐热、耐蒸汽冲刷的要求，并长期有效。

耐高温无机凝胶封口剂技术指标如下：（1）工作液黏度为 70～100mPa·s；（2）成胶温度为 40～95℃，成胶时间为 8～240h 可调；（3）耐温不小于 350℃；（4）突破压力大于 9MPa/m；（5）封堵率不小于 95%。

2. 现场应用及效果

汽驱高温调剖技术在辽河油田洼38、齐40等区块累计实施 15 井次，措施有效率达到 85.6%，有效封堵汽窜通道，提高了蒸汽波及体积和汽驱开发效果。

1）注 20-15 井应用效果

注 20-15 井是洼 38 块蒸汽驱的一口注汽井，该井组于 2008 年 8 月转驱，该汽驱井组对应有 8 口生产井，2013 年由于高含水率关井 2 口（20-16C 和 19-15C），6 口生产井平均含水率为 92.94%，其中有 3 口井温度较高，井组日产油量仅为 9.46t。

该井于 2013 年 11 月进行汽驱高温调剖现场试验，累计注入高温调剖剂 996m³。措施后，有效封堵了汽窜通道，截至 2015 年 1 月 28 日，井组增油 534t，平均日增油 2.6t，含水率下降 2.2 个百分点（图 5-4-3）。

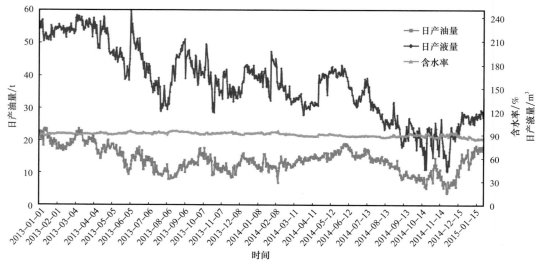

图 5-4-3　洼 20-15 井调剖前后生产曲线

2）洼 22-17 井应用效果

洼 22-17 井中心注汽井于 2012 年 9 月转驱，该汽驱井组对应有 9 口生产井，4 口生产井含水率都在 90% 以上，井组日产油量仅为 10.4t。

该井于 2014 年 9 月 22 日进行高温调剖 + 高温泡沫调驱试验，累计注入高温调剖剂 1386m³。措施后注汽压力较措施前提高 1MPa，截至 2015 年 1 月 28 日，井组阶段增油 332t，平均日增油 4.9t，含水率下降 2.6 个百分点（图 5-4-4）。通过技术的现场应用，解决了蒸汽汽窜、超覆，提高了蒸汽平面上驱油效率。

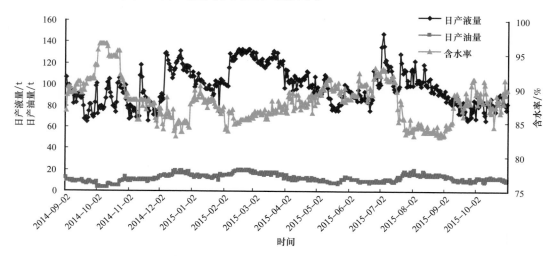

图 5-4-4　洼 22-17C 井调剖前后生产曲线

三、火驱防窜堵窜工艺技术

1. 火驱调堵剂配方体系

1）火驱注气井高温调剖剂配方体系

（1）增强泡沫调剖剂。

增强泡沫调剖剂由阴离子表面活性剂与非离子表面活性剂复配而成，同时加入增稠剂、固泡剂，可以形成稳定、高效的发泡剂体系（赖书敏等，2010）。将该配方体系溶液与空气同时注入井筒，在地层中形成连续、持久的泡沫，通过泡沫的贾敏效应，实现吸气剖面调整和地层中气流转向，减少气窜现象，扩大火驱波及体积（张守军，2017）。

（2）有机凝胶 + 超细无机颗粒调剖剂。

考虑到常规凝胶体系封堵率较大、有可能造成后续注气困难，因此选用黏度更低、流动性更好的胶态分散凝胶作为调剖剂，实现远井地带暂时封堵。超细无机颗粒溶液由钠基膨润土、润湿分散剂和水组成。通过在膨润土中加入润湿分散剂，促进膨润土颗粒溶胀分散，因此黏土颗粒难以进入正常地层孔隙，只能进入大孔道、气窜通道，进而与其中的凝胶发生絮凝作用，达到封堵的目的。该体系适用于转火驱前或在火驱中需要作业后重新点火的注气井。

2）火驱生产井高温封窜剂配方体系

以聚合物凝胶堵剂、无机凝胶堵剂等为基础，通过配方改进、段塞组合等手段，研制出 3 种生产井封窜体系，能够有针对性地对不同井况的气窜生产井实施封窜。

（1）有机凝胶 + 柔性颗粒配方体系 FCJ–Ⅰ。

该体系封堵率相对较低，可以起到一定的封堵作用，适用于尾气量不大于 $4000m^3$、套管变形比较严重、后续作业比较困难的生产井。

（2）有机凝胶 + 柔性颗粒 + 无机封口剂配方体系 FCJ–Ⅱ。

该体系是在 FCJ–Ⅰ 的基础上加上无机封口剂，起到对前置凝胶段塞的保护作用，耐温性能更好，适用于尾气量不小于 $4000m^3$、气窜现象严重的生产井。

（3）污油泥 + 有机凝胶 + 无机封口剂配方体系 FCJ–Ⅲ。

该体系适用于尾气量不小于 $4000m^3$、含氧量大于 3% 的生产井，由于其前置段塞是污油泥段塞，污油泥中一定含量的颗粒可以起到封堵作用，更主要的是污油泥中含有一定的原油，原油将与地层中的氧气发生低温氧化反应，使气体中氧气含量降低，起到降低含氧量和封堵双重作用。

2. 火驱防窜堵窜施工工艺

通过室内理论调研和物理模拟试验，同时结合稠油火驱措施井不同的井况条件，采取相应的封窜施工工艺，同时设计火驱措施井的施工参数。

（1）对于套管变形、不能进行常规填砂作业等井况差的措施井，采取笼统封窜工艺，施工程序为注入凝胶颗粒段塞、洗井作业、注入无机封口剂段塞、洗井作业、注汽。

（2）对于套管良好等井况好的措施井，由于火驱开发主要是上层油藏受效，因此可以对下层油藏进行常规填砂作业保护起来，对上层油藏进行封窜施工，实现分层封窜，这样施工效果更好，针对性更强。施工程序为填砂作业、注入凝胶颗粒段塞、洗井作业、注入无机封口剂段塞、注汽、冲砂作业。

（3）为保证现场火驱注采井化学调控技术施工的顺利安全完成，同时为保护套管安全，降低施工风险，现场施工过程中，通过施工排量动态调整施工注入压力，要求注气井调剖的施工压力控制在5MPa以内，生产井封窜中凝胶颗粒段塞施工压力控制在10MPa以内，无机封口剂段塞施工压力控制在15MPa以内。

图5-4-5为火驱生产井封窜工艺示意图。

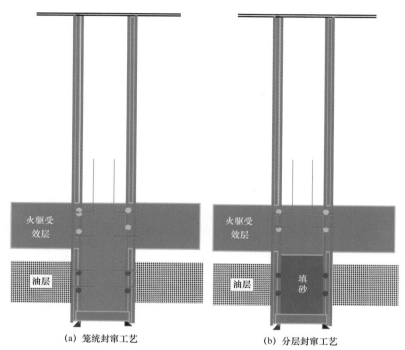

(a) 笼统封窜工艺 (b) 分层封窜工艺

图5-4-5 火驱生产井封窜工艺示意图

3. 现场应用及效果

该技术在辽河油田杜66区、锦91块等开展41口井的现场应用，措施后注气井的注气压力、纵向吸气情况和平面见效程度发生明显改变，措施后生产井尾气量、尾气含氧量降低明显，气窜问题得到有效改善，增油、降水效果显著。现场应用表明，该技术可以改善储层非均质性，封堵气窜通道，扩大火线波及体积，提高油层动用程度，是提高火驱开发效果的有效方法。

曙1-43-038井措施前日产液4m³，平均日产油1t，日产气8000m³以上。该井于2014年3月进行封窜施工，累计注入封窜剂800m³，注入压力12MPa。措施后日产液12m³，平均日产油6t，日产气1300m³，周期对比增油835t。图5-4-6显示了曙1-43-038井生产曲线。

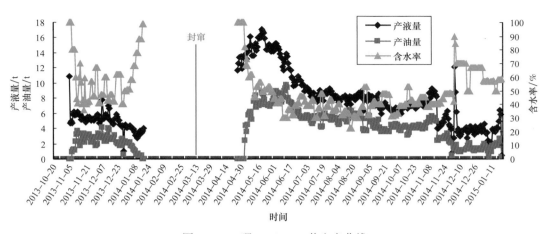

图 5-4-6　曙 1-43-038 井生产曲线

参 考 文 献

柏松林，丁雷，2006.水解酸化工艺改善油田采出水生物降解性能［J］.哈尔滨商业大学学报（自然科学版），22（5）：35-37.

曹嫣镔，刘冬青，唐培忠，等，2006.泡沫体系改善草20区块多轮次吞吐热采开发效果技术研究［J］.石油钻探技术，34（2）：65-68.

曹正权，马辉，姜娜，等，2006.氮气泡沫调剖技术在孤岛油田热采井中的应用［J］.油气地质与采收率，13（5）：75-77.

曹宗仑，陈进富，冯英明，等，2007.水解酸化—接触氧化工艺处理稠油污水［J］.工业水处理，27（1）66-68.

陈磊，刁杰，2018.渤海某油田斜板除油器处理效果影响因素分析［J］.石化技术，25（3）：113-114.

陈洪玲，吴玮，2013.颗粒稳定乳液和泡沫体系的原理和应用（Ⅰ）——Pickering乳液的稳定机制和影响因素［J］.日用化学工业，43（1）：10-15.

陈启东，左志全，2014.不同侧向入口旋风分离器流场数值分析［J］.中国工程科学，16（2）：58-67.

杜锐，周广陈，刘先勇，等，2006.双稳态膨胀筛管设计原理及其应用［J］.石油机械，34（6），79-82.

樊玉新，魏新春，胡新玉，等，2014.风城油田超稠油污水旋流分离技术［J］.新疆石油地质，35（6）：713-717.

付亚荣，马永忠，李小永，等，2017.螺杆泵定子与转子轴向间隔的调整方法［J］.石油机械，45（2）：103-105.

高永荣，刘尚奇，沈德煌，等，2003.超稠油氮气、溶剂辅助蒸汽吞吐开采技术研究［J］.石油勘探与开发，30（2）：73-75.

葛嵩，卢祥国，刘进祥，等，2018.纳米颗粒氮气泡沫体系的封堵效果及参数优化［J］.石油化工，47（8）：855-860.

龚姚进，户昶昊，宫宇宁，等，2014.普通稠油多层火驱驱替机理及波及规律研究［J］.特种油气藏，21（6）：83-86.

关文龙，马德胜，梁金中，等，2010.火驱储层区带特征实验研究［J］.石油学报，31（1）：100-104.

关文龙，梁金中，吴淑红，等，2011.矿场火驱过程中火线预测与调整方法［J］.西南石油大学学报（自然科学版），33（5）：157-161.

关文龙，张霞林，席长丰，等，2017.稠油老区直井火驱驱替特征与井网模式选择［J］.石油学报，38（8）：936-946.

郭玲玲，刘涛，刘影，等，2019.蒸汽驱中–后期间歇注热理论模型与现场试验［J］.石油学报，40（7）：823-829.

何龙，李忠权，李洪奎，等，2015.火烧油层注气流量对火驱前缘影响的室内研究［J］.长江大学学报（自科版），12（2）：68-71.

何超兵，2009.PACT/WAR系统在龟山工业区污水处理厂中的应用［J］.中国给水排水，25（10）：36-39.

何万军，木合塔尔，董宏，等，2015.风城油田重37井区SAGD开发提高采收率技术［J］.新疆石油地质，36（4）：483 –486.

胡纪军，2007. 旋流分离技术处理稠油污水［J］.油气田地面工程，26（6）：9.

胡新洁，2011. 生化处理技术在含油污水处理中的应用［J］.油气田环境保护，21（3）：36-38.

黄海波，任得科，2004. 生化法污水处理工艺在河南油田稠油污水处理中的应用［J］.中国资源综合利用 （5）：24-26.

黄继红，关文龙，席长丰，等，2010. 注蒸汽后油藏火驱见效初期生产特征［J］.新疆石油地质，31（5）： 517-520.

贾江涛，施安峰，王晓宏，2014.辅助溶剂对 SAGD 开采效果影响的数值模拟研究［J］.特种油气藏，21 （5）：99-102.

姜岩，吴迪，任南琪，等，2009. 生物技术在油田地面处理系统中的应用研究进展［J］.化工进展，28 （9）：1489-1495.

蒋海岩，袁士宝，李杨，等，2016.稠油氧化阶段划分及活化能的确定［J］.西南石油大学学报（自然科学 版），38（4）：136-142.

赖书敏，刘慧卿，庞占喜，2010.高温氮气泡沫调驱发泡剂性能评价实验研究［J］.科学技术与工程，10 （2）：400-404.

郎成山，2020. 蒸汽驱操作条件优化模型与动态调控方法研究［D］.大庆：东北石油大学.

李秋，易雷浩，唐君实，等，2018.火驱油墙形成机理及影响因素［J］.石油勘探与开发，45（3）：474- 481.

李美求，周思柱，王宏丽，2011.抽油机驴头设计中的载荷分析［J］.机械传动，35（8）：72-74.

李树超，周蕾，2006.生物处理油田采出水研究现状及发展方向［J］.石化技术，13（3）：53-56.

李伟光，朱文芳，吕炳南，2003.混合菌培养降解含油废水的研究［J］.给水排水，29（11）：42-44.

李小丽，王茹燕，苏朱刘，2015.电位法在稠油油藏火驱火线前缘监测中的应用［J］.长江大学学报（自 科版），12（5）：40-43.

李玉华，任刚，2006.粉末活性炭强化 SBR 法处理有机化工废水应用研究［J］.哈尔滨工业大学学报， 38（12）：2094-2097.

李玉君，任芳祥，2013. 超稠油水平井双管柱开采技术［J］.特种油气藏，20（1）：126-128.

李玉君，任芳祥，杨立强，等，2013.稠油注蒸汽开采蒸汽腔扩展形态 4D 微重力测量技术［J］.石油勘 探与开发，40（3），381-384.

李兆敏，王鹏，李松岩，等，2014.SiO_2 纳米颗粒与 SDS 对 CO_2 泡沫的协同稳定作用［J］.东北石油大 学学报，38（3）：110-115.

廖华林，董林，牛继磊，等，2019.砾石充填条件下筛管堵塞与冲蚀特性试验［J］.中国石油大学学报（自 然科学版），43（3）：90-97.

林宗虎，1987.气液两相流和沸腾传热［M］.西安：西安交通大学出版社.

刘平，2010.高温泡沫＋刚性颗粒复合堵调数值模拟研究［D］.青岛：中国石油大学（华东）.

刘影，2019.蒸汽驱理论扩展和注采参数优化方法研究［D］.大庆：东北石油大学.

刘俊强，包木太，王海峰，等，2007.高温烃降解菌在含油污水生化处理中的应用［J］.西南石油大学学 报，29（4）：110-113.

刘其成, 2011. 火烧油层室内实验及驱油机理研究 [D]. 大庆: 东北石油大学.

刘其成, 程海清, 张勇, 等, 2013. 火烧油层物理模拟相似原理研究 [J]. 特种油气藏, 20 (1): 111-114.

龙华, 王浩, 赵燕, 2002. GH- 高温调剖剂的研制与应用 [J]. 特种油气藏, 9 (5): 88-90.

鲁红升, 唐昌强, 黄志宇, 2013. 阴阳离子表面活性剂复配型起泡剂研究 [J]. 石油钻采工艺, 35 (2): 98-102.

罗健, 李秀峦, 王红庄, 等, 2014. 溶剂辅助蒸汽重力泄油技术研究综述 [J]. 石油钻采工艺, 36 (3): 106-110.

罗晋成, 杨良贤, 1979. 火烧油层过程中火线位置的判断方法 [J]. 石油钻采工艺 (5): 51-58.

马尧, 刘双龙, 杨媛, 等, 2018. 高效一体化集成含油污水处理装置研究 [J]. 油气田地面工程, 37 (12): 37-41.

马倩倩, 蔡欣, 丁怡斐, 2016. 旋流分离器在合流制溢流污染控制中的应用进展 [J]. 绿色科技 (2): 68-70.

倪玲英, 李涛江, 2002. 炼油厂污水旋流除油实验研究 [J]. 石油大学学报 (自然科学版), 26 (3): 62-64.

庞占喜, 程林松, 李春兰, 2007. 热力泡沫复合驱提高稠油采收率研究 [J]. 西南石油大学学报, 29 (6): 71-74.

曲占庆, 李杨, 田相雷, 等, 2015. 火驱燃烧前缘位置预测与影响因素研究 [J]. 石油化工高等学校学报, 28 (1): 36-40.

绳德强, 1996. 蒸汽/泡沫提高稠油采收率技术的试验研究 [J]. 钻采工艺, 19 (4): 29-33.

孙启冀, 吕延防, 李琳琳, 等, 2017. 复合型井组蒸汽辅助重力泄油开发三维势分布规律 [J]. 油气地质与采收率, 24 (3): 71-77.

孙晓娜, 李兆敏, 李松岩, 等, 2015. SAGD 过程中注入烟道气和溶剂对降低稠油的表面张力作用 [J]. 中南大学学报 (自然科学版), 46 (1): 324-331.

唐愈轩, 段永刚, 任科屹, 等, 2019. 直井辅助对油砂蒸汽辅助重力泄油开发增效的数值模拟 [J]. 科学技术与工程, 19 (32): 152-157.

王刚, 王克亮, 逯春晶, 等, 2018. Janus 颗粒的制备及泡沫性能 [J]. 高等学校化学学报, 39 (5): 990-995.

王威, 2014. 红浅 1 井区火驱开发效果分析与评价 [D]. 荆州: 长江大学.

王大为, 刘小鸿, 张凤义, 等, 2018. 溶剂—蒸汽辅助重力泄油数值模拟研究 [J]. 西安石油大学学报 (自然科学版), 33 (2): 65-71.

王红庄, 2019. 稠油开发技术 [M]. 北京: 石油工业出版社.

王江涛, 2019. 超稠油直井辅助双水平井 SAGD 技术研究 [J]. 石油化工应用, 38 (3): 57-60.

王江涛, 熊志国, 张家豪, 等, 2019. 直井辅助双水平井 SAGD 及其动态调控技术 [J]. 断块油气田, 26 (6): 784-788.

王连刚, 2018. 溶剂辅助蒸汽重力泄油室内实验研究 [J]. 特种油气藏, 25 (5): 151-155.

王弥康, 张毅, 1998. 火烧油层热力采油 [M]. 东营: 中国石油大学出版社.

王升贵, 陈文梅, 褚良银, 等, 2005. 水力旋流器分离理论的研究与发展趋势 [J]. 流体机械 (7): 36-40.

王延杰, 顾鸿君, 程宏杰, 等, 2012. 注蒸汽开发后期稠油油藏火驱燃烧特征评价方法 [J]. 石油天然气学报, 34 (10): 125-128.

王元基, 何江川, 廖广志, 等, 2012. 国内火驱技术发展历程与应用前景 [J]. 石油学报, 33 (5): 909-914.

王长久, 刘慧卿, 郑强, 2013. 稠油油藏蒸汽吞吐后转驱方式优选及注采参数优化 [J]. 特种油气藏, 20 (3): 72-75.

王振波, 陈志军, 金有海, 等, 2010. 结构参数对旋流沉降组合油水分离器性能的影响 [J]. 化工机械, 37 (1): 1-4.

王尊策, 郜冶, 吕凤霞, 等, 2003. 液-液水力旋流器入口结构参数对压力特性的影响 [J]. 流体机械, 31 (2): 16-19.

卫龙, 杨剑, 董小丽, 等, 2015. 非离子表面活性剂对阴/阳离子复配表面活性剂性能的影响 [J]. 石油化工, 44 (5): 602-606.

魏新辉, 2012. 化学蒸汽驱提高驱油效率机理研究 [J]. 油气地质与采收率, 19 (3): 84-86.

吴伟, 张龙, 刘伟京, 等, 2010. PACT 工艺系统中的吸附和生物降解性能研究 [J]. 工业用水与废水, 23 (8): 1062-1067.

席长丰, 关文龙, 蒋有伟, 等, 2013. 注蒸汽后稠油油藏火驱跟踪数值模拟技术——以新疆 H1 块火驱试验区为例 [J]. 石油勘探与开发, 40 (6): 715-721.

徐振华, 刘鹏程, 张胜飞, 等, 2017. 稠油油藏溶剂辅助蒸汽重力泄油启动物理实验和数值模拟研究 [J]. 油气地质与采收率, 24 (3): 110-115.

许妍霞, 2012. 水力旋流分离过程数值模拟与分析 [D]. 上海: 华东理工大学.

杨波, 杨建设, 2008. 水平井有杆泵抽油合理下泵深度的确定方法 [J]. 石油天然气学报 (江汉石油学院学报), 30 (2): 150-152.

杨钊, 2015. 稠油油藏火烧油层技术原理与应用 [M]. 北京: 中国石化出版社.

杨振, 吴明华, 2007. 阴/阳离子二元表面活性剂复配体系的发泡性能研究 [J]. 浙江理工大学学报, 24 (2): 143-146.

杨志, 梁政, 祝新清, 等, 2001. 抽油机井合理下泵深度的优化设计 [J]. 西南石油大学学报, 29 (5): 149-151.

杨德伟, 王世虎, 王弥康, 等, 2003. 火烧油层的室内实验研究 [J]. 石油大学学报 (自然科学版), 27 (2): 51-54.

于连东, 2001. 世界稠油资源的分布及其开采技术的现状与展望 [J]. 特种油气藏, 8 (2): 98-103.

袁惠新, 2002. 分离工程 [M]. 北京: 中国石化出版社.

袁士宝, 蒋海岩, 王丽, 等, 2013. 稠油油藏蒸汽吞吐后转火烧油层适应性研究 [J]. 新疆石油地质, 34 (3): 41-44.

岳清山, 2012. 油藏工程理论与实践 [M]. 北京: 石油工业出版社.

昝红梅, 2014. 湿式空气再生技术在处理炼油污水废粉末活性炭中的应用 [J]. 齐鲁石油化工, 42 (2):

104–107.

张军，2012.稠油热采水平井筛管完井防砂技术研究与应用［J］.当代化工，41（6）：594–597.

张方礼，2011.火烧油层技术综述［J］.特种油气藏，18（6）：1–5.

张方礼，刘其成，赵庆辉，等，2012.火烧油层燃烧反应数学模型研究［J］.特种油气藏，19（5）：55–59.

张千东，2019.关于改善海上油田斜板除油器除油效果的探讨［J］.化工管理（3）：213–214.

张守军，2017.杜66块火驱注气井耐高温泡沫调剖技术［J］.特种油气藏，24（6）：152–156.

张为人，赵宗昌，2004.含油污水旋流分离器性能研究［J］.辽宁化工（11）：669–671.

张霞林，关文龙，刁长军，等，2015.新疆油田红浅1井区火驱开采效果评价［J］.新疆石油地质，36（4）：14–17.

赵平，吴智勇，2003.膨胀筛管防砂技术的研究及应用［J］.特种油气藏，10（4）：59–64.

赵东伟，蒋海岩，张琪，2005.火烧油层干式燃烧物理模拟研究［J］.石油钻采工艺，27（1）：36–39.

赵法军，刘永建，吴永彬，等，2012.稠油和沥青VAPEX技术影响因素的研究进展［J］.化工进展，31（7）：1477–1483.

赵法军，王广昀，哈斯，等，2012.国内外稠油和沥青VAPEX技术发展现状与分析［J］.化工进展，31（2）：304–309.

赵金省，李兆敏，孙辉，等，2007.适用于蒸汽吞吐井的含油污泥调剖剂的研制试验［J］.石油天然气学报（江汉石油学院学报），29（2）：108–111.

赵立新，宋民航，蒋明虎，等，2014.轴流式旋流分离器研究进展［J］.化工机械，41（1）：20–25.

周鹰，2018.稠油重力泄水辅助蒸汽驱蒸汽超覆研究［J］.特种油气藏，25（4）：99–102.

周健生，2014.废炭泥湿式空气再生（WAR）装置结构及安装调试［J］.工业水处理，34（6）：90–92.

Alamatsaz A，2015.Experimental Investigation of In Situ Combustion for Heavy Oils at Low Air Flux［D］. Calgary：University of Calgary.

Al–Murayri M T, Maini B B, Harding T G, et al., 2016. Multicomponent solvent co–injection with steam in heavy and extra–heavy oil reservoirs［J］. Energy & Fuels, 30（4）：2604–2616.

Amirsadat S A, Hezave A Z, Najimi S, et al., 2017.Investigating the effect of nano–silica on efficiency of the foam in enhanced oil recovery［J］. Korean Journal of Chemical Engineering, 34（12）：3119–3124.

Ardali M, Mamora D D, Barrufet M, 2011. Experimental Study of Co–injection of Potential Solvents with Steam to Enhance SAGD Process［C］. SPE Western North American Region Meeting.

Ayodele O R, Nasr T N, Beaulieu G H, 2009. Laboratory experimental testing and development of an efficient low pressure ES SAGD process［J］. Journal of Canadian Petroleum Technology, 49（9）：54–61.

Butler R M, 1991.Thermal Recovery of Oil and Bitumen［M］. New Jersey：Prentice Hall Publishing Company.

Butler R M, 1994. Steam assisted gravity drainage：concept, development performance and future［J］. Journal of Canadian Petroleum Technology, 32（2）：44–50.

Dehaghani1 A H S, Daneshfar R, 2019.How much would silica nanoparticles enhance the performance of low salinity water flooding［J］. Petroleum Science, 16（3）：591–605.

Dickinson E, Ettelaie R, Kostakis T, et al., 2004.Factors controlling the formation and stability of air bubbles stabilized by partially hydrophobic silica nanoparticles [J]. Langmuir, 20 (20): 8517–8525.

Fuji S, Iddon P D, Ryan A J, et al., 2006.Aqueous particulate foams stabilized solely with polymer latex particles [J]. Langmuir : The ACS Journal of Surfaces and Colloids, 22 (18): 7512–7520.

Islama M R, Farouq A S M, 1992. New scaling criteria for in–situ combustion experiments [J]. Journal of Petroleum Science & Engineering, 6 (4): 367–379.

Li R F, Wei Y, Liu S, et al., 2010.Foam mobility control for surfactant enhanced oil recovery [J]. SPE Journal, 15 (4): 928–942.

Marx J W, Langenheim R H, 1959.Reservoir heating by hot fluid injection [J].Petroleum Transactions AIME, 216 (1): 312–315.

Souraki Y, Ashrafi M, Torsaeter O, 2013. A comparative field–scale simulation study on feasibility of SAGD and ES SAGD processes in naturally fractured bitumen reservoirs [J]. Energy and Environment Research, 3 (1): 49–62.

Souraki Y, Ashrafi M, Torsaeter O, 2016. Experimental investigation and comparison of thermal processes : SAGD, ES SAGD and SAS [J]. International Journal of Engineering Trends and Technology, 31 (2): 91–105.

Tang F Q, Xiao Z, Tang J A, et al., 1989.The effect of SiO_2 particles upon stabilization of foam [J]. Journal of Colloid and Interface Science, 131 (2): 498–502.

Vatanparast H, Javadi A, Bahramian A, 2016.Silica nanoparticles cationic surfactants interaction in water–oil system [J].Colloids and Surfaces A : Physicochemical and Engineering Aspects, 521: 221–230.